5.—

Sportliches Basel, Band 1

Eugen A. Meier

Turnen und Handball

100 Jahre RTV Basel 1879

Birkhäuser Verlag Basel

Frontispiz:
Die von Bringolf, Bachofen und Siegmund gebildete
Fahnendelegation des Realschülerturnvereins, in der
typischen Bekleidung der Sportbeflissenen im ausgehenden
letzten Jahrhundert. Im Garten der Liegenschaft Friedens-
gasse 24, 1894.

Die vorliegende Publikation ist urheberrechtlich geschützt.
Alle Rechte, insbesondere das der Übersetzung in fremde Sprachen,
vorbehalten. Kein Teil dieses Buches darf ohne schriftliche Ge-
nehmigung des Verlages in irgendeiner Form – durch Fotokopie,
Mikrofilm oder andere Verfahren – reproduziert oder in eine von
Maschinen, insbesondere Datenverarbeitungsanlagen, verwendbare
Sprache übertragen werden

© Birkhäuser Verlag Basel, 1979
ISBN 3-7643-1110-X

Buchgestaltung: Albert Gomm swb/asg, Basel

Satz, Druck, Einband:
Birkhäuser AG, Graphisches Unternehmen, Basel
Fotolithos: Steiner + Co. AG, Basel

Zum Geleit

«Turnen und Sport als Teile des schönen Lebens zu fördern und der Jugend durch sportliche Betätigung den inneren Schwung und die Kraft des Körpers und der Seele für den Lebenskampf zu verleihen, sind Ziele des RTV.» Diese Worte sind im Geleitwort zur Festschrift anlässlich des 75-Jahr-Jubiläums nachzulesen. Sie sind getragen vom Geist zu Zeiten von Papa Glatz und der Glatzlianer. Gelten sie auch heute, 25 Jahre später, noch?
Wir dürfen dies bejahen. Gerade der RTV, der heute auf ein volles Jahrhundert Geschichte zurückblickt, und der zu einem aus dem Basler Sportleben nicht mehr wegzudenkenden Faktor geworden ist, tut gut daran, wenn er sich in seiner Zielsetzung stets an die Begeisterung und Hingabe seiner Gründer erinnert. Es hat sich zwar gar manches in den letzten 25 Jahren im Sport und im RTV geändert. Denken wir nur an die hochgetriebenen Leistungsanforderungen des Spitzensports und die damit verbundenen Auswüchse. Denken wir nur an die Flut von Zerstreuungsmöglichkeiten und ihre Gefahren, denen die Jugend von heute ausgesetzt ist, und denken wir auch an die damit verbundene Kommerzialisierung der Freizeit. Alles Faktoren, die es einem von hohen Idealen getragenen Verein schwer machen, seiner Linie treu zu bleiben und sich zu behaupten. Gerade darum gewinnen Ziele wie «Turnen und Sport als Teile des schönen Lebens zu fördern» oder «die Jugend für den Lebenskampf zu erziehen», immer mehr an Bedeutung.
Selbstverständlich wandelt sich ein Verein: Der RTV ist heute ein Handballclub mit einigen hundert aktiven Spielern, Frauen und Männer, Mädchen und Buben. Vorbei ist die Zeit, als noch Handball und Leichtathletik um die Vorherrschaft stritten; längst vorbei ist die Zeit, als das Turnen im Vordergrund stand. Heute hat das Handballspiel den Vorrang. Der RTV darf stolz darauf sein, dass er, an den Aktiven gemessen, einer der grössten Handballvereine unseres Landes ist, und damit zu einem der wichtigen und verantwortungsbewussten Träger dieses rassigen und athletischen Sports geworden ist.
Die RTV-Familie darf befriedigt auf ihre Vereinsgeschichte blicken und sich freuen, dass sie immer noch zu den kräftigen und lebendigen Vereinen unserer Stadt und unseres Landes zählt.
Wir sind hoch erfreut, dass es gerade unser «Herz-Basler» und RTVer Eugen A. Meier ist, der sich dieser Festschrift angenommen hat. Wer wäre prädestinierter als er, ein derart gelungenes Werk über die 100jährige Geschichte eines Sportvereins zu schaffen! Wir sind ihm dankbar, dass er sich für einmal vom Stadthistoriker zum Sporthistoriker gewandelt hat. Wir möchten Eugen A. Meier, Albert Gomm, dem ideenreichen Gestalter, und der Offizin Birkhäuser zu dem hervorragenden Werk gratulieren. Wir sind sicher, dass es Alt und Jung viel Freude bereiten wird und eine gute Aufnahme findet.

Karl Schnyder, Regierungspräsident   Arnold Schneider, Regierungsrat

Einladungskarte
15 jähr. Stiftungs-feier
des Real-Schüler Turnverein's BASEL.
7. April 1894.
1879. 1894.
Einladung zum 24. STIFTUNGSFESTE des Realschüler-Turnvereins
Mittwoch den 1. April 03
Nachmittags 2 Uhr WETT-TURNEN in der Steinen-Turnhalle
Abends 8 Uhr UNTERHALTUNG
1904
EINLADUNG ZUM 25 JÄHRIGEN JUBILÄUM DES REALSCHÜLER TURNVEREINS BASEL 23. MAI.
1879 1913
EINLADUNG ZUM 34. STIFTUNGSFEST DES REAL-SCHÜLER TURNVEREINS
2 UHR 29. MAERZ 8 UHR
TURNEN-HALLE THEATERSTRASSE
FAMILIENABEND
31. Stiftungs
1879 1919
40. STIFTUNGSFEST DES REALSCHÜLER TURNVEREIN BASEL
44. STIFTUNGSFEST DES RTV
45
1879 1924
RTV
A.F.
1916
WETT-TURNEN ZUM 37 STIFTUNGSFESTE DES REALSCHÜLER TURNVEREINS
RTV
46. STIFTUNGSFEST
48. STIFTUNGS FEST
RTV
61. STIFTUNGSFEST
31. AUG. 1940
RTV - 1879 - BASEL
75 Jahre RTV 1879 Basel

Inhalt

- 9   Die Anfänge des Turnens in Basel
- 35   Gründerzeit (1879–1913)
- 62   Auf neuer Grundlage (1913–1932)
- 73   Sturm und Drang (1932–1946)
- 81   Abkehr vom Sektionsturnen (1946–1954)
- 89   Die letzten 25 Jahre (1954–1979)
- 106   RTV International
- 111   RTV Damen
- 117   Das Ferienheim Morgenholz
- 132   Anekdoten und Reminiszenzen
- 142   RTV gestern
- 146   RTV heute
- 150   Ausblick
- 151   Tabellarisches

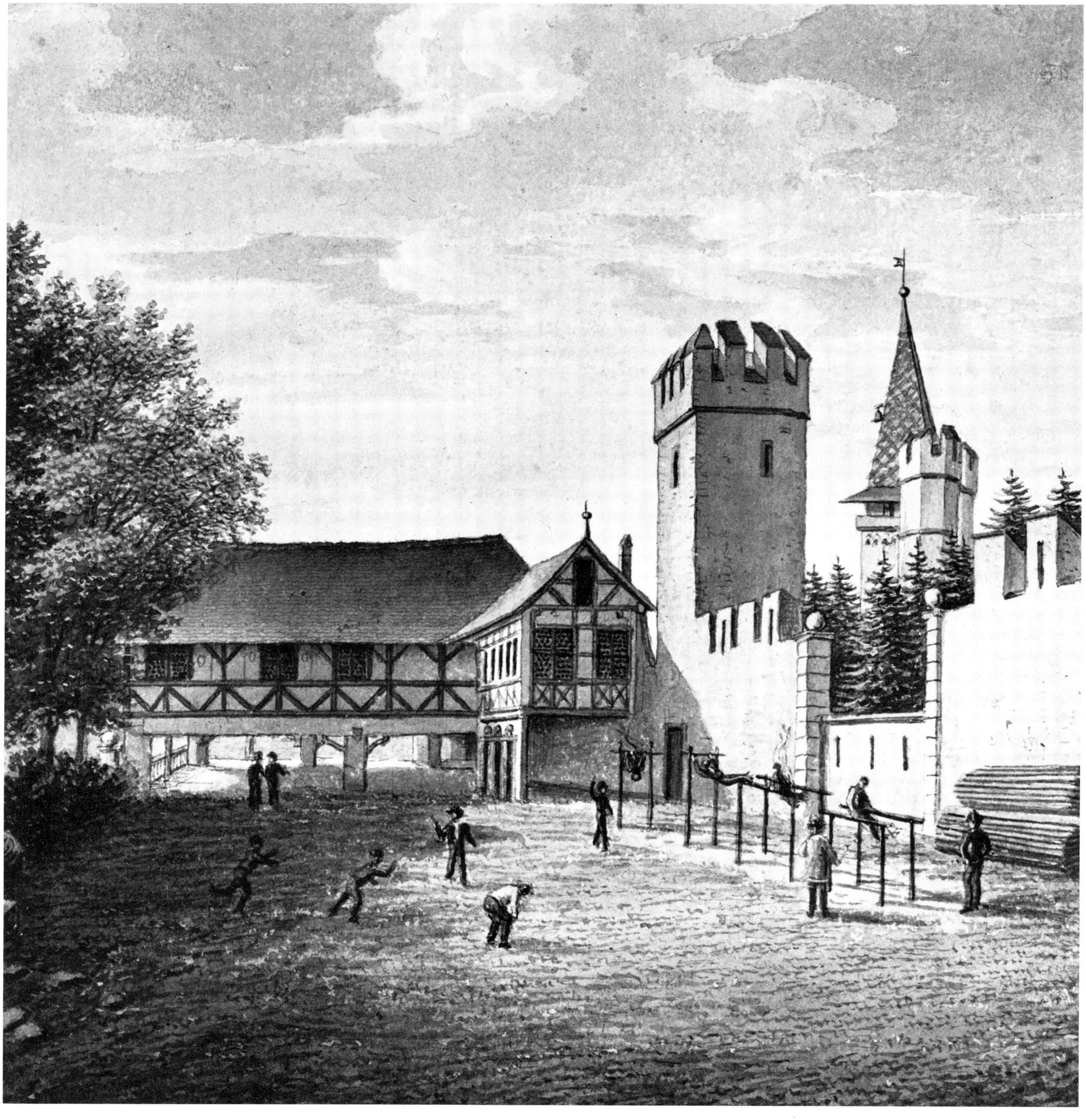

Die Anfänge des Turnens in Basel

Das Turnmättlein hinter dem Stachelschützenhaus am Petersplatz, um 1866. Der Stachelschützenturm im Gefüge der Stadtmauer gegen den Spalengottesacker (1825–1868) ist um 1875 abgebrochen worden. Aquarell von Johann Jakob Schneider im Staatsarchiv. Repro Rudolf Friedmann.

Zur Überraschung der hiesigen Bürgerschaft unterhielten sich im Jahre 1800 die Schüler Andreas La Roche, Johann Jakob Stockmeyer, Ludwig Falkner, Daniel Bernoulli, Johann Jakob Merian und Peter Glatz in einem öffentlichen Gespräch am Gymnasium über die Aufnahme der Turnerei in unserer Stadt, weil ‹die Leibesübung ungemein viel zur Gesundheit und Abhärtung des Leibs thut: sie thut viel zur Gewandtheit, zu Schönheit und Anstand. Um dieses mit glücklichem Erfolge zu thun, würden wohl Anordnungen des Staates, oder wenigstens die Vereinigung sachkundiger und rechtschaffener Jugend- und Vaterlandsfreunde erfordert. O welch ein grosses Verdienst könnten sich solche durch die Einführung einer ächten Gymnastik erwerben!› Die ‹revolutionären› Gedankengänge der Basler Gymnasiasten blieben nicht nur in den eigenen Mauern unwiderrufen, sondern erwiesen sich in der Folge gar als wegweisende Elemente in der Entwicklung des Schweizerischen Turnwesens, das 1804 durch Heinrich Pestalozzi in Yverdon erstmals im Gruppenverband betrieben wurde und 1805 mit dem Fest der Älpler in Unspunnen seine frühesten organisatorischen Formen annahm. Bestanden die Programmteile der altüberlieferten Leibesübungen noch ausschliesslich aus den traditionellen Sparten Steinstossen, Springen, Schnellauf und Schwingen, so wurde in Basel bereits im Jahre 1808 durch Samuel Hopf aus Thun ein eigentliches gymnastisches Turnen betrieben. Der junge Privatgelehrte liess, von seinem Gehilfen Ackermann lebhaft unterstützt, im Hause zum Steinkeller an der Schneidergasse 24 schulmässig Gymnastik unterrichten und erfüllte damit als erster die Forderungen der bewegungsfreudigen Gymnasiasten. Doch schon 1813 zwangen ihn Kriegsnot und schwache Frequenz des Unterrichts, unsere Stadt wieder zu verlassen und einem Rufe an die Stadtschule Burgdorf zu folgen. Aber der Drang zu turnerischer Entfaltung körperlicher Kräfte blieb bestehen. 1819 erteilte der Stadtrat dem gutempfohlenen Zürcher Theologiestudenten Heinrich Weilemann aus Uster, einem Schüler des Nidwaldners P.A. Clias, der 1815 in Bern eine Turnanstalt gegründet hatte, die Bewilligung, eine gymnastische Anstalt für die Jugend einrichten zu dürfen. Damit wurde auch öffentlich anerkannt, dass das Turnen als Mittel zur Entwicklung und Erhaltung körperlicher Tüchtigkeit der physischen und psychischen Gesundheit des Menschen förderlich sei und deshalb eine Unterstützung durch die Behörden verdiene.

Bald hatten 24 Eltern hiesiger Bürger und Einwohner ihre Knaben zum Unterricht angemeldet, welcher sechsmal wöchentlich, jeweils am Abend zwischen 4 Uhr und 7 Uhr, abgehalten werden sollte. Obwohl ursprünglich die Meinung vorherrschte, das Turnen könne nur zum Nutzen der jungen Menschen sein, wenn es im Freien abgehalten werde, damit die frische Luft in vollen Zügen genossen und der Körper sich an die Einflüsse der Witterung gewöhnen könne, wurde doch bald bemerkt, dass bei Regenwetter und im Winter ein Saal als wünschenswert erscheinen musste. Am 1. Oktober 1819 gelangte denn auch Deputat La Roche an das Kirchenamt mit der Anfrage, ob nicht die unter dem Conciliumssaal im Münster befindliche kleine St.-Niklaus-Kapelle dem Lehrer der gymnastischen Übungen während des Winters zur Verfügung gestellt werden könne. Entsprechende Abklärungen ergaben, dass die Kapelle für solche Zwecke sehr passend sei und anderweitig nicht gebraucht werde. So durfte Lehrer Weilemann mit seinen Schülern in der ehemals mit vier, den Heiligen Niklaus, Erhard, Georg und den Drei Königen geweihten Altären ausgestatteten St.-Niklaus-Kapelle, in welcher während Jahren Geschütze und Munition eingelagert worden waren, Einzug halten, die nun als erste Turnhalle Basels einem völlig neuen Zwecke diente. ‹Die Kapelltür wurde jedoch sorgfältig geschlossen, um dem Spotte der heranwachsenden Jugend nicht so ganz ausgesetzt zu sein ...›

Damit die Anforderungen für einen zweckmässigen Turnunterricht erfüllt werden konnten, wurde das sakrale Gebäude durch das Baukollegium umgebaut. Die in den Kriegsjahren 1814/15 ‹ver-

Im künftigen Monat Mai werden die Turn- und Exerzierübungen der Knaben wieder ihren Anfang nehmen. Diejenigen Eltern, welche gesonnen sind, ihre Knaben daran Theil nehmen zu lassen, sind ersucht, Samstags den 4. Mai, Nachmittags zwischen 1 und 2 Uhr, sich mit denselben im Gymnasium einzufinden, wo man jeden, der das neunte Jahr erreicht hat und über dessen Fleiß und Betragen die Schulbehörde nicht besondere Klagen zu führen weiß, nach Entrichtung des festgesetzten Geldbeitrags auf die Liste der Turner eintragen wird. Als Beitrag sind für den diesjährigen Curs zwei Franken festgesetzt. Wenn mehrere Brüder daran Theil nehmen, so können die Eltern darauf Anspruch machen, daß ihnen für zwei Brüder nur drei, für mehr als zwei Brüder 3½ Franken gefordert werden. Ganz arme Eltern zahlen für einen Knaben bloß fünf, für zwei oder mehrere Knaben 7½ Batzen.

Um das störende Zusammenfallen des Turnens und Exerzierens zu vermeiden, und um zugleich die militärischen Uebungen durch eine größere Anzahl von Theilnehmenden anregender zu machen, ist für diesen Sommer die Einrichtung getroffen, daß je zwei Wochen nur geturnt, die dritte Woche aber exerzirt wird. Nur die beiden untersten Riegen, welche vom Exerzieren noch ausgeschlossen bleiben, turnen auch in der dritten Woche; für die Knaben der obern Riegen aber, welche am Exerzieren nicht Theil nehmen, finden keine Turnübungen als Ersatz statt.

Gewehre sammt Patrontaschen können auf Verlangen an Unvermögliche gegen eine billige Entschädigung ausgeliehen werden.

Die Commission
zur Veranstaltung körperlicher
Uebungen.

loren gegangenen guten Fenster mit eisernen Rahmen und sechsseitigen Scheiben› wurden samt den Drahtgittern durch alte Fenster aus dem Steinenkloster ersetzt. Öffnungen, die nicht mit geeignetem Material eingeschalt werden konnten, wurden kurzerhand mit Bretterstücken vernagelt. Der Raum war und blieb immer düster, feucht und muffig. Der staubige Bodenbelag musste oft mit Wasser gebunden werden, was in kalter Winterszeit nicht selten den Turnsaal in einen ‹klebrigen Eispalast› verwandelte. Eine penetrant riechende Öllaterne ermöglichte den Turnern, auch in den Abendstunden zu gymnastischen Übungen anzutreten, wobei das mit Leder überzogene, mit Schwanz und ansteigendem Hals versehene Voltigierpferd als einziges Turngerät zu allgemeinem Gebrauche dastand.

Trotz diesen nur einigermassen befriedigenden Übungsgelegenheiten und dem Willen der Studenten und Schüler, das Werk ihres turnbegeisterten Lehrers weiterzuführen, hatte die Turngesellschaft Weilemanns nicht lange Bestand. ‹Das Dasein einer gymnastischen Anstalt in Basel schien an jene Person (an den abgereisten Weilemann) gebunden zu sein, weil sonst niemand der Sache sich anzunehmen entschliessen wollte. Welcher Jugendfreund hätte auch damals vor einer Knabenschar zu Leibesübungen im Angesichte der Bürger sich zu stellen gewagt! Die Sache schien vergessen, als zwei Jahre später, im Sommer 1821, sich ein kleines Häuflein junger Leute, meist Kunstmaler, zusammentat, Gutsmuths Buch der Gymnastik, das einigen zufällig in die Hände kam, studierte und einzelne Übungen versuchte. Zum Glück waren noch Überreste von den ersten gymnastischen Maschinen vorhanden und der Schlüssel zur Turnkapelle, wo noch Schwingel, Kletterstangen und Triangel sich befanden, wurde den wagemutigen Sportbegeisterten überlassen›. Das Erbe Weilemanns in bezug auf die Jugendlichen zu verwalten, war die 1819 gegründete Studentenverbindung ‹Zofingia› in der Lage, die den Vorschlag des Berners Rudolf Bachmann umzusetzen begann: ‹Man möchte, um dem Verein eine höhere Bedeutung und Wirksamkeit zu geben, die olympischen Kampfspiele der Griechen gewissermassen nachahmend, körperliche und geistige Wettkämpfe anstellen.› Die hiesige Sektion des aktiven Studentenvereins liess sich bereits nach kurzer Zeit vernehmen: «Die Turngesellschaft in Basel (die schon 1821 erfolgte Vereinigung der Bürgerturner und der Studententurner) bestand anfangs nur aus Mitgliedern unseres Vereins. Bald aber, eingedenk, dass eben wir zur allgemeinen Kräftigung und zur gesunden, fröhlichen Gemeinschaft beitragen sollen, gestatteten wir jeglichen moralisch kräftigen Jünglingen den Zutritt. Es erfreuen sich zwar diese Leibesübungen in unsrer Stadt keineswegs einer allgemeinen Billigung. Pietisten- und Spiessbürgersinn streben dieser wie andern nützlichen Einrichtungen und Neuerungen entgegen. Jene verdammen es als rohes, heidnisches Spiel. Diese, weil man zu ihrer Zeit habe leben können, ohne etwas davon zu wissen. Daher sind wir uns selbst überlassen, ohne Turnlehrer, ohne eigenen Turnplatz. Doch übten wir diesen Sommer fleissig nach den Regeln Jahns und wuchsen zu ziemlicher Anzahl heran.»

Zu den Übungen im Freien hatten sich die Turnbeflissenen anfänglich im Hof des Gymnasiums versammelt, dessen Rektor, Rudolf Hanhart, der neuen Bewegung grösstes Wohlwollen entgegenbrachte. Als ideale Voraussetzung für eine gedeihliche Entwicklung seiner gymnastischen Anstalt sah jedoch schon Weilemann den Rasenplatz und die Remise hinter dem Markgräflerhof an der damaligen Neuen Vorstadt (heute Hebelstrasse). Der Kleine Rat aber konnte diesem vom Erziehungsrat empfohlenen Begehren nicht stattgeben und verwies den Gesuchsteller an E.E. Gesellschaft der Stachelschützen. Doch liessen sich auch diese abschlägig vernehmen, ‹da dieses Mättlein wöchentlich dreimal zu Schiessübungen gebraucht wird›. So wurden die Behörden erneut bei der Verwaltung des Markgräflerhofs vorstellig. Und wieder konnten die ‹Herren Kommittirten› kein Verständnis aufbringen, ‹zumal während der jährlichen Messe der grosse Platz im Hofe für den Verkauf des irdenen Geschirrs bestimmt ist, zu welchem End' alles in alten Stand gebracht sein soll. Auch wurde seiner Zeit dem Portner die Nutzung des Grases zugesichert, welcher also auf den Fall, dass dieser Platz zu dem verlangten Zweck eingeräumt würde, billig auf eine Entschä-

Adolf Spiess als Privatlehrer in Assenheim, 1833. Im Schlossgarten unterrichtet Spiess die Söhne des Grafen Solms an einem offenbar selbst entwickelten ‹Turnapparat›. Federzeichnung von Adolf Spiess. Schweizerisches Sportmuseum Basel.

digung Anspruch machen könnte.› Diese Begründung erschien den Behörden nun allerdings als zu fadenscheinig, und mutig wurde entschieden:
«Wollen meine Hochgeachteten Herren einen Platz daselbst zu gymnastischen Übungen bewilligen.» Alsbald «benützte man nun den Markgräfler-Hof und zeigte, wenn auch ängstliche Gemüter sich darob entsetzten, dass Theologen in weissen Hosen und Wams erschienen und öffentlich solche Kunstsprünge machten, dass man sich einmal um solches Geschwätz der Leute nicht mehr kümmern solle».

Obwohl die seit 1821 von ihrer Sektion unabhängigen ‹Basler Zofinger-Turner›, welche ebenfalls die ehemals Weilemannschen Lokalitäten im Markgräflerhof gegen Entgelt benutzen durften, einen an sich erfreulichen Aufschwung der Turnerei in Basel vermerken konnten, und ihre Satzungen ausdrücklich bestimmten, der Turnplatz sei der Ort, wo ‹sämmtliche Jugend (vom zwölften Jahre an), Studierende und Nichtstudierende, Reiche und Arme, Jüngere und Ältere, lebendig und bunt durch einander sich tummeln›, vermochte ihr Tatendrang die breiten Massen nicht zu mobilisieren. Es bedurfte vielmehr der Weitsichtigkeit Rektor Hanharts, um den Durchbruch zu schaffen. Er brachte den Gedanken der Jugendfeste unter die Bevölkerung, welche die Kinder der Stadt einander bei fröhlichem Spiel näherbringen sollten. Als am 1. September 1824, anlässlich der Einweihung des St.-Jakob-Denkmals, rund 1000 Buben und Mädchen aus allen Quartieren auf den Auen zu St. Jakob in beglückenden Wettkämpfen sich austobten, begann sich auch im konservativen Kreise der Gesellschaft des Guten und Gemeinnützigen die Einsicht durchzusetzen, dass körperliche Ertüchtigung eine Notwendigkeit sei.

Erste Bemühungen zum Aufbau eines Turnunterrichts in Verbindung mit der GGG sind bereits am 20. Dezember 1822 feststellbar. Ein ‹Anonymes Ansuchen um Vorsorge für gesunde Leibesübungen für die Jugend› wies darauf hin, ‹dass eine vernünftige, alle Übertreibungen und halsbrechenden Sprünge ausschliessende Gymnastik dem Körper Stärke und Gewandtheit giebt, die Geisteskraft erhöht und ihre Anstrengungen unschädlich macht›. Zur Erhärtung dieser ‹These› wurde angeführt, dass rund dreissig Jünglinge, teils Studenten, teils Schüler des Pädagogiums, sich freundschaftlich zu regelmässigen Übungen treffen würden und sich dabei freiwilligen Gesetzen unterziehen. Und was so ohne jeden Zwang geschehe, sei der Nachahmung wert. Eine Unterstützung dieses ‹Gegenstands› wäre deshalb angebracht, weil ‹von einzelnen Individuen die dazu benöthigten pecuniären Aufopferungen billig nicht zu erwarten sind›.

Der Erfolg des 1824 durchgeführten Jugendfestes, an welchem übrigens das unter der Kleinbasler Schuljugend übliche ‹Büchleinlaufen› (Wettlauf um Bücher) eine neue Auflage erlebte, bestärkte die Kommissionsherren der GGG in ihren Bemühungen um den Aufbau eines regelmässigen öffentlichen Turnunterrichts in Basel. 1825 erklärte denn auch der Vorsteher: «Wie die Anerkennung der Bedeutung des Gesangsunterrichts in der Erziehung, so gehört auch unserer Zeit vorzüglich die Aufgabe an, die grössere Aufmerksamkeit auf den Werth wohlgeleisteter Leibesübungen, die alle Kräfte des jugendlichen Körpers harmonisch entwickeln und stärken und ihn zur Wohnung einer gesunden, frohen und thätigen Seele bilden mögen.» Die zur Verwirklichung dieser Aufgabe eingesetzte ‹Commission zur Veranstaltung körperlicher Übungen für Knaben› hatte vorerst die Platzfrage zu meistern. Hiezu bedurfte es allerdings grosser Anstrengungen, denn ‹einen hügeligen Sandplatz, den man den Turnenden vor dem Bläsitor anwies, selber zu verebnen, schien eine herkulische Arbeit›. Schliesslich aber beauftragten die Behörden das Bauamt, die beiden freien Areale im Klingental zwischen der Kaserne und der Stadtmauer bzw. zwischen dem Rhein und dem Schintgraben (Klingentalgraben) einzuebnen und mit den notwendigen Einrichtungen zu versehen. Die Sportplatzverhältnisse im Klingental erwiesen sich in der Folge als derart ideal, dass die GGG auch der Turngesellschaft Gastrecht bot. Diese räumte die Lokalitäten im Markgräflerhof, der fortan, bis zum Umbau als Bürgerspital, Zirkusaufführungen und Fasnachtsfreuden diente, und ‹pflanzte seine Geräthe› im Kleinbasel auf.

Unter dem Diktat der Zofinger war nun ‹die Lust an der Sache so gross, dass die Zahl der Theilnehmer bis auf hundert stieg. Jede Woche wurde an drei Abenden geturnt, zuerst in Riegen. Da übten sich die Turner an Reck und Barren, an Kletterstange und Kletterseil; da warfen sie Kugeln, Steine und Stangen in die Weite oder Höhe oder nach einem Ziel; da stiessen sie einander, indem sie die Hände flach gegen einander hielten oder zogen einander mit eingebogenen Fingern. Da rangen sie miteinander, sprangen in die Höhe und in die Weite oder vollbrachten Übungen im 'Hauen'. Zum Schlusse machten die Basler noch gewöhnlich etwas Gemeinschaftliches, einen Seiltanz oder ein Ringspiel, einen Wettlauf oder einen Dauerlauf in verschiedenen Krümmungen und Figuren, einen Hahnenkampf, einen Gesellschaftssprung oder dann sonst ein Turnspiel, wie 'der schwarze Mann'. Ein Gesang beschloss den Turnabend, z. B. das Lied vom frohen Turner›:

Wer gleichet uns Turnern, uns Frohen?
Mag Wind und Wetter uns drohen in dem Feld,
    Wir gehen und wagen
    Die Arbeit zu tragen;
    Es kümmert uns nicht,
    Was um uns geschicht.
Und wann nun der Morgen thut grauen,
Wir freudige Turner schon schauen in das Feld;
    Durch Ringen und Laufen
    Die Kraft zu erkaufen,
    Zu stärken die Brust
    Mit Muth und mit Lust.
Und wenn wir zum Platze gekommen,
Da haben den Ger wir genommen in dem Feld,
    Ihn kräftig zu schwingen,
    Zum Ziel ihn zu bringen;
    Das stärket den Arm,
    Macht rüstig und warm.
Wenn muthig sich tummeln die Knaben,
Zu tief ist wohl nimmer ein Graben in dem Feld;
    Wir springen darüber,
    Hinüber, herüber;
    Es freuet uns sehr,
    Und suchen uns mehr.
Die Gipfel der Bäume uns nicken,
Mögten gerne da oben wohl blicken in das Feld;
    Aufs Ross wir uns schwingen,
    Wir führen die Klingen
    Und werfen den Stein
    In die Wolken hinein.
Drum wer sich nur wacker will nennen,
Der mag sich als Turner bekennen in dem Feld.
    Er soll mit uns ringen
    Und laufen und springen,
    So gewinnt er bald
    Viel Muth und Gewalt.
Wenn die Trommeln zum Kriege einst schlagen,
Die Turner wohl nimmer verzagen in dem Feld.
    Wir wissen zu streiten,
    Den Sieg zu bereiten;
    Im Ernst wie im Scherz
    Der Turner hat Herz.

1825 brachten die Zofinger auch das erste Turnfest in Basel zur Durchführung: ‹Gesänge, vom Chore der Turner gesungen, und eine begeisterte Rede des Turnwarts eröffneten die Feier. Dann begann der Wettkampf. Aus jeder Riege traten die, welche den Preis zu erringen hofften, hervor und massen sich in vielfachen Übungen miteinander. Die Übrigen standen da in gespannter Erwartung und klatschten freudig ob dem gelungenen Sprunge. Die Kampfrichter aber urtheilten nach den Regeln der Kunst, und im Kreise stand die Schaar, und sie krönten mit dem Lorbeerkranze jeden der Sieger und legten ihnen Bänder um mit der Farbe des Vaterlandes. Dann fröhlich singend, die Helden des Tages voran, zogen wir zum Thore hinaus

Das Eidgenössische Turnfest 1841 in Basel:
Dienstag, den 17. August, versammelten sich sämmtliche Turner, ungefähr zweihundert an der Zahl, unter dem Donner des Geschützes zu St. Jakob an der Birs, von wo man unter Musik und Gesang, die flatternden Sektionsfahnen an der Spitze, nach der Stadt zog.
Mittwoch, den 18. August, Morgens 6 Uhr, war Versammlung auf dem Münsterplatze, von wo in gegliederter Ordnung unter Sang und Klang nach dem in Klein-Basel gelegenen Turnplatze gezogen wurde, der in jeder Beziehung ausgezeichnet genannt werden darf. Nach einem mehrstündigem Riegenturnen, das nur einmal ein kurzer Morgentrunk unterbrach, war um 1 Uhr gemeinsame Mahlzeit im Stadt-Casino.
Donnerstag, den 19., Morgens 6 Uhr, wiederum Versammlung auf dem Münsterplatze, von wo, auf gleiche Weise wie das erste Mal, zum Wett-Turnen gezogen wurde. Hier war es vorzüglich, wo sich bei einer zahlreichen Menge von Zuschauern die Kraft und Gewandtheit der Turner entwickelte, was Manchem den Beweis für eine bessere Zukunft zu liefern schien. Am meisten haben sich auch diessmal, wie gewöhnlich, die Berner hervorgethan, nach ihnen die Züricher und Luzerner. Vor der Preisaustheilung hielt Herr Professor Fischer aus Basel eine kurze aber gediegene Rede. Den Schluss des Festes bildete ein überaus fröhlicher Fackelzug, der insbesondere dem Herrn Bürgermeister Burckhardt, galt, und nachdem sämmtliche Turner noch einmal im Casino den Abschiedstrunk gefeiert, schieden sie auseinander; gewiss jeder mit dem angenehmen Bewusstsein: «Auch ich war an dem Turnfeste zu Basel gewesen.» Negativ im Staatsarchiv. Repro Rudolf Friedmann.

und erreichten das Haus und das Mahl. Und nun, als die Turner sich zum ersten Male beim gefüllten Becher vereinigt sahen, und als eine schöne, feurige Rede uns an das Vaterland mahnte, wurden wir von der Freude gewaltig ergriffen, sangen dem Vaterlande, sangen der Freiheit, brachten Toaste dem alten Turnmeister Friedrich Ludwig Jahn und den Stiftern unseres Turnens und den bekränzten Siegern.›

Zur selben Zeit trafen sich ‹Vater Jahns Jünger› auch zu ihren ersten Turnfahrten: ‹Am 24. April 1825 wurde von 31 Mitgliedern (weil viele das Wetter, einige auch kl. Strapazen scheuten) eine Turnfahrt, über Landskron und über den Blauen hinstreichend, auf den Gempenstollen gemacht. Am 5. Juni wurde eine Turnfahrt auf den Passwang gemacht, von 39 Mitgliedern, worunter auch einige jüngere. Was ein geübter Turner aber ohne besondere Strapazen ausführte, wurde von mehreren Bürgern, die freilich nicht mehr gute Fussgänger sein mögen, als Übertreibung stark getadelt. Wenn ein jüngerer Mensch, wenn er auch nicht turnte, hie und da krank wurde und andere sogar starben, war doch das Turnen schuld. Man hätte glauben können, dass früher nie junge Turner gestorben wären. Mögen solche Beschuldigungen das Turnwesen nicht einschüchtern, wohl aber vorsichtiger machen!›

Erfuhr solchermassen das Turnen während des Sommers einen erfreulichen Aufschwung, so wollten die Winterübungen nicht recht gedeihen. Die Erfahrungen zeigten, dass die Furcht vor Erkältungen in der nasskalten St.-Niklaus-Kapelle Anlass für den schlechten Besuch war. Auch sahen es besorgte Eltern nicht gerne, wenn sich ihre Söhne des Nachts auf der Strasse herumtrieben. Da die Teilnehmerzahl selten zwanzig überschritt, sah sich die Kommission gezwungen, zu bemerken, die Eltern sollten doch endlich erkennen, dass das Turnen kein blosses Spiel, sondern ein kräftiges

Dr. Daniel Ecklin (1814–1881), Begründer des Mädchenturnens in Basel. Er hatte für seinen Privatunterricht auf eigene Kosten in dem an den alten Turnplatz grenzenden Garten der Armenanstalt im Klingental einen Turnplatz für Mädchen eingerichtet und dieser auch mit Geräten versehen. Porträtsammlung der Universitätsbibliothek. Repro Marcel Jenni.

Bewahrungsmittel gegen manche traurige Verirrung der Jugend sei! Trotz dieser bissigen Anklage des Unverständnisses wollte der Besuch indessen nicht merklich bessern. Es mögen vielmehr andere Gründe gewesen sein, die für das Winterturnen keine Begeisterung aufkommen liessen: Eben, die baulichen Verhältnisse in der Turnkapelle! Ende 1839 gelangte die Turnkommission mit der Bitte an das Baukollegium, durch konstruktive Verbesserungen an der Turnkapelle dafür zu sorgen, dass in der kalten Jahreszeit die Turner vor dem gefährlichen Zugwind geschützt würden. Ebenso sollten die von der Gassenjugend immer und immer wieder eingeworfenen Fensterscheiben dringend durch Drahtgitter geschützt werden. Münsterpfarrer Burckhardt beschwerte sich dagegen 1842, weil sich während der Kinderlehre am Sonntag junge Leute in der St.-Niklaus-Kapelle mit Turnen beschäftigten. Dies sei zu untersagen, da der Lärm bis in die Kirche dringe. Überdies wäre es nicht schicklich, wenn während des Gottesdienstes in solcher Nähe der Kirche gymnastische Übungen vorgenommen würden. Zwei Jahre später wurden an zuständiger Stelle erneut bauliche Wünsche angebracht. Es seien nicht nur neue Maschinen (Turngeräte) anzuschaffen, sondern die Kapelle müsse auch heizbar gemacht und mit einem Dielenboden versehen werden. Als das Begehren Erfüllung fand, stieg das Interesse am Winterturnen sprunghaft. Rund 120 Buben, jeder 15 Batzen an die Betriebsunkosten beitragend, turnten fortan nach Schulschluss auf dem Münsterhügel.

Trotz verschiedenen Renovationen bewährte sich die St.-Niklaus-Kapelle aber nicht als Turnhalle. Die Turnstunden mussten oft im Kreuzgang des Münsters abgehalten werden; auch erkrankte der junge Turnlehrer Bussinger an einem beim Turnen zugezogenen Lungenleiden schwer. Letzteres mag Turnlehrer Riggenbach bewogen haben, sich 1854 bei Ratsherrn Heusler bitter über die unerfreulichen Verhältnisse im Turnlokal zu St. Niklaus zu beschweren: Die Erde unter dem Fussboden sei mit Gebeinen angefüllt. Der Staub, der sich im kleinen Raum bei jeder Gelegenheit bilde, erhebe sich in die Luft. Eine Wand sei ganz nass. Türen und Fenster schlössen ganz schlecht, und die Decke liege so hoch, dass es, allen Heizens ungeachtet, immer kalt sei. Das Lokal sei so widerwärtig und ungesund, dass ein angesehener Arzt gesagt habe, es sei zum Aufenthalt von Menschen nicht geeignet. Er selbst sei am empfindlichsten betroffen, denn seine Gesundheit sei grösstenteils ruiniert. Diese Demarche scheint die Grabrede für den offiziellen Turnunterricht zu St. Niklaus gewesen zu sein. Die Kapelle stand wohl noch einige Zeit der Turnerei zur Verfügung, doch wurde Anno 1858 die GGG vom Kleinen Rat ersucht, das Lokal zu räumen, damit sie für die Mittelalterliche Sammlung eingerichtet werden könne. Das Winterturnen wurde nun in den Zunftsälen zu Safran und zu Schuhmachern, im Hause zur Mücke und im Stachelschützenhaus weitergeführt. Besonders aber im Bischofshof an der Rittergasse, einem ‹grauen Bau, gross wie eine Zehntenscheuer, durch Einlegung eines Zwischenbodens in zwei Säle geschieden, in deren oberen von aussen her ein besserer Hühnersteig führte, was den Wechsel von unten nach oben und umgekehrt bei strenger Kälte besonders genussreich machte, so sah das neue Turner-Eldorado an der Rittergasse aus, muffige Luft, aufwirbelnder Staub, russende Öfen, am Tore ein weiblicher Cerberus, das waren seine weiteren Attribute. Und doch, wie eifrig wurde geturnt, wenn auch bei der Niedrigkeit der Säle Hochstand und Riesenfelge nicht gediehen.›

Kehren wir vom Turnhallenproblem wieder zur Entwicklung der Turnerei zurück, dann beobach-

Knabenturnen auf dem Petersplatz an Klettergerüst, Wippen und Rundlauf, um 1845. Im Vordergrund links Adolf Spiess, der Autor dieser Darstellung. Schweizerisches Sportmuseum Basel.

ten wir eine deutliche Verringerung der turnenden Schüler, Gymnasiasten und Waisenkinder, die um 1835 mit 237 Teilnehmern einen Höchststand erreicht hatten. Da die Kommission die zunehmende Interesselosigkeit durch die Unfähigkeit der meisten Lehrer erklärte, berief sie 1838 Dr. Daniel Ecklin zum leitenden Turnlehrer, der als praktizierender Arzt aufmerksam die Entwicklung des Schulturnens verfolgt hatte und diese auch instruktiv zu schildern wusste: «Während der zehn ersten Jahre des Knabenturnens (in Basel 1826 bis 1836) waren alljährlich die Riegen unter ebensoviel Turnlehrer vertheilt, diese standen unter sich durchaus in keiner Verbindung und in keinem Subordinationsverhältnisse und anerkannten bloss die Oberaufsicht der Commission. Jeder Lehrer hatte im Durchschnitt 20–25 Schüler. Die Turnzeit betrug je zwei Stunden, zweimal in der Woche, und war gemeinschaftlich für Alle. Von den zehn Jahren habe ich die ersten drei als Schüler, die sieben folgenden als Turnlehrer unter besagten Verhältnissen zugebracht. Im elften Jahr des Knabenturnens, im achten und letzten meiner (damaligen) Dienstzeit wurde der erste Oberturnlehrer in meiner Person gewählt (also ein Jahr nach dem von Spiess in Burgdorf geleiteten schönen Turnfeste). Im ersten Jahre waren im Ganzen ungefähr 80 Schüler, welche Anzahl bis zum Jahr 1839 bis auf 200 stieg. Alle Jahre dieselben stereotypen Übungen, dieselben Geräthe. Von einer bewussten Methode, von einer Entwicklung der Turnkunst kaum Spuren. Von den Turnlehrern in dieser ganzen Zeit standen ¾ als Turner unter der Mittelmässigkeit, viele hatten kaum einen Hochschein von Pädagogik, die meisten betrachteten die Turnstunden wie andere Päzstunden (Privatstunden). Dann offen gestanden, hatten wir Alle zusammen, der Oberturner mit inbegriffen, kaum eine Ahnung von dem Reichtum an turnerischem Lehrstoff, von stundenmässiger Anordnung desselben, und dass es noch andere ebenso zweckmässige Turngeräthe gebe u.s.w. An Alter wie an Wissenschaft standen wir einander fast gleich, nur an Turnfertigkeit bestand ein grösserer Unterschied. Im Jahr 1839 wurde ein anderer, zweiter Heilversuch gemacht, man verkleinerte die Riegen und vermehrte ihre Zahl auf diese Weise, aber ohne die Zahl der eigentlichen Turnlehrer zu vermehren. Jede Riege hatte eine Filialriege, der ein Monitor vorstand, der Oberturner war noch immer zugleich Vorturner einer Riege. Auch dieser Versuch führte nicht zum erwünschten Ziele, und man sah sich genöthigt, zu einem neuen Mittel zu greifen, man multiplicirte im Jahr 1840 die Riegen durch Vermehrung der Turnzeiten. Man turnte in zwei grossen oder Hauptabtheilungen zu verschiedenen Zeiten, und jede Hauptabtheilung war in sechs Riegen getheilt. Dem Oberturner wurde seine Riege abgenommen und ihm bloss die Oberaufsicht über das Ganze übertragen. Die Methode, die Übungen, das Turnmaterial blieben dieselben. Die Übungen dann, welche auf dem Turnplatze durch Übererbung von Jahr zu Jahr fortgepflanzt wurden, nahmen alle Glieder in Anspruch, und die Art und Anordnung der Geräthe war die, dass obere und untere Gliedmassen und der Rumpf auf entsprechende Weise bedacht waren. Reck und Klettergerüst dienen vorzüglich dazu, die Hangkraft der Arme zu mehren, der Barren übt die Stemmkraft derselben und der Schwingel und die übrigen Sprungvorrichtungen die Stemmkraft der Beine.»

Ein erfolgversprechender Weg zur Hebung des Turnunterrichts konnte auch nach Ansicht von Dr. Ecklin, den überzeugten Förderer des Mädchenturnens, nur durch eine Annäherung an die Schule gefunden werden. Dies konnte aber erst nach der Trennung von Gymnasium und Realschule im Jahre 1841 wirksam geschehen. Aus Kostengründen war es den Realschülern nicht möglich, weiter den Unterricht der Turnanstalt zu besuchen. Mit Unterstützung der GGG, welche Leibesübungen auch ärmern Schülern zugänglich machen wollte, gelang der Realschule dann die Einrichtung eines eigenen Turnunterrichts, womit im Mai 1842 das Schulturnen in Basel seinen Anfang nahm. An zwei Abenden, montags und freitags von 4 bis 5 Uhr, wurde ein freiwilliges Turnen abgehalten, an dem sich jeweils über 100 Knaben beteiligten.

Der Erfolg der Realschule, die ihren Schulhof zu einem Turnplatz umgestaltet hatte, einerseits, und der bedauerliche Niedergang der Turnanstalt andrerseits, führten die Inspektion des Gymnasiums zu Berufungsverhandlungen mit Adolf Spiess, der ruhmvoll als hervorragender Turnpädagoge in Burgdorf amtete. Spiess kam denn auch nach Basel und begann, zu 20 Stunden à 20 Batzen verpflichtet, im Mai 1844 mit seiner Arbeit. Durch ihn fand das Jugendturnen ungeahnten Aufschwung, weil er den Unterricht methodisch gestaltete, was bisher nie geschehen war. Noch im selben Jahr folgten dem Spießschen Turnunterricht am Gymnasium und im Waisenhaus 214 Schüler, die in vier Abteilungen unterwiesen wurden. «Die besonderen Turnarten, welche während drei Stunden wöchentlich neben und mit den Freiübungen geübt wurden, waren diese: Laufkunst in mannigfaltiger Weise, als Einzel- und Gemeinlauf, als Reihenlauf und Lauf vereinter

Mädchenturnen

Die Einführung des Turnens in der Töchterschule brachte die Sorge für Auffindung eines Lokals im Freien mit sich. Der Saal zur Gelten, worin letzten Winter über die Privatschülerinnen des Hrn. Spiess turnten, erschien theils zu eng für eine grössere Masse, theils im Sommer der Hitze wegen wie jeder andere der Mittagssonne zugekehrte geschlossene Raum, unbrauchbar. Die passendste Lokalität in unserer an freien offenen und verwendbaren Räumen so armen Stadt fand sich glücklicherweise gerade an dem Ort, welchen (gleich nachdem dessen Bestimmung bekannt geworden) einzelne laute Stimmen für den unpassendsten, übelgewähltesten und man höre! für den gesundheitswidrigsten in Verruf zu bringen suchten. Der gewählte Platz, vorzüglich als Mädchenturnplatz durch seine geringe Entfernung vom Schullokal und seine fröhliche, geräumige Lage, ist bekanntlich das Schützenhaus des St. Petersplatzes in seinen untern Räumen und dem daran stossenden Mättlein; die löbl. Gesellschaft der Stachelschützen hat ihn mit dankenswerther, uneigennütziger Bereitwilligkeit zu Turnzwecken überlassen, freilich nicht ahnend, dass sie dadurch den Zorn einiger Einfallsmenschen wecken werde. Jenen Herren ist die Absicht, durch die ertheilte Concession, ‹den Kindern und Greisen› den ‹uniken Genuss eines schönen Abends, die Pracht des Sonnenunterganges auf empörende Weise› rauben zu helfen, sicherlich eben so fern gelegen, als der Inspektion der Töchterschule, welche ihr Augenmerk zuerst auf jene Lokalität gerichtet hat, der ihr angemuthete Leichtsinn, eine ‹Schaar junger Personen zum Einathmen schädlicher Gräberluft› zu verurtheilen. Doch stille von letzterm Einfall; der Versuch einer Widerlegung könnte leicht den Duft des Witzes, der über ihm zu liegen scheint, verwischen, und ernsthaft aufgefasst, wäre die geäusserte Besorgniss, ‹vom Einfluss der Gräberluft in das Turnmättlein› ungeheuer lächerlich, und eine Replik gegen einen klügelnden Verstand der Art ein Windmühlengefecht! Einen etwas trügerischen Schein von Wahrheit hatte dagegen der erste, aus einem Gebüsch sentimentaler Naturschwelgereien hervorbrechende Einwurf: ‹Die Ansicht des Sonnenuntergangs verbauen durch eine Bretterwand›, siehe, das leuchtete Manchem ein, der nicht weiter denkt und der seine angeblichen Thatsachen aus unlauterer Quelle hat. Die gefürchtete hölzerne Wand wird nicht höher als

Mädchenturnen unter Adolf Spiess, um 1845. Im Mai 1845 hatte Spiess, als Nachfolger von Daniel Ecklin, das Mädchenturnen an der Töchterschule übernehmen können. Den Weg zu dieser Berufung ebneten ihm die ausgezeichneten Ergebnisse seines Privatunterrichts: «Auch hier zeigte sich das Resultat als ein höchst erfreuliches. Übung der körperlichen Kräfte war zwar auch hier ein Hauptziel des Unterrichtes, aber dabei wurde ganz besonders Rücksicht genommen auf die Entwicklung der Gelenkigkeit, der graziösen Gewandtheit, auf welche bei dem weiblichen Geschlecht soviel Gewicht gelegt wird.» Federzeichnung von Adolf Spiess. Schweizerisches Sportmuseum Basel.

4½′ und überragt voraussichtlich nicht einmal aller Orten die Grundhecke, hinter und längs welcher sie angebracht wird. Später dürfte sogar die Wiederwegschaffung der Bretter erfolgen, wenn einmal die allzu dünne Hecke an den vielen offenen und durchbrochenen Stellen nachgezogen sein wird. Die müssen in der That lieber dem Haufen der Langgeohrten, der allem Vernehmen nach ohne die rechtzeitige Dazwischenkunft des Turnprojekts von dem wohlgelegenen Mättlein als Waid- und Lustort den Sommer über Besitz genommen hätte, den Vorzug geben, welche bei diesem Sachverhalt noch die Furcht vor ‹schädlicher Gräberluft› und die Besorgniss vor Entziehung ‹der Luft und des schönen Abendlichts› zu Sturmböcken gegen die niedere und harmlose Bretterwand aufrufen. Jeder Belehrbare unter den vielen (?) Spaziergängern und Hyperästhetikern wird, wir zweifeln nicht, am Ende die Überzeugung gewinnen, dass die plötzlich in der Gunst des Publikums gestiegene Promenade des Petersplatzes durch das herzustellende Palladium der Mädchen weder verdunkelt, noch verunstaltet und verunziert wird. Sed jam satis! Die erforderliche und bei aller Ökonomie doch mit einer Ausgabe von über 1000 Fr. verbundene Instandstellung und Ausstaffierung des genannten Platzes wird gegenwärtig rasch betrieben. Es steht zu hoffen, dass die Turnübungen der Mädchen aus dem dumpfen Winterlokal zur Gelten in ganz kurzer Zeit dorthin verlegt werden können.
Allgemeines Intelligenzblatt der Stadt Basel, 1845

Züge, als Tacktlauf, als Lauf mit gleichzeitiger Übung verschiedener beigeordneter Thätigkeiten, als Schlängellauf, Dauerlauf, Schnelllauf, Wettlauf und Lauf unter dem langen Schwungseil. Springkunst, als Einzel- und Gemeinsprung, als Randsprung bei ein- und beidbeinigem Absprung, als Sprung mit Anlauf in Weite und Höhe, als Sprung über das lange Schwungseil; auch mit dem Bockspringen wurde wenigstens der Anfang gemacht. Stelzengehen: Da durch freiwillige Beiträge der Knaben 22 Paar Stelzen angeschafft werden konnten, so wurde es möglich, diese Übung als Einzel- und Gemeinübung darzustellen in mannigfaltigen Gang-, Lauf- und Dreharten, welche in den Freiübungen bereits vorgeübt waren und hierbei in einer kunstvolleren Stufe eine besondere Anwendung fanden. Wir erwähnen nur das Stelzengehen in Reih' und Glied, im Schritt und Tritt, was fast alle Schüler zu einiger Fertigkeit in so kurz zugemessener Übungszeit gebracht haben. Klettern: Die Mehrzahl der Schüler üben das Tau- und Stangenklettern mit grossem Erfolg; es ist aber zu wünschen, dass eine zweckmässigere Einrichtung der Klettergerüste mit nächstem Jahre getroffen

Adolf Spiess (1810–1858). 1844 als Turnlehrer ans Gymnasium berufen, übernahm der bekannte Turnpädagoge aus Deutschland 1845 auch das Mädchenturnen an der Töchterschule. «Dass das Mädchenturnen anstandswidrig und sittenverletzend werden kann, je nachdem es in Händen liegt, davon ist nicht die Rede, das bestreitet Niemand. Eben so wenig ist es unnötig oder schädlich. Geht einmal, ihr Gegner beiderlei Geschlechts, hin auf die Mädchenturnplätze. Herr Spiess wird Euch die Pforten an diese durch heitern, reinen, unschuldigen Frohsinn geweihten Orte gerne öffnen – und Ihr nehmt gewiss entgegengesetzte Eindrücke mit nach Hause» (1846). Porträtsammlung der Universitätsbibliothek. Repro Marcel Jenni.

▷
Medizinprofessor Carl Gustav Jung (1794–1864) setzte sich mit Begeisterung für das Turnen ein. Ihm werden folgende bedeutsame Äusserungen zugeschrieben: «Das Turnleben zerfällt in zwei Theile, nämlich das eigentliche Turnen und das Spielen, auf dem Platz oder in Feld und Wald. Die Durchdringung beider Seiten tritt am deutlichsten hervor bei den Turnfahrten oder kleinern Wanderungen in die Thäler und auf die Berge der Umgegend. Weil die Turner aber überall zugleich Stärkung und Erholung finden sollen, wird ihnen während der Turnzeit so viel Freiheit wie möglich eingeräumt. Die Knaben sollen nicht zu lebendigen Maschinen werden; überall soll freie Entwicklung und jugendliche Frische herrschen. Es hängt viel davon ab, dass der Turnlehrer nicht wie ein Zuchtmeister, sondern wie ein älterer Freund und Berather geachtet werde, vor dem jede Falte des jugendlichen Gemüthes ungescheut sich kund thue.» Porträtsammlung der Universitätsbibliothek, Repro Marcel Jenni.

▷▷
Knabenturnen im Waisenhaus während der 1860er Jahre. Photo Höflinger.

wird, damit sowohl stufenmässige Betreibung, als auch gleichzeitiges Üben einer grösseren Zahl von Schülern möglich wird. Stemmkunst am Barren: Damit auch diese Übungen am Barren zugleich von Mehrern geübt werden könnten, selbst als Gemein- und Tacktübungen, wurde ein 36 Fuss langer Barren beschafft. Es hat sich erwiesen, dass bei solcher Vorrichtung 24 bis 30 Knaben in vier oder fünf Rotten getheilt, mit Erfolg diese Turnart betreiben können, ohne dass die Rastzeit, wie es beim kurzen Barren nicht anders sein kann, für die Einzelnen von unangemessener Dauer ist. Wir müssen wünschen, dass im nächsten Jahre noch zwei solcher Langbarren von verschiedener Höhe gefertigt werden, damit auch die verschiedenen Altersklassen der Schüler, nach drei Grössenstufen geschieden, in diesen Übungen unterrichtet werden können. Gerwerfen: Für diese Übung wurden 28 Stück leichterer und schwererer Gere neu angeschafft, es nahmen aber nur je die grössten Schüler der drei letzten Abtheilungen Antheil an demselben. Das Gerwerfen wurde als Einzel- und Gemeinübung, als Standwurf, Wurf mit Vorschritten, Wurf mit Anlauf, als Kernwurf und Bogenwurf geübt. Ziehen: Diese Übung wurde stets in die Wette als Ziehkampf von einzelnen oder mehrern Paaren am Ziehseil, von ganzen Zügen am grossen Ziehtau, betrieben. Ringen: nur die grössern Schüler der drei letzten Abtheilungen übten das Ringen, doch konnte, der kurzgemessenen Zeit wegen im Verhältnis zu andern Übungen, dem Ringen wenig Übungszeit gegönnt werden. Ein besonderer Ringplatz ward neu hergerichtet und wird mit kommendem Sommer wohl mehr benutzt werden, als es im vergangenen geschehen konnte. Spiele: Wegen der vor allem nothwendigen und die Zeit in Anspruch nehmenden Begründung und Einrichtung des schulgemässen Turnunterrichtes und der Heranbildung eines Stammes geschulter Turnschüler konnte in diesem Sommer auf dieses bedeutungsvolle und wichtige turnerische Erziehungsmittel noch nicht so viel Zeit verwendet werden, als bei einmal wohleingerichteter Turnschule gegeben werden muss. Doch wurden drei Spiele zu verschiedenen Malen gespielt, nämlich Schwarzer Mann, Barlaufen und Freiwolf. Turnfahrt: Turnerleben übt und misst sich gern auf Turnfahrten. In diesem Sommer wurde nur eine und zwar tagelange Fahrt zugleich mit 170 Schülern unternommen. So schön und

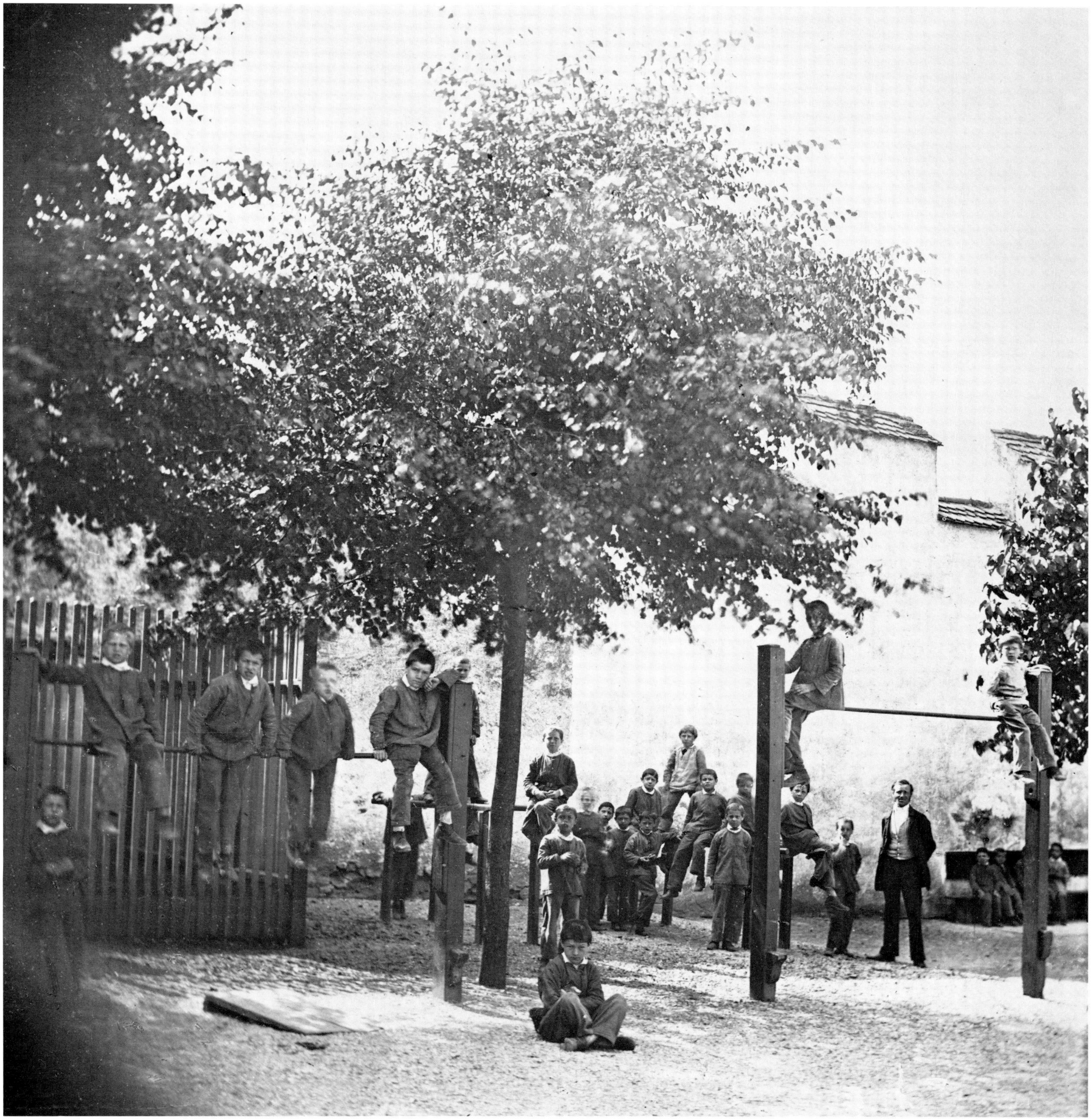

Basler Turnerschaft, 1878. Die reizvolle Photomontage von Jakob Höflinger zeigt im Vordergrund eine Szene aus dem damals überaus beliebten Nationalturnen. Aber auch das Geräteturnen fand gebührende Beachtung, wie der Reckaufbau im Hintergrund zu erkennen gibt.

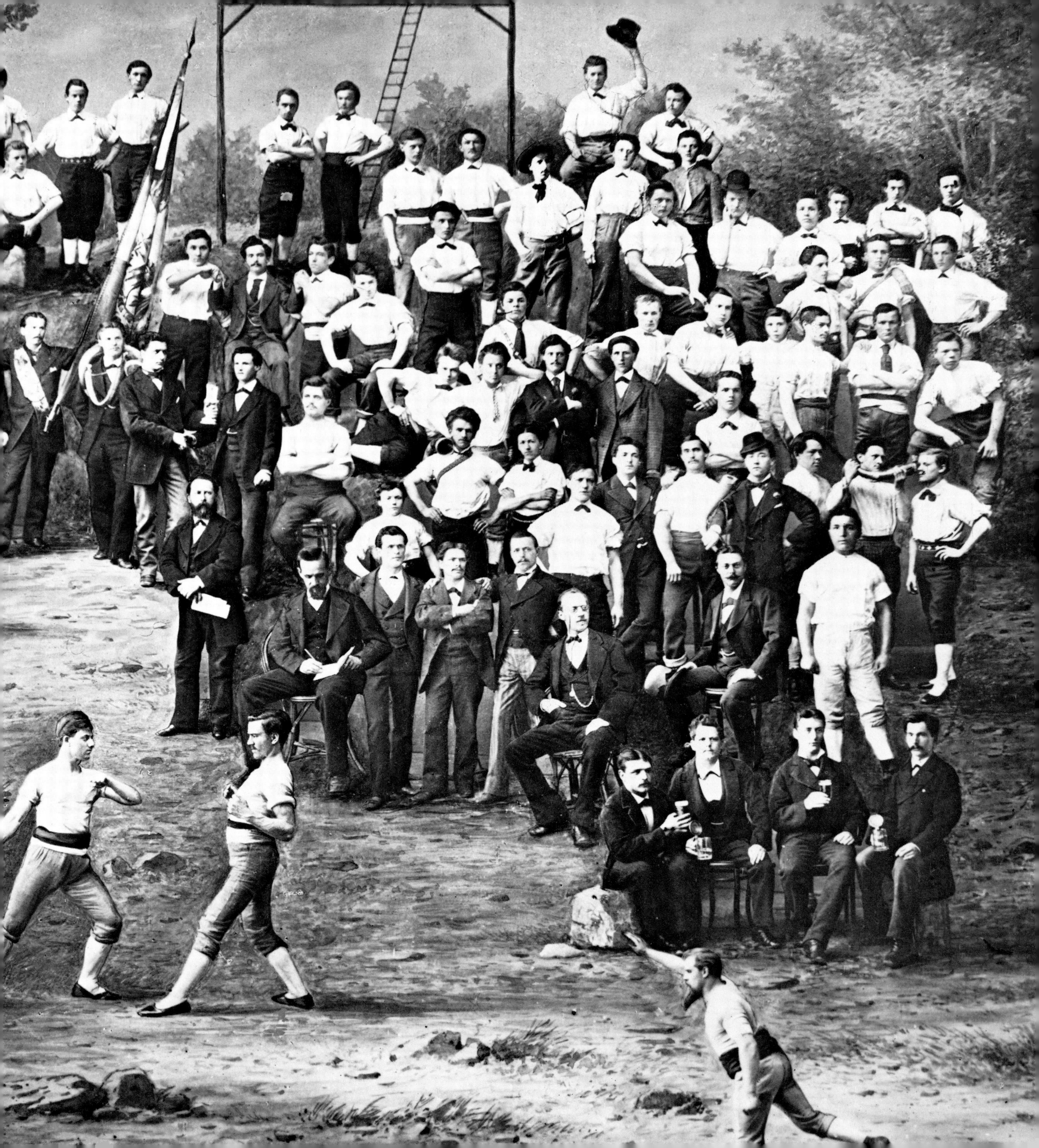

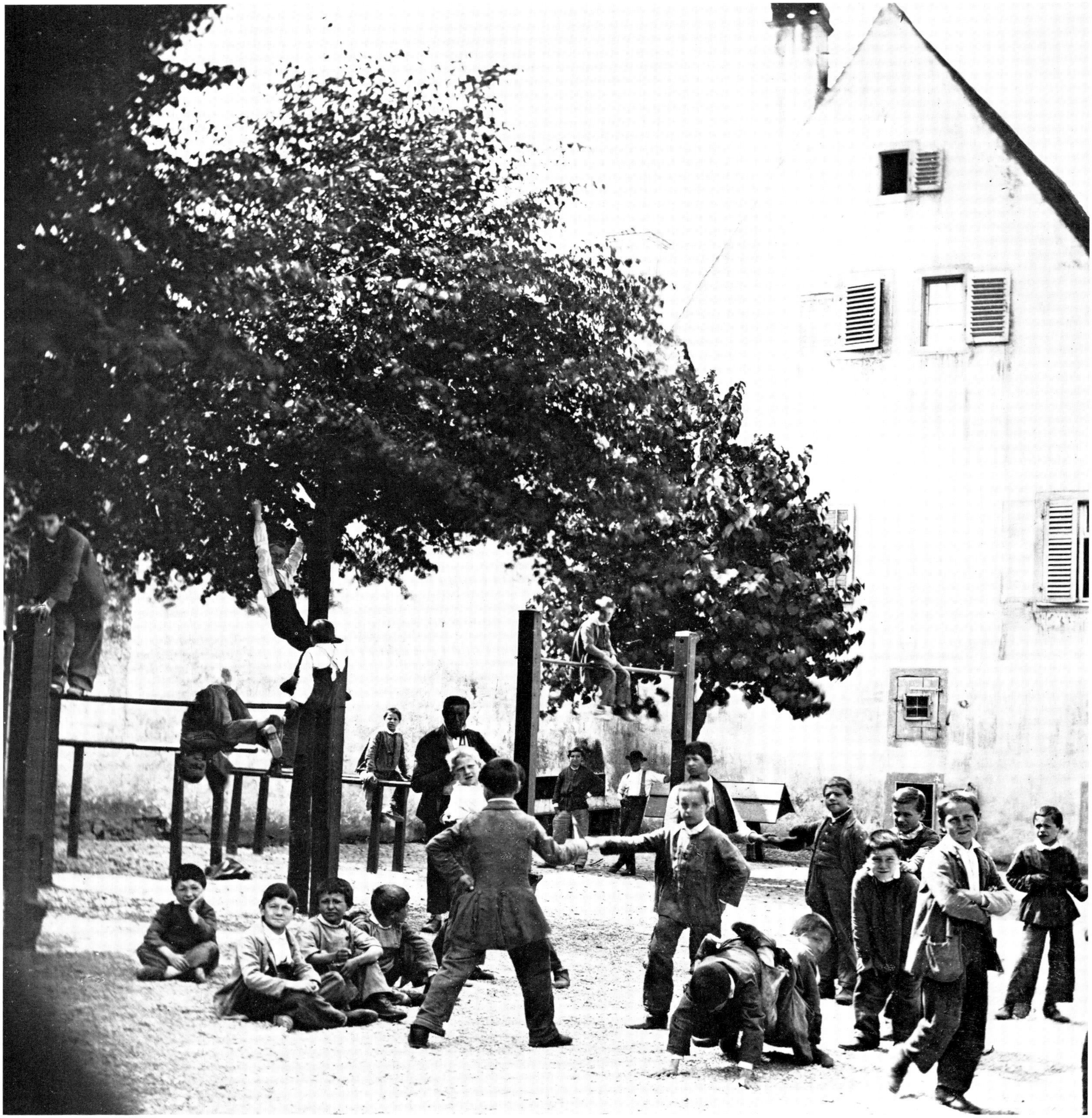

Bis zu ihrer Auflösung um die Jahrhundertwende galten die Gewerbeschulturner als die ‹Erzfeinde› der Realschulturner, wobei sich die beiden Vereine ‹manche hässliche Auseinandersetzung› lieferten! Schweizerisches Sportmuseum Basel.

◁
Seit 1836 durften die Waisenknaben den Turnunterricht der GGG besuchen. Weil auf dem Weg zu den Turnplätzen aber immer allerlei Unfug getrieben wurde, erfolgte 1848 die Verlegung der Turnstunden in das Waisenhaus. Neben dem Turnen «wird zu jeder Jahreszeit, sofern die Witterung es erlaubt, ein grösserer Spaziergang in die Umgebung gemacht, wobei es hie und da vorkommen kann, dass man sich in einer entferntern Ortschaft zu dem mitgenommenen Abendbrod ein Gläschen Wein geben lässt und so den Ausflug bis zum Nachtessen verlängert. Solche Spaziergänge sind ungemein erfrischend und machen den Kindern viel Freude, wesshalb sie auch häufig an Werktagen ausgeführt werden. Sie bieten den Lehrern auch manchen Anlass zu Belehrungen dar, wozu sie nicht selten durch die Fragen der Kinder aufgefordert und ermuntert werden. Nach dem Nachtessen und der Abendandacht verweilen die Kinder an schönen Sommerabenden gerne noch einige Zeit im Hofe, wo sich dann ein reges Leben und Treiben entfaltet.»
Photo Höflinger, um 1860.

zweckmässig auch eine Turnfahrt mit der Gesammtzahl der Turner ist, so sollten neben dieser allgemeinen Fahrt doch auch kleinere Auszüge mit einzelnen Abtheilungen vorgenommen werden können, was, sobald einmal ganze Schulklassen zugleich besondere Abtheilungen von Turnern bilden, ohne Beeinträchtigung für andere Schülerklassen eingerichtet werden kann, und dann im Wechsel alle Schülerklassen das ganze Schulleben erfreuen und erfrischen kann.»

Einem Wunsche Spiess' entsprechend, liessen die Behörden noch 1844 auf den beiden Turnplätzen im Klingental mit erheblichem Aufwand einen überdachten Dielenboden errichten, auf dem ‹die Turnenden jeden leisen Schritt hören konnten›.

Wie sehr dem neuen Lehrer die Lösung seiner Aufgabe gelang, ist am Grossratsbeschluss vom 7. Oktober 1846 abzulesen, der das Turnen definitiv als Schulfach verankerte: «Ermächtigt der Grosse Rat den Kleinen Rat, den Turnunterricht in die Lehrfächer des Gymnasiums und der allgemeinen Töchterschule auf die seit einem Jahr provisorisch bestehenden Grundlagen definitiv aufzunehmen, jedoch mit den weitern Bestimmungen, dass den Eltern oder Vorgesetzten der Kinder jeweilen offen behalten bleibe, ihre Kinder oder Pflegebefohlenen an diesem Unterricht teilnehmen zu lassen oder nicht und dass die Turnlehrerstelle nicht auf lebenslänglich besetzt werden solle.» Damit waren auch die Bedenken gegenüber dem Mädchenturnen an den Schulen endgültig überwunden. Spiess erteilte nämlich auch Privatunterricht im Mädchenturnen und weckte so viel Begeisterung, dass die Inspektion der Töchterschule sich ebenfalls zur Einführung des Turnens entschlossen hatte. Allerdings mit der Vorsichtsmassregel, dass eine Lehrerin zur Überwachung der Übungen dabei sein musste: «Unsere Tanten und Mütter erzählen, dass die betreffenden Damen jeweilen strumpfstrickend von einer Ecke aus ihres Amtes gewaltet haben.» 1848 zog Spiess, ‹Vater› des seinem Gemeinschaftsturnen an Geräten entsprechenden Schweizerischen Sektionsturnens, nach Darmstadt, wo er als Begründer des Deutschen Schulturnens in die Geschichte einging. Zu seinem Nachfolger wählte das Erziehungskollegium August Riggenbach, den frühern Spitalapotheker. Er versah seine neue Stelle bis

1855. Das Erbe des späteren Plantagebesitzers in Zentralamerika verwalteten Friedrich Iselin und Alfred Maul. Sie brachten das Turnen in Basel, das hier ‹wissenschaftlich gepflegt wird›, zu hoher Blüte, «so dass sogar mehrere Familienväter für ihre Knaben und deren Kameraden kleine Turnplätze mit Barren, Reck, Klettergerüst und Schaukel haben einrichten lassen. So ist den meisten Knaben der Turnunterricht zu einem Lieblingsfache geworden, und sie pflegen ihn auch fleissig ausserhalb der Schule. Es haben im letzten Herbste zwei Knabenturnfeste stattgefunden, das eine im Freien auf einem Turnplatze am Rhein, das andere wegen schlechter Witterung in einem Saale. Dieses letztere war im Ganzen ein kleines Abbild des grossen Eidgenössischen Turnfestes, das wir im Sommer 1860 hier feierten. Die Knaben hatten sich Kampfrichter erwählt. Auch die Reden durften nicht fehlen. Vor Vertheilung der Preise musste ein älterer Knabe eine kleine Ansprache halten, in welcher er gute Leistungen belobte und die verschiedenen Blössen ernst rügte.»

Beim ‹Stängelispringen› (Stabhochsprungtraining mit geschlossenen Füssen) auf dem Turnplatz in den Langen Erlen, um 1900. Schweizerisches Sportmuseum Basel.

Von dem denkwürdigen Turnfest in Basel, am 4. und 5. September 1869

An einem schönen Herbstsonntag des Jahres 1869 sagte ein Bottminger Bauer zu seiner Frau: «Alte, heut kommst mit, heut wollen wir zur Stadt, es ist ein Turnfest, wie vor acht Tagen in Binningen, aber schöner soll's sein und grossartiger; Binningen ist eben auch keine Stadt wie Basel»; – die Alte war einverstanden, sie zog ihre bessere Haube an und den Rock mit den weissen Strichen drinn und quatschelte neben ihrem Alten her, der Stadt zu. Der Alte hatte vor acht Tagen in Binningen zum ersten Mal ein Turnfest gesehen, die Alte noch gar keins; er wusste ihr viel zu erzählen, was ein Turnfest sei; «Schau», sagte er, das ist eben ein Fest, wie's zu meiner Zeit keine gab; je verflüchter da einer in die Luft springen kann, desto besser; auf den Füssen siehst den ganzen Tag Keinen laufen, alles auf den Händen und auf dem Kopf; und wenn sie dann noch am Boden blieben, aber nein! Da haben sie hohe Eisenstangen, da drauf laufen sie auf den Händen herum, drehen sich hintersich und fürsich, und fallen einsmals herunter, hast du gemeint. Kommt den Leuten nicht in den Sinn, wenn sie noch so krumm und krüppelig hinunter fallen, unten stehen sie, meiner Seel, wieder ‹bolzgrad›; so geht's. – Dann sind sie auf einmal wieder aufgestellt, wie die Landwehr, in Reih und Glied; einer steht davor, wie ein Oberst. Freiübungen sagen sie dem; pass auf dann. Da gibt der Oberst, der vorn dran steht, ein Zeichen, da haben alle die Beine auf den Achsseln, noch ein Zeichen, stehn sie wieder alle grad. So geht's. Da commandirt der Oberst noch einmal. Da steht dir jeder auf einem Bein und streckt das andere neben dem Ohr satt vorbei in die Luft, oder beugt sich zurück; die Kerle sind biegsam, ein Haselstecken ist nichts. – Ein altes Ross haben sie auch, dem die Zähne nicht mehr weh thun und dem das Fliegenwehen vergangen ist; 's hat keinen Kopf und keinen Schwanz; dadrauf machen sie alle Teufelssprünge, vorwärts, rückwärts, seitwärts, unten durch, springen sie drüber weg, sie sind drauf dressirt, wie ihr Ross auf's Stillstehn. – Das geht vom Morgen bis in die Nacht hinein, sonst wär's kein rechtes Turnfest; dann bekommen sie Preise, grad wie am Schiesset Anno vierundvierzig; und dazwischen trinken sie Bier, aus Gläsern meinst du? das wär kein rechtes Turnfest; Hörner haben sie dir! – «Was», schreit die Alte, «das fehlt jetzt noch, dass sie Hörner haben; du lügst mich an, könnten sie auch gleich noch Glocken um den Hals henken!» – «Du verstehst nichts», sagt der Alte unwillig; «ganz gewiss haben sie Hörner, wie ich sage, aber am Maul zum draus trinken, und das Hörner, dass wenn unsere Kuh sie hätte, sie sich bücken müsste, wenn sie zum Tennthor hinein wollte. Ja, so ist's; ich hab' in Binningen vor acht Tagen den Gerichtsschreiber gefragt, was das für schreckliche Hörner seien, da hat er gesagt: ‹Büffelhörner! solche haben die Büffel auf dem Kopfe, aber nur wenn sie im wachsenden Monde geboren sind, auf das kommt's an, darum sind die Hörner so rar›.» – «'S gibt doch kuriose

Das Schweizerische Turnfest in Basel 1848. ‹Bei rauschenden Fanfaren mit fliegenden Fahnen, singend und jubelnd zog die gesammte Schaar in Begleitung einer zahlreichen sympathisirenden Menschenmasse auf den Turnplatz im Klingenthal. Als ein noch wenig gesehenes Kuriosum erregte der Gabentempel besondere Aufmerksamkeit. Auf seinem Giebel wurden sämmtliche Fahnen aufgepflanzt, und als sie hier festlich prangend flatterten, begannen die Freiübungen und das Riegenturnen, begleitet und gehoben durch die oft sehnsüchtelnden, oft kriegstobenden Weisen der Festmusik. Die Wettübungen im Steinstossen und Ringen erfreuten sich besonders einer ungetheilten Aufmerksamkeit; im Geerwerfen wurde kein eigentlicher Kernschuss gethan. Nach beendigten Wettspielen zog die Schaar zur Festmahlzeit ins Casino. Kräftige Chöre und feurige Reden über Freiheit und Vaterland brachten angenehme Abwechslung.› Lithographie von Joseph Lerch. Im Staatsarchiv. Repro Rudolf Friedmann.

Geschichten in der Welt», seufzte die Alte; sie war müd vom Wege und war froh, dass sie bald an Ort und Stelle waren; vor dem Steinenthor! Wie da der Alte und die Alte von Bottmingen die Mäuler aufgesperrt haben, als sie die schreckliche Menge von Leuten sahen und die vielen Turner und Fahnen und grossen Hörner, das kann sich der Leser denken. Aber sie kamen zu spät, das Fest hatte schon begonnen, 's war am 5. September 1869, und das Fest hatte schon Tags vorher angefangen, weil die vielen Turner aus dem Baselbiet, von Biel, aus dem Elsass und so weiters, schon am Samstag gekommen waren, die Empfangsrede war schon vorüber und die academischen Turner haben ihr Pulver schon verschossen und sassen am Boden; aber die Bürger und die Gäste turnten noch wacker drauf los; es war ihnen eben, wie es sich im Verlauf der Geschichte zeigen wird, fast jedem um einen Preis zu thun, und wo möglich um einen recht schönen. Einstweilen soll der geneigte Leser hören, wie's am Samstag gegangen ist. In der Stadt hingen quer über die Strasse lange Girlanden mit Inschriften dran; wie diese hiessen, weiss der Kalendermacher nicht mehr, aber schön waren sie in jedem Fall; zu den Fenstern hinaus hingen Teppiche, Kränze und Fähnen in allen Farben; alles, weil's sonst kein rechtes Turnfest wäre; Spass bei Seite, es sollte diesmal zu Basel ein Turnfest geben, wie noch keins gefeiert worden war, es sollte das fünfzigjährige Gründungsfest des Turnvereins begangen werden; der geneigte Leser feiert gewiss alle Jahre seinen Geburtstag, und wenn er nicht alle Jahre etwas Besonderes macht an seinem Geburtstage, so thut er's doch gewiss wenn's einmal heisst,

heute ist der fünfzigste; da geht man spazieren, wenn's auch auf keinen Sonntag fällt. Just so ging's dem Basler Turnverein auch; wer jetzt nicht begreift, wozu die Kränze und Fahnen und die Inschriften, und vor dem Steinenthor die Triumphbogen und auf dem Turnplatz die Festwirthschaften waren, der ist einmal auf den Kopf gefallen, aber nicht beim Turnen, wie's manchmal auch geschieht, aber nichts schadet.
Es galt den fünfzigsten Geburtstag des Turnvereins zu feiern und den wackern Männern, die ihn gegründet haben dankbare Erinnerung zu widmen; darum war auch die hohe Obrigkeit und das Erziehungscollegium eingeladen worden, weil es diese Bewandtniss hatte. Darum waren auch so viele Turner aus dem Baselbiet und der ganzen Schweiz, und aus dem Elsass von Gebwiler und Mühlhausen gekommen. Am Nachmittag zogen die Turner von Gartnern ab nach dem Festplatz, ein schöner Zug mit Musik und Fahnen; auf dem Turnplatz, da standen auf einer Bühne ein Ehrenmann und ein Turner, wie's wenig gibt, und begrüsste in treuen biedern Worten, gut schweizerisch und baslerisch, die Gäste, und ermahnte die Turner bei der Turnerei fest zu bleiben und sie stets zu pflegen. Der Mann hat Recht gehabt, denn es ist eine schöne Sache ums Turnen und eine missliche; es spart das Aderlassen und Schröpfen und die Doctoren haben's nicht alle gern. Der Kalendermacher hat auch einmal geturnt und weiss wie's ist. So fing das Fest an; nach dieser Rede (wenn Einer kommt und fragt, so erfährt er den Namen des Redners) ging's just so her, wie der Bottminger Bauer seiner Alten

erzählt hat, gerade wie in Binningen, aber schöner und grossartiger um ein Gutes. Man muss es gesehen haben, sonst glaubt man nicht wie schön und in Ordnung da alles hergeht. – Aber wenn man's zum ersten Male sieht, so versteht man's nicht recht, wie's dem Bottminger Bauer gegangen war. – Geneigter Leser, wenn du schon einmal im Wald auf einen von den Häufen, wo die grossen rothen Ameisen drinn wohnen mit deinem Spazierstock geschlagen hast oder sonst die Thierlein geneckt hast, so hast du ungefähr sehen können, wie's auf dem Turnplatz und drum herum zuging schon am Samstag, am Sonntag war's noch ärger; dem Kalendermacher thun jetzt die Hühneraugen noch weh und die Rippen, wenn er dran denkt, aber schön war's und das Vergnügen die schönen Übungen der Basler Turner und auch der Fremden zu sehen war wohl ein paar Rippstösse werth. Die Fremden, was nicht Baselbieter waren, konnte man erkennen daran, dass sie rothe, feuerrothe Binden um den Leib hatten, wie die Pforzheimer Stadtgarnison, wer sie schon gesehen hat; die Baselbieter brauchen keine Binden, man kennt sie doch. Der Hinkende hat sich das Vergnügen nicht nehmen lassen zuzuschauen bis es Nacht wurde; 's war nicht so heiss, wie's im September gewesen ist schon oft, darum hat der Hinkende nicht so viel Bier zu sich genommen, als er schon manchmal zu sich genommen hat, wenn's heisser war. Es mochte 8 Uhr sein, vielleicht noch etwas mehr, als die Turner in geordnetem Zuge mit Fackeln und Musik und Tambouren voran in die Stadt zogen; man sah keinem an, dass er etwa müd gewesen wäre. Das gab ein Halloh in der Stadt! Die Stadtjungfern und Damen schauten zu den Fenstern hinaus. Bengalische Feuer wurden allerorts abgebrannt. Wer noch keins gesehen hat, weiss nicht wie's aussieht; da braucht's keine Bengel dazu, sondern ein feines Pulver und das giebt dann eine Helle wie in Bayers Panorama, wer's gesehen hat, bei der Erstürmung von Sebastopol. So sah's in der ganzen Stadt aus. Die Turner zogen zum Steinenthor hinein (der Kalendermacher kann sich das Steinenthor nicht abgewöhnen, wenn's schon fort ist), sie zogen die Stadt hinunter, den Spahlenberg wieder hinauf zum Augarten; da gab's ein Nachtessen; die Turner können viel, aber im Essen und Trinken haben sie's eben auch wie unsereiner; sie speisten alle in einem grossen Saal und an Wein fehlte es auch nicht und an schönen Reden; der Hinkende stund unten am Haus noch eine Zeitlang mit einem Freund, da hörte er oft ‹Bravo› rufen im Saale oben bei den Turnern; darum weiss er, dass Reden gehalten wurden, gehört hat er sie nicht; dass sie aber schön gewesen seien, wird der Leser an den Fingern abzählen können. Die Turner machten sich lustig, aber nicht zu viel; es wollte jeder einen Preis und dazu musste man am Sonntag früh um fünf Uhr schon wieder bei der Heg sein, und auf die Pfalz kommen, und wieder hinausziehen auf den Kampfplatz.

Wie's am *Sonntag* ging. Um fünf Uhr wurde der Kalendermacher von Trommeln geweckt; er meinte zuerst es sei Fastnachtmontag, als er aber recht erwachte und in der Schlafkappe ans Fenster ging und den Umhang ein wenig weghob und hinausguckte, sah er zu seinem grössten Vergnügen, dass es die Turner waren, und zwar alle frisch und frohen Muthes, es war eine helle Freude. Der Kalendermacher denkt: «'S ist doch etwas Schönes um so ein Turnfest und um rüstige junge Leute.» – Es wurde wieder da fortgefahren, wo man bei eintretender Nacht hatte aufhören müssen; am Reck, am Barren, am Ross wurde weiter geturnt, Wettlaufen, Klettern, Gerwerfen, alles ging in schöner Ordnung; wer nicht weiss, wie alle die Geräthe aussehen, der wird im nächstjährigen Hinkenden Boten eine Abbildung des Turnplatzes finden, wo's dabei steht was jedes ist; als der Kalendermacher am Vormittag auch hinauskam auf den Turnplatz, war man im Wettturnen gerade an den Würsten, Brodlaiben und Weinflaschen, der Hinkende meinte zuerst, es sei der erste Theil des Nationalturnens. Er hat sich aber geirrt, das kam erst später. – Etwas vom Schönsten war das Wettrennen; das ist ein uraltes Spiel, nicht nur die alten Germanen, sondern schon lange vor ihnen die Griechen und Ägypter haben das getrieben zu Fuss und auf Wagen. Auf Wagen ist die Kunst nicht so gross, weil's da mehr auf die guten Rosse ankommt, darum haben's die Turner zu Fuss gemacht; die Basler haben einen guten Athem und flinke Beine, das ging, wie bei den Windhunden unzusammengezählt; und als zuletzt nur noch die Basler paar zusammen um die Wette liefen und jeder partout der Erste sein wollte, da ging's wie auf Velocipeden, wenn jemand diese neue Maschinen kennt. – Um Mittagszeit ging jeder zum Mittagessen nach Hause, denn die fremden Turner waren in Bürgershäusern grössten Theils logirt und das war schön von den Basler Bürgern und billig. – Am Nachmittag, da kam der Bottminger Bauer mit seiner Frau, wie oben erzählt ist, zum Turnplatz, um zuzuschauen. «Frau», sagte der Alte gleich, «das Fest in Binningen war nichts gegen das Fest, die Basler verstehen's noch besser.» Da kam zuerst etwas, was noch an keinem Turnfest gemacht worden war; die Basler Turner stellten sich auf und fingen an, die schönsten Freiübungen per Musik im Tacte auszuführen; das war wirklich nicht nur etwas Neues, sondern etwas sehr Schönes, es hatte aber auch Jedermann seine Freude dran und der Kalendermacher selber, der doch schon viel Schönes gesehen hat, musste mit dem Kopf seinem Freund zunicken und sagen: «Das Ding hat eine Nase, Respekt vor diesen Turnern.» Und der Bottminger Bauer sagte: «Alte, darauf hin wollen wir schnell einen Schoppen Bier nehmen, wir können nachher wieder zusehen.» «Du kannst gehen», sagte die Alte, «ich will das Ding jetzt recht sehen». Der Alte ging, und als er eine Zeitlang beim Biere gesessen, kam seine Alte auch und rief: «Komm, jetzt», rief sie, «jetzt springt einer nach dem andern mit einer langen Stange haushoch in die Luft über ein Seil; wenn ich nicht wüsste, dass es ehrliche Leute sind und wenn dem Müller von Reinach sein Peter nicht auch dabei wäre, ich glaubte 's wären Schwarzkünstler». Der Alte leerte rasch sein Glas und kam; es war das Stängelispringen. (Kommt über's Jahr auch in Abbildung.) Nachher kam das Nationalturnen, Steinheben und Stossen,

▷ ‹Akrobatische Einlage› von Funktionären und Teilnehmern am Eidgenössischen Turnfest 1912 auf der Schützenmatte. Schweizerisches Sportmuseum Basel.

Ringen und Schwingen; da ging's heiss her; die Bottminger Frau meinte es sei Ernst und rief dem Alten: «Geh' doch und hilf abwehren, sonst geht's nicht gut, 's gibt ein Unglück!» – «Verstehst nichts, schweig doch», brummte der Alte, «ist nicht so gefährlich gemeint, hab' das in Binningen schon gesehen; hat keinem das Leben gekostet, ausser etwa einem Päärlein Sonntagshosen». Zwischenhinein kamen allerlei Künste; es stund einer dem andern auf den Kopf und dergl., oder gar drei, vier aufeinander; wer weiss wie's in einem Cirkus auf der Basler Messe geht, der hat das auch schon gesehen. «Grad wie die Seiltänzer am letzten Liestler Markt», sagte die Alte zum Alten. – Als es anfing Nacht zu werden, schritt man zur Preisvertheilung. Was das Schönste dran war, meint der Kalendermacher, war das, dass keiner dem andern seinen Preis missgönnte, sondern eine herzliche Freude hatte, und «Bravo» rief, wenn ein Kamerad besonders ausgezeichnet wurde; so muss es sein bei den Turnern, dann ist's recht. – Die beiden Bottminger Leute hatten nicht so lange gewartet, sie hatten sich schon lang auf den Heimweg gemacht; unterwegs sagte der Alte: «Hör», sagte er zur Alten, «wenn unser Johannes noch jünger wär, er müsste, meiner Seel, zu den Turnern.» «Fluch doch nicht so», sagte die Alte drauf, «ich glaub schier, du hast auch geturnt, wenn auch nur mit Gläsern, nicht mit Hörnern; du gehst kurios. Der Johannes ist zu alt, aber der Fritz der muss dazu, wenn er aus der Schule ist.» – «Ja, bei Gott», sagt der Alte, «das Turnen ist eine schöne Sache und so ein Turnfest gar». Jetzt sahen sie die ersten Lichter von Bottmingen und gingen beide vergnügt heim.

Am Abend, als jeder, der ihn verdiente, seinen Preis hatte, der einen Reissack, der eine Tabackspfeife oder das Jahrbuch des Alpenklubs, da ging's wie Tags zuvor wieder zum Augarten, aber diessmal musste man nicht andern Tags um 5 Uhr schon wieder auf der Pfalz sein und diessmal war der Kalendermacher auch dabei, eben weil es diese Bewandtniss hatte; darum weiss der Hinkende auch, dass es lustig war und dass viele und schöne Reden gehalten wurden und Jüngferlein dabei waren, eine schöner als die andere, grad wie die Reden; sonst wär's kein rechtes Turnfest gewesen; aber auch viel war da, an Wein, und viele vornehme Herren; die Jüngferlein gingen früh nach Hause, und das war gut; es wurden auch schöne Turnlieder gesungen u.s.w.; kurz, dem Hinkenden war's recht, dass er dabei war, es war ein schöner Schluss für das Turnfest; das dachte der Kalendermacher auch am Montag früh, als es ihm war, es sei etwas nicht ganz im Geleise, das dachte er und sagte für sich: «Respekt vor den Turnern und der Turnerei, 's ist etwas Schönes.»

Der erfreulichen Entwicklung des Schulturnens folgte parallel auch diejenige des Vereinsturnens. Schon am ersten Eidgenössischen Turnfest, das 1832 in Aarau abgehalten wurde, war die hiesige Turnerschaft in der Lage, sich vertreten zu lassen und mit dem Theologiestudenten Karl Frickart gar einen der fünf mit Kränzen gekrönten Turner zu stellen. Im April 1835 ward das ‹vielverkannte und doch ächteidgenössisch gesinnte Basel› erstmals mit der Durchführung des (4.) ‹Eidgenössischen› beehrt: «Seit langer Zeit haben wir wieder das erste eidgenössische Fest in den Mauern unserer Stadt gesehen, und es ist auf eine Weise gefeiert worden, welche die Erwartungen der eifrigsten Freunde weit übertroffen hat, und sicherlich von wohlthätigen Folgen für unser engeres und weiteres Vaterland sein wird. Wir meinen das Turnfest. In St. Jakob, auf der durch den Heldenmuth der Väter geheiligten Stätte, wurden die jugendlich muntern Schaaren der Turner von Aarau, Zürich, Solothurn und Bern, Montag Abends von dem hiesigen Turnvereine empfangen und unter fröhlichem Gesange in die Stadt geleitet. Nachdem die Angekommenen die Quartiere bei den Bürgern bezogen, beschäftigten Verhandlungen verschiedener Art die Vereine von 7 bis 9 Uhr, worunter die Aufnahme der Solothurner und Luzerner Turnsektionen als besonders erfreulich zu nennen sind. Den folgenden Morgen bewiesen sämmtliche Turner die gewonnenen Fertigkeiten in riegenweisen Übungen, welche mit geringer Unterbrechung von 8 bis 12 Uhr fortdauerten. Die Gesamtzahl der theilnehmenden Turner betrug ungefähr hundert, worunter 27 Berner, 17 Zürcher, 15 Aarauer und 11 Solothurner. Von 12 bis gegen 2 Uhr wurden dann die Ver-

◁
Schwingerwettkampf am Eidgenössischen Turnfest 1886 auf der Schützenmatte. «Unfern von hier steht das herrliche Denkmal der vier bei St. Jakob in der Riesenschlacht für das Vaterland sterbenden Nationalturner. Darunter deren Losung: ‹Unsre Seelen Gott, unsre Leiber den Feinden›. So, Turner, wollen auch wir unsre Leibesübungen betreiben, nicht blos um der Preise und Kränze willen, sondern damit, wenn der Tag kommt, wo dem Vaterland Gefahr droht und die Würfel eisern fallen, auch unsre Losung sei, wie die der Helden von St. Jakob: ‹Unsre Seelen Gott, unsre Leiber den Feinden›. So aber nicht nur im Kriege, sondern auch ‹wenn der Friede lacht›. Turner, es gibt Feinde, die euch und euren Jahren gefährlicher sind, als alle von Aussen kommenden. Das sind die Feinde der verweichlichenden Genusssucht und der öden blasirenden Genußsucht, die den Jüngling entnerven, ihn nie Mann werden lassen, ihn frühe, vor den Jahren zum Greis machen. Wohlan denn, liebe Turnerschaft, auf mit unsrer turnerischen Arbeit zum Kampfe wider diese, dich am meisten bedrohenden, Feinde! Auf zu diesem Kampf im Sinn und Geist der grossen Losung: ‹Unsre Seelen Gott, unsre Leiber den Feinden!›» Schweizerisches Sportmuseum Basel.

Die Bürgerturner Emil Hasler und Paul Kleiner demonstrieren in der Theaterturnhalle einen ‹auf den Mann gezogenen Handstand›, um 1885. Schweizerisches Sportmuseum Basel.

Über das alles schicke man sie noch zum Meister der Leibesübungen, damit sie, dem Körper nach besser ausgebildet, auch in richtig gesinnter Seele besser gehorchen können und nicht nötig haben, sich feige zurückzuziehen wegen des Körpers Untüchtigkeit, sei es nun im Kriege oder bei andern Anlässen.
Platon, 427–347 v. Chr.

handlungen fortgeführt, und hierauf vereinigte Alle ein fröhliches Mahl, zu welchem auch die Kampfrichter und mehrere ehemalige hiesige Turner geladen waren. Einigkeit und Heiterkeit belebte dasselbe. Fröhliches Gespräch und Gesang wechselten, und mehrere Toaste wurden ausgebracht, unter anderm auf das Blühen des schweizerischen Turnvereines, auf die erneuerte Vereinigung aller Schweizer, wozu der Turnverein als kräftiges Mittel wirken möge, auf ein frisches Gedeihen der altehrwürdigen, durch den jüngsten Beschluss des gr. Rathes neubelebten Universität von Basel, und auf das Wohlergehen der turnenden Jugend. Nach Beendigung des Mahles fanden Spaziergänge nach Hüningen und andern Orten der Umgegend statt. Abends begrüssten der baslerische Männerchor und die Blechmusik mit einem freundlichen Ständchen die versammelten Gäste. Am Mittwoch Morgen versammelten sich wiederum sämmtliche Turner auf dem Münsterplatze und zogen, die Blechmusik an der Spitze, auf den Turnplatz, wo schon eine grosse Menschenmenge ihrer harrte. Jetzt begann der Wettkampf, an dem nur die Ausgezeichnetern Theil nahmen. Trotz den ermüdenden Anstrengungen des vorigen Tages wurde hier eine bewunderswürdige Kraft und Gewandtheit bewiesen, und von solchen, welche voriges Jahr in Bern gewesen, wird behauptet, die Fortschritte seien auffallend. Von 9 bis 12 Uhr dauerten die Übungen am Reck, am Barren, am Schwingpferde und im Springen. Schade dass der Platz für die zahlreichen Zuschauer von allen Ständen, Altern und Geschlechtern etwas zu eng war. Um 12 Uhr versammelte man sich zur Preisaustheilung. Im Namen der Kampfrichter (HH. Prof. Jung, Lic. Müller, Cand. Heusler, Dr. J.J. Burckhardt, Dr. W. Vischer von Basel und Hrn. Spiess, Turnlehrer von Burgdorf) sprach Hr. Prof. Jung einige Worte der Anerkennung und

Der Festplatz des Eidgenössischen Turnfestes 1912 auf der Schützenmatte. ‹Dort war eine kleine Stadt entstanden; grosse Festhütten und Tribünen umsäumten den weiten Festplatz. Die Strassen prangten im Fahnen- und Blumenschmuck; alles atmete Festfreude und war bereit zum Empfange der frohen Turnerscharen, die bald aus allen Himmelsrichtungen in unsere Stadt einziehen sollten, nicht nur aus der Schweiz, auch aus den umliegenden Ländern, ja selbst aus dem fernen Amerika.› Photo im Staatsarchiv. Repro Marcel Jenni.

Ermunterung aus und theilte dann acht Preise aus an Greyer von Bern, Liebi von Thun, Küpfer von Bern, Rothpletz von Aarau, Ecklin von Basel, Dutois von Bern, Wolf von Zürich, Nauer von Solothurn. Die Preise bestanden in Lorbeerkränzen nebst kleinen Arbeiten von schöner Hand gefertigt. Von einer grossen Menschenmenge begleitet, zog nun die ganze Schaar, unter dem Schalle der Musik, voran die bekränzten Sieger, nach dem Münsterplatze, wo sie auseinander ging. Nach Tische fand die Schlussversammlung statt. Nach hereingebrochener Nacht wurde dem Hrn. Amtsbürgermeister Burckhardt, dem Hrn. Stadtrathspräsidenten Bischoff und dem Vorsteher der gemeinnützigen Gesellschaft, Hrn. Rathsherr Burckhardt-Hess, von den Turnern ein Ständchen gebracht, in Anerkennung der dem Feste gewährten Unterstützung. In Erwiederung des Lebehochs boten die Beehrten den Jünglingen ihren dankenden Gruss. Ein Abschiedsmahl schloss das Fest.» Weitere ehrenvolle Aufträge zur Organisation von Turnfesten auf Schweizerischer Ebene ergingen im letzten Jahrhundert für die Jahre 1841, 1848, 1860, 1886 an Basel.

Die turnerischen Fähigkeiten der Basler erreichten allmählich einen Stand, der Aufsehen erregte. So stellte 1846 die Turnkommission in einem Bericht an die Gesellschaft für das Gute und Gemeinnützige fest: «Der Turnverein hat sich im vergangenen Jahre durch seine Leistungen nicht nur beim hiesigen, sondern schon vorher in Bern am schweizerischen Turnfest einen grossen Namen gemacht, und zwar hauptsächlich infolge der Freiübungen, welche von Herrn Spiess aufgebracht und hier eingeführt und von Herrn Riggenbach für den Verein weiter entwickelt, so wohltätig auf

Kranzverteilung für die Nationalturner auf der Schützenmatte am
56. Eidgenössischen Turnfest, 1912.
Schweizerisches Sportmuseum
Basel.

das ganze Turnen zurückwirken, dass alle schweizerischen Turnvereine hierin die Basler zum Muster nehmen und die Freiübungen auch auf ihren Turnplätzen einzuführen beschlossen, indem sie dieselben für die eigentliche Ursache hielten, dass nicht nur der erste, sondern von den sechs ersten Preisen fünf nach Basel kamen.» Auch zehn Jahre später waren der Basler Freiübungen immer noch so perfekt, dass sie immer wieder mit viel Lob gewürdigt wurden. Doch unsere Turnkünstler übten sich betont in Bescheidenheit und liessen sich etwa wie folgt vernehmen: «Man liebt eben die Hanswurste und Harlequins überall, und wo sie sich zeigen, zu sechsen, zu achten auf den Händen gehend, ihre Purzelbäume schlagend, da heisst es:

Das können nur die Basler, und es herrscht Freude über die muntere Schar.» Aber nicht nur den Freiübungen wurde besondere Aufmerksamkeit gewidmet, sondern auch dem Reckturnen, ist doch in Basel Anno 1842 erstmals in der Schweiz ein Reck aus Eisen (und nicht aus Holz) verwendet und mit viel Beifall bedacht worden.

Trotz den mit grossem Erfolg durchgeführten Grossanlässen veränderte sich die Situation im öffentlichen Baslerischen Turnwesen vorläufig kaum. «Der bestehende Turnverein war bisher stets in Blüthe. Bald zeigte er eine grössere, bald eine geringere Thätigkeit, wie dies bei allen andern Sectionen auch der Fall war, denn ein immerwährendes Steigen und Sinken ist Gesetz der

Neckische Einladungskarte zu freundeidgenössischem Besuch des festfreudigen Basel. Schweizerisches Sportmuseum Basel.

Natur. Der Verein war aus Studenten und Bürgern zusammengesetzt, jene aber meist in geringer Anzahl vertreten. Es herrschte oft Spannung zwischen ihnen, die mehr als einmal in Zwistigkeiten ausbrach und Trennung befürchten liess. Doch soweit kam es nie. Die Studenten im Verein liebten das Turnen und waren ihm von Herzen ergeben. Da sie übrigens wegen ihrer geringen Anzahl keinen selbständigen Turnverein hätten bilden können, so blieben sie stets dem Verein treu und gehörten zu den eifrigsten Mitgliedern. Viele waren auch grundsätzlich gegen eine Trennung, weil sie fanden, das Turnen sei gerade ein treffliches Einigungsmittel für die verschiedenen Stände, das dem leidigen Rangstreit unter denselben kräftig entgegenarbeitete.»

Die 1846 von Friedrich Jäggi geschilderten Verhältnisse wandelten sich neun Jahre später aber doch. Die Studenten kehrten 1855 ihrem angestammten Turnverein den Rücken und gründeten den Akademischen Turnverein (Turnerschaft Alemannia), während die im Turnverein Basel verbleibenden ‹Bürger› 1857 ihren Verein in ‹Bürgerturnverein› umtauften. Das ‹Massenturnen› am Eidgenössischen Turnfest 1860, ‹an das jeder nur mit Widerstreben ging, und von dem doch schliesslich jeder nur mit Widerstreben ging›, steigerte dann die Popularität des Turnens in Basel ganz enorm. Es bildete sich nicht nur ein Männerturnverein, sondern auch der Jägerverein wollte sich fortan ebenso dem Turnen widmen. Sodann ‹wird besonders dem Militärturnen die meiste Aufmerksamkeit geschenkt. Es macht sich recht hübsch, wenn so eine Division von 40 bis 50 Mann die Übungen flott aufs Commando ausführt. Ja, mancher alt verstockte Sünder gewinnt Interesse daran und sieht endlich einmal sein Unrecht ein, die Freiübungen früher nur als Larifari angesehen und betitelt zu haben.› Eine weitere Neugründung, nach dem Turnlehrerverein 1859, gab es 1867 durch die Turnsektion des Vereins junger Kaufleute zu verzeichnen. Ihr folgten umgehend die Turnsektion des Deutschen Arbeitervereins, und (bis zur Jahrhundertwende) 1868 der Gewerbeschülerturnverein, 1875 die Vereinigung für Männerturnen, 1876 der Männerturnverein Grossbasel, 1878 der Grütliturnverein (seit 1895 Stadtturnverein), 1879 der Realschülerturnverein, 1880 der Turnverein St. Jakob, 1882 die Turnvereine Kleinbasel, Kleinhüningen und Riehen sowie der Gymnasialturnverein, 1886 die Turnvereine Albania und Breite, 1890 der Turnverein St. Johann, 1891 der Männerturnverein Kleinbasel, 1894 der Turnverein Amicitia, 1897 der Turnverein Horburg und 1898 der Turnverein Gundeldingen. Die Gründung des Kantonalturnverbandes Basel-Stadt erfolgte ‹zur Förderung turnerischer Zwecke und Freundschaft› im Jahre 1886.

Die Verwurzelung des Turnens in unserer Stadt gebot den Behörden, vermehrte Möglichkeiten zur Ausübung von Spiel und Sport zu schaffen. So wurden 1859 zwei Turnplätze auf dem Münsterhügel angelegt (Oberer Bischofshof und Unterer Bischofshof) wie auch, als Ersatz für das durch die Kaserne überbaute Klingentalareal, der Exerzierplatz vor dem Steinentor, der ehemalige Richtplatz, auf dem 1819 die letzte Exekution in Basel vorgenommen worden war, für gymnastische Bedürfnisse eingerichtet wurde. ‹Sonntags, den 16. Juni 1861, wurde der neue Turnplatz vor dem Steinentor zum ersten Mal bezogen und bei diesem Anlass Liebesgaben für Glarus gesammelt, die die schöne Summe von Fr. 480.– ergaben. Dieser neue Platz gehört dem Turnverein und ist

Triumphbogen zum Eidgenössischen Turnfest 1912 an der Obern Rebgasse. Links, neben dem Kleinbasler Postgebäude, das nachmalige Schweizerische Turn- und Sportmuseum, in dessen Beständen sich diese Photographie befindet.

ihnen von der Stadt unentgeldlich abgetreten worden.› Mitten ‹im Grünen gelegen, an den Langseiten stattliche Schattenbäume, unten der murmelnde Birsig, war das neue Sommerheim des Turnens vollauf geeignet, auch weite Wünsche zu befriedigen. Eine Messehütte diente als Ankleideraum, bis 1881 ein Schopf erbaut wurde. Den Sommer über, wenn das Wetter nicht im Wege, wird der Platz, da sich auch die Schuljugend als Nutzniesser eingefunden, wohl täglich vom Morgen weg bis in die Nacht hinein benützt, so dass der anmutige Rasen früherer Zeit fast ganz verschwunden ist.› Ausgerüstet war der idyllische Turnplatz mit vier Reck, drei Springel, zwei Langbarren, zwei Kurzbarren, einem Klettergerüst mit Schaukelreck und Schaukelringen, einem Rundlauf, einem Gerkopf mit Wall und einem Lohplatz zum Schwingen. Bis zur Jahrhundertwende wurden weitere Freiluftturnanlagen erstellt: Beim Wettsteinplatz (1884),

Die 1876 mit namhaften Beiträgen des Bürgerturnvereins und der GGG erbaute Turnhalle an der Theaterstrasse, um 1880. ‹Die Turnhalle hat in vornehmster Nachbarschaft, mitten im sog. Kunstquartier, ihren Platz gefunden. Sie liegt an der Theaterstrasse; gegenüber dehnt sich die circa 326 Fuss lange, fast luxuriös gebaute neue Mädchensecundarschule mit ihrer grossartigen Façade aus; schräg gegenüber hat Thalia in dem ebenfalls neuen, geräumigen und freundlichen Theater ihre Stätte gefunden; etwa 100 Schritt von der Turnhalle entfernt zeigt sich am Steinenberg der erst vor einigen Wochen feierlich eingeweihte neue Musiksaal in seiner ernsten Bauart und daran anstossend das Stadtcasino; neben dem Musiksaal die Zeichnungs- und Modellirschule der gemeinnützigen Gesellschaft; oberhalb des Theaters halten die bildenden Künste in der in monumentalem Styl angelegten Kunsthalle ihr Quartier.› Photo Adam Várady im Staatsarchiv.

Bauinspektor Amadeus Merians mit grosser Sorgfalt gefertigter «Plan zu einem Turnhause, zu errichten im Arreal des Bischoffshofes», 1853. Die im Dezember 1857 an der Rittergasse in Betrieb genommene erste Turnhalle der Stadt wurde «nach Musterplänen aus Darmstadt, welche Herr Spiess beigebracht hatte», eingerichtet. Aquarellierte Federzeichnung im Staatsarchiv.

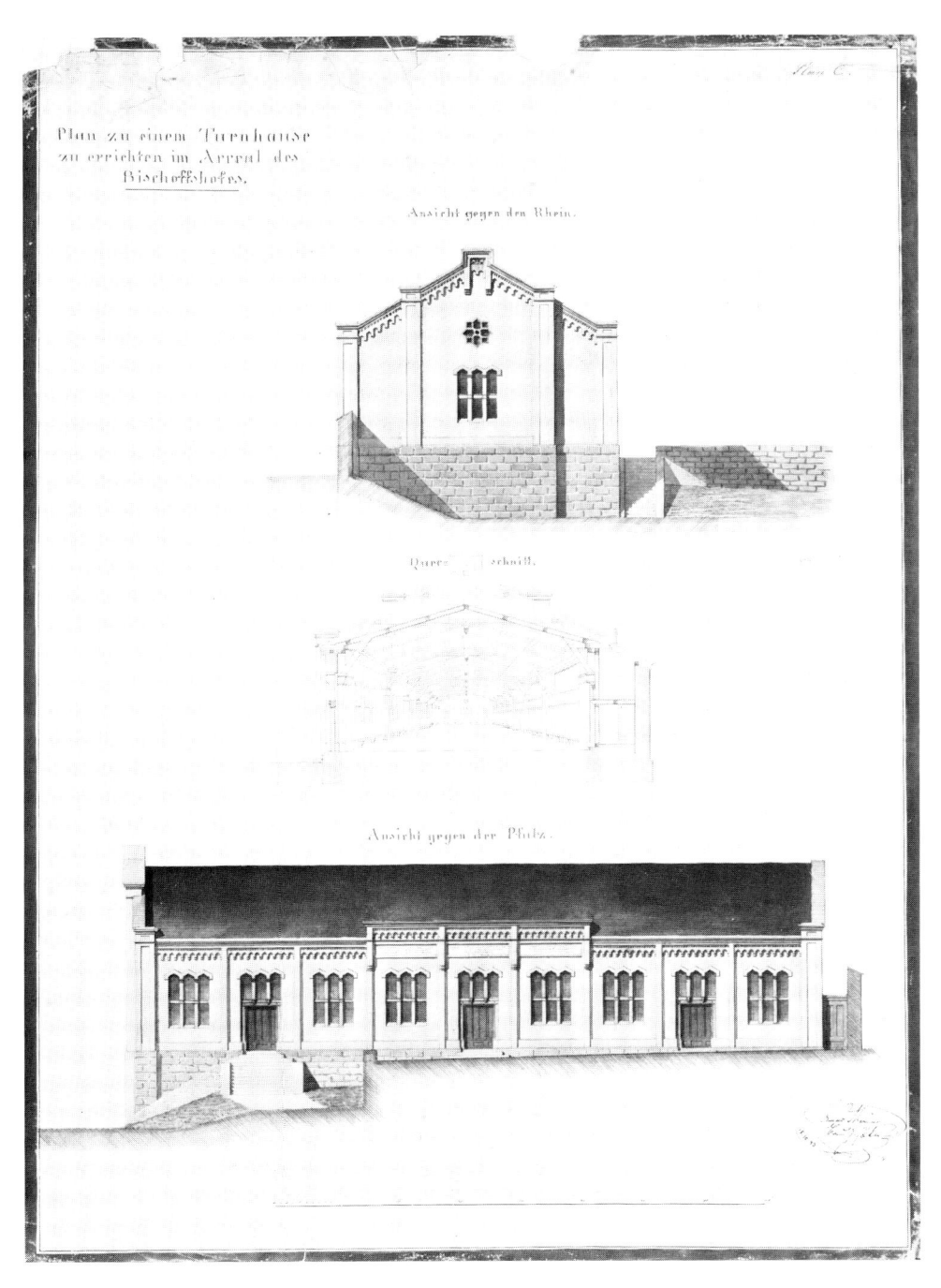

an der Pfirtergasse (1885), in Riehen (1886), in Kleinhüningen (1887), im Schulhof der Untern Realschule (1888), zu St. Johann (1891), im Klingental (1892), im Pestalozzischulhof (1895), in Bettingen (1896) und im Margrethengut (1898).

Die Inbetriebnahme der zweiten Schulturnhalle in Basel konnte im Frühjahr 1862 erfolgen. Im Schulhof zur ‹Mücke› errichtet, war diese auf unmissverständliches Drängen der Leitung der Realschule erbaut worden: Turnlehrer Friedrich Iselin hatte wiederholt energisch protestiert, weil ‹der Turnunterricht im alten Bischofshof in einem von Staub und Dunst angefüllten Raum erteilt werden musste, so dass der Lehrer das Kommando wegen Ausgehen der Stimme aufzugeben gezwungen war. Ob das Turnen in solchem Staub und Dunstkreise der Lungentätigkeit förderlich sei, darüber werden Ärzte nur verneinend und verbietend entscheiden.› Der planmässige Bau von Turnhallen für das Schulturnen setzte dann rund ein Jahrzehnt später ein: 1874 Steinenschulhaus und Claraschulhaus, 1878 Riehen, 1882 Wettsteinschulhaus, 1883 Bläsischulhaus, 1884 Töchterschule und Sevogelschulhaus, 1887 Untere Realschule, Gymnasium und Kleinhüningen, 1888 St.-Johann-Schulhaus, 1892 Klingental, 1893 Pestalozzischulhaus, 1895 Bettingen und 1897 Gundeldinger Schulhaus. Für das Vereinsturnen wurde 1876 die Theaterturnhalle errichtet, die sich auf «die Entwicklung des turnerischen Lebens bald günstig auswirkte. Eine Versammlung, die in diesem Zusammenhang einberufen wurde, hatte einen ungeahnten Erfolg. Gegen 70 Personen des verschiedensten Alters und den verschiedensten Ständen angehörend, fanden sich zusammen und erklärten ihre grosse Befriedigung darüber, dass das Männerturnen endlich an die Hand genommen worden war. Von der Gründung eines Vereins wurde aber Umgang genommen, einestheils um dem Bürgerturnverein gegenüber nicht Stellung nehmen zu müssen und anderntheils um nicht an gewisse Bestimmungen gebunden zu sein. Es soll nur dem Männerturnen (vom 25. Jahre an) eine Stätte bereitet und Jedem, der es wünscht, Gelegenheit geboten sein, unter tüchtiger Leitung zu turnen.»

Die Gründerzeit

Adolf Glatz (1841–1926), Sohn des turnbegeisterten Peter Glatz (1785–1861), der 21 Kindern aus drei Ehen ein verständnisvoller Vater war. Sohn Adolf gründete 1879 den Realschülerturnverein, dessen Entwicklung er in den ersten Jahrzehnten massgebend bestimmte. ‹Papa› Glatz war in erster Linie Erzieher. Er wollte, wie er 1880 erklärte, ‹seine Turner heranwachsen sehen zu Männern, welche das Gute und Wahre lieben und suchen›. Bleistiftzeichnung von Burkhard Mangold.

Als wir im Sommer 1895 zum ersten Mal mit dem lieben Papa Glatz das neue Morgenholz bezogen, wie hat da die Freude über unseren Einzug ihm aus den Augen geblitzt! Mit welcher Genugtuung hat er damals auch ein improvisiertes Turnfestlein geleitet, das die Morgenhölzler in Niederurnen zur Einweihung des Hauses zum besten gaben! All den Scharen, die er nicht selber begleiten konnte, weil im Hause so vieles zu ordnen und zu tun war, gab er wenigstens tagtäglich seine frohen Segenswünsche mit und war voll Fröhlichkeit, wenn abends alle seine Kinder glücklich wieder unter dem Dache des Heims geborgen waren. Gemäss seiner religiösen Natur las er morgens gern den sonst so übermütigen Scharen ein zum Nachdenken zwingendes Kapitel aus der Bibel vor, und am Sonntagmorgen hielt er draussen im Freien selber eine Ansprache mit der Aufforderung, den Tag würdig zu begehen und alle Taten in den Dienst Gottes zu stellen. Und wie manchen Abend sass er glücklich mitten unter seiner grossen Familie vor dem neugezimmerten Heim und genoss mit uns Jungen den Blick auf den märchenhaften dämmerigen See und das Flammenrot der untergehenden Sonne. 16. August 1926

Der Geschichte des RTV 1879 ist der Lebenslauf von *Adolf Glatz* (1841–1926) voranzustellen, denn ihm verdankt der ehemalige Realschülerturnverein seine Gründung und die ersten Jahrzehnte seiner Entwicklung. Als Sohn eines lebensfrohen Lehrers am 28. Oktober 1841 in Basel geboren, entschloss sich der junge, strebsame Dessinateur mit 21 Jahren zum Eintritt in das Lehrerseminar Schiers. Nach kurzer Lehrtätigkeit im Seminar Grandchamps in Neuenburg und im Zürcher Waisenhaus zog es den vielseitig ausgebildeten Lehrer wieder nach Basel, wo er an der Obern Realschule und an Fachkursen zur Ausbildung von Primarlehrern Turnunterricht erteilen durfte. Diese Aufgabe stand ihm buchstäblich auf den Leib geschrieben, gehörte Adolf Glatz doch seit frühester Jugend zur damals noch verschwindend kleinen Schar begeisterter Turner. Seit 1859 Mitglied des Bürgerturnvereins und wenig später von Turnlehrer Alfred Maul graduierter Vorturner, erwies er sich in der Folge als gewandter Kunstturner, der 1862 am Eidgenössischen Turnfest in Neuenburg mit dem 4. Kranz ausgezeichnet wurde. Seine Berufung als Erzieher, der er Zeit seines Lebens mit aller Kraft gerecht zu werden versuchte, führte schliesslich auch zur Gründung eines Turnvereins, war er doch immer darauf bedacht, ‹die überschäumende Jugendlust bei Frohsinn und Freundschaft in rechte Bahnen zu leiten›. Diesen Vorsatz suchte Adolf Glatz einerseits durch turnerische Übungen und frohes Spiel, andrerseits aber auch durch Wandern und Singen zu verwirklichen: Eine Symbiose, die, in Verbindung mit väterlicher Fürsorge, reiche Früchte tragen sollte. Dies um so mehr als der autoritäre Pädagoge neben der körperlichen Ertüchtigung auch der Bildung des Geistes und des Herzens hohe Bedeutung zuerkannte, damit ‹seine Turner zu Männern heranwachsen, welche das Gute und Wahre lieben und suchen›.

In seiner äusseren Gestalt war der 1899 mit der Ehrenmitgliedschaft des Eidgenössischen Turnvereins ausgezeichnete Adolf Glatz eine gedrungene Erscheinung, mit wallendem Bart und durch starke Gläser blitzenden hellen Augen. Sein Gang wirkte wegen eines Unfalls etwas behäbig. Und diese sympathische Eigenschaft prägte mit der patriarchalischen Strenge und der sprichwörtlichen Güte, die von ihm ausging, seine Persönlichkeit. Sein Ansehen war in seiner Umgebung so leuchtend, dass ihn seine Schüler, die sich gerne als ‹Glatzlianer› titulieren liessen, liebevoll ‹Papa Glatz› oder ‹Papet› nannten. Erst im Alter von 73 Jahren konnte sich Papa Glatz 1913 entschliessen, seine Tätigkeit in Basel aufzugeben und sich im Kreise seiner Familie im thurgauischen Wängi zur Ruhe zu setzen. Dort ist er im hohen Alter von 85 Jahren am 14. August 1926 verstorben.

Die Motivation zur Gründung eines Schülerturnvereins lag bei Adolf Glatz eindeutig im Bestreben, seinen Schülern auch ausserhalb der Schule ‹eine freie Bewegung und rege körperliche Tätigkeit als Gegengewicht einer anstrengenden Geistesarbeit zu ermöglichen und Erholung und Abwechslung zu gewähren›. Dies hatte in Übereinstimmung mit dem Elternhaus und der Schule zu geschehen und musste das in andern Schülerverbindungen übliche Kommerswesen und den damit verbundenen Kneipenzwang ausschliessen. In diesem Bestreben lag eindeutig der Unterschied zu dem seit 1868 bestehenden Gewerbeschülerturnverein, ‹denn dort war man der Ansicht, studentisches Kneip- und Commerswesen sei ein notwendiger Zusatz zum Turnen, und ohne dasselbe könne sich kein fröhliches, geselliges Leben entwickeln. Es war daher die Gründung eines neuen, auf anderer Grundlage ruhenden Turnvereins schon seit einiger Zeit wünschbar. Eines Vereins, der ganz Schülerverein bleiben sollte und von welchem das Nachäffen von Studentenwesen vollkommen fern bleiben sollte, das die Mitglieder von solchen halbstudentischen Verbindungen zu Zwittergebilden von Lebensaltern stempelt, deren Vermischung den Genuss der Jugendjahre trübt.›

In diesem Sinne wurde am 28. April 1879 ‹der Grundstein zur Turngemeinschaft der Realschule gelegt. Es fand *die erste Zusammenkunft* auf Veranlassung des Herrn Glatz im Bischofshof statt. Die Zusammentretenden waren: Herr Adolf Glatz, Franz Bertsche, Alfred Dürr, Alfred Hediger, Hermann Kinkelin, Wilhelm Lüber, Paul Ostertag, Karl Schill, Adolf Völlmy und Rudolf Eckenstein, alle Schüler der V. Classe der Realschule. An den auf diese Zusammenkunft folgenden Turnabenden wurde nach keinem genau durchdachten Lehrplan geturnt. Am 22. Juli des Jahres 1879 hielt der ‹Junge Turnbund› bereits einen Ausflug über Aesch, Pfäffingen und über den Blauen ab. Bei diesem Anlass wurde bestimmt, dass von diesem Zeitpunkt an die obligatorischen Freiübungen und ein regelrechtes Gerätturnen an den Turnabenden stattfinden solle. Ferner wurde eine freiwillige Kasse gegründet mit der Bestimmung, dass das zusammengelegte Geld zu einer im Sommer 1880 stattfindenden mehrtägigen Turnfahrt verwendet werden sollte. Dadurch ist unsere freie Vereinigung gewissermassen zu einem Vereine gestempelt worden. Im Wintersemester fand ein starker Zuwachs von Mitgliedern statt, so dass man in 4 Riegen eingeteilt werden musste. Am Ende des ersten Vereinsjahres wurde am 17. April 1880 ein kleines Wetturnen abgehalten, welches das Vereinsjahr beschloss.›

Für ein geordnetes Vereinsleben sorgten die *Statuten der Turngemeinschaft von Schülern der Realschule in Basel*. Diese stipulierten im einzelnen folgende Satzungen: ‹1. Zweck des Vereins: Pflege des Turnens unter kundiger Leitung, notwendiger Aufsicht und Überwachung. Pflege jugendlichen Frohsinns und geselliger Freundschaft in aller Einfachheit und Wohlanständigkeit. 2. Das Turnen steht unter Leitung von Mitgliedern des hiesigen Turnlehrervereins. 3. Während des Sommersemesters wird auf dem Turnplatz an der Binningerstrasse geturnt, im Wintersemester in der Turnhalle an der Theaterstrasse, und zwar wöchentlich 2mal, Dienstag und Donnerstag Abend, 6–7, resp. 6–8 Uhr. 4. Die erste Hälfte jedes Turnabends ist dem obligatorischen Turnen gewidmet. Es besteht aus a) Ordnung-, Frei- und Stabübungen, b) Geräthturnen, c) Fakultativ: Nationalturnen und Fechten. Die zweite Hälfte ist dem Kürturnen gewidmet. 5. Zur Förderung der Marschtüchtigkeit werden jährlich mindestens 2 Turnfahrten gemacht, wovon die eine in den Sommerferien womöglich eine mehrtägige sein soll. 6. Die Vereinsangelegenheiten werden geordnet und geleitet von einem Ausschuss von 7 Mitgliedern, in deren Sitzungen der leitende Turnlehrer den Vorsitz führt. 7. Von den jeweiligen Beschlüssen etc. ist die Turngemeinde in Kenntnis zu setzen. 8. Der Ausschuss wird für jedes Vereinsjahr von der Turngemeinde neu gewählt. Es geschieht dies mit geheimer Abstimmung. 9. Bei den Wahlen gilt das

Geräteturnen nach Anleitung des Basler Turnlehrers August Riggenbach, 1847:

Fig. 39. Aus dem Sitz hinter der Hand auf einer Seite des Recks Überschwung in Sitz auf die andere Seite.

Fig. 40. Aus dem Sitz vor der Hand auf einer Seite des Recks. Überschwung in Sitz auf die andere Seite.

Fig. 41. Das beidbeinige schwunglose Vorwärtsspreizen zum Hangsitz und zum Anristen.

Fig. 42. Der Ristgriff- und Zehenhang mit aufgeschulterten Beinen.

Fig. 43. Einbeiniges Bogenspreizen über beide Pauschen, von rechts zu links mit dem rechten und von links zu rechts mit dem linken Beine, Kreis einbeinig mit Wendüberschwung.

Fig. 44. Einbeiniges Bogenspreizen über beide Pauschen, von rechts zu links mit dem linken und von links zu rechts mit dem rechten Beine, Kreis einbeinig mit Kehrüberschwung.

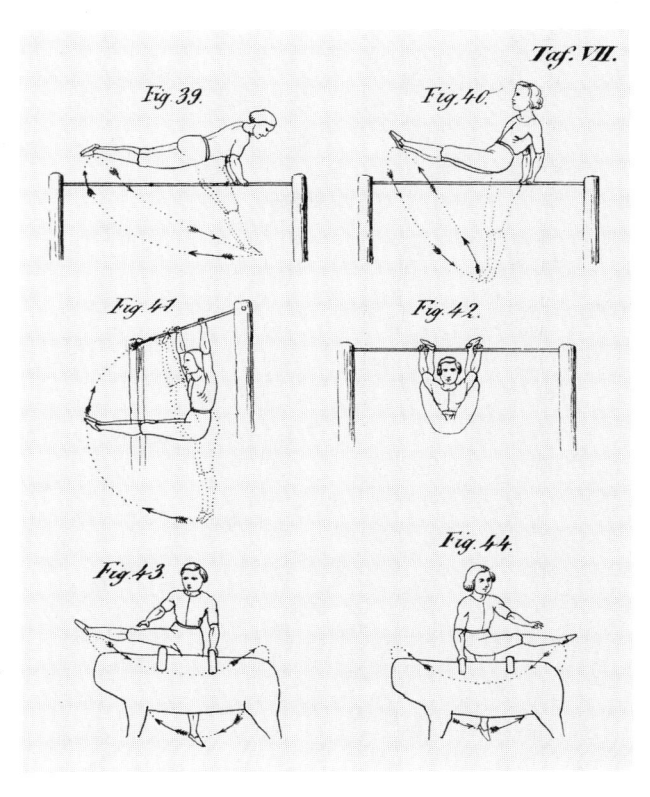

absolute Mehr der Stimmenden. 10. Zur Bestreitung der Kosten, Anschaffungen, Unterhalt des Turnplatzes und der Geräthe hat jedes Mitglied vierteljährlich 1 Franken zum Voraus zu bezahlen. 11. Der Kassier besorgt den Einzug der Beiträge, welche ihm in den ersten 14 Tagen eines Quartals zu entrichten sind. Er stellt hiefür Quittungen aus. 12. Wer wünscht, Mitglied der Turngemeinschaft zu werden, hat sich bei dem leitenden Turnlehrer anzumelden und muss das 14. Altersjahr zurückgelegt haben. Die Aufnahme ist dann einer Abstimmung unterworfen, wenn ein Ausschussmitglied dieselbe ausdrücklich verlangt. 13. Altersgenossen, Schüler anderer Schulanstalten, können auf Empfehlung irgend eines Mitgliedes ebenfalls in den Verband aufgenommen werden. 14. Seinen Austritt aus dem Verein hat jeder schriftlich dem leitenden Turnlehrer anzuzeigen. 15. Am Schluss jedes Quartals versammelt sich die Turngemeinde zu einer freien geselligen Abendunterhaltung. 16. Jedes Turnjahr wird Ende April mit einer einfachen Festlichkeit geschlossen, wobei in der Regel ein Preisturnen stattfinden soll.›

Als Ergänzung zu den Statuten wurde gleichzeitig eine *Turnordnung* in Kraft gesetzt, die den Turnbetrieb regelte. Das Siebenpunkteprogramm bestimmte im ersten Absatz: ‹Zur Aufrechterhaltung der nöthigen Ordnung auf dem Turnplatz ist den Vorturnern sowohl als den Lehrern williger Gehorsam zu leisten.› Weiter wurde festgehalten: ‹2. Wer Turngeräthe hervornimmt, hat dieselben wieder an Ort und Stelle zu schaffen. 3. Gegenseitige Freundlichkeit und Duldsamkeit soll allen Hader und Zank unmöglich machen. 4. Allfällige Misshelligkeiten sind dem Lehrer mitzutheilen und zur Entscheidung vorzulegen. 5. Wüstes Reden, überhaupt Alles, was gegen gute Sitte und Anstand verstösst, wird nicht geduldet. 6. Auch ausserhalb des Turnplatzes hat jeder Turner die Pflicht, durch Fleiss, Folgsamkeit und gutes Betragen dem Turnernamen Ehre zu machen. 7. Wer den freundlichen Mahnungen nicht Folge leistet, wird auf Beschluss des leitenden Ausschusses von der Gemeinschaft ausgeschlossen.›

Im Rahmen dieses durch Statuten und Turnordnung präzis umschriebenen Aktionskreises verfolgte Adolf Glatz bis ins Jahr 1913 zielbewusst seine Idealvorstellungen über die Jugenderziehung. Die Spuren seines Wirkens haben drei Schwerpunkte hinterlassen: Turnen, Wandern und Geselliges. Wenn wir diese aufmerksam betrachten, werden uns die ersten 34 Jahre des RTV in ihrer ganzen Bedeutung gegenwärtig.

Die *Grundziele der turnerischen Betätigung* wurden 1889 mit der damals üblichen Gründlichkeit weitausholend dargelegt: ‹Vor allem ist somit das Turnen selbst ins Auge zu fassen. Nach dem Spruche des alten Juvenal: Orandum est ut sit mens sana in corpore sano, streben wir darnach, unsern Körper durch Turnen zu kräftigen und zu stärken, wozu auch die Bewegungsspiele und die Marschübungen das ihrige beitragen sollen. Für eine derartige normale Ausbildung des Körpers aber sind die Freiübungen unerlässlich, welche deshalb ohne und mit Belastung durch Handgeräte fleissige Pflege finden. Beim Turnen an den verschiedenen Geräten verlangen wir aber durchaus nicht von unsern Mitgliedern schwierige und kunstreiche Übungen, wie solche in Turnvereinen der Erwachsenen mit Recht gepflogen werden. Es kommt bei uns weniger auf das Einüben einzelner Übungsgattungen an, als vielmehr auf eine allseitig durchgeführte turnerische Ausbildung. Dies hat aber eine weitere und sehr wichtige Folge: der Realschülerturnverein nimmt auch solche Knaben und Jünglinge auf, deren Kräfte noch schwach

‹Der gute Turner›. Zeichnungen von R. Löw im ‹Album des Realschüler Turnvereins›, um 1890.

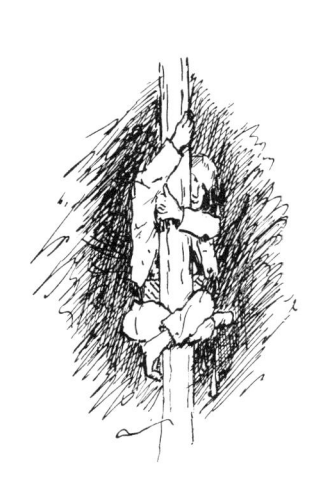

sind, und welche sich im Turnen noch äusserst unbeholfen zeigen. Zurückgewiesen wird niemand, der sich mit gutem Willen in seine Reihen stellt. Diesem Gedanken hat Herr Glatz in seiner Ansprache am Schlussturnen des ersten Vereinsjahres mit folgenden Worten Ausdruck gegeben: 'Nicht nur der ist ein guter, wackerer Turner, der sich durch Leistungen an den verschiedenen Turngeräten besonders auszeichnet, sondern auch der, welcher bei schwachen Kräften sich in bescheidenen Schranken hat halten müssen, dabei aber nicht den Mut verloren hat, und mit Treu und Fleiss zur Turnsache gestanden ist. Der höchste Gewinn, der durch das Turnen kann errungen werden, kann auch dem Schwächsten zuteil werden: es ist das der Gewinn an Willens- und Körperkraft, an Mut, Gewandtheit und Entschlossenheit, der Gewinn an körperlichen und intellektuellen Fertigkeiten'.›

In der Praxis bedeutete die Glatzsche Formulierung die Gliederung der Turnstunden in zwei Teile: ‹Die erste Hälfte jedes Turnabends ist dem obligatorischen Turnen gewidmet. Es besteht aus a) Ordnungs-, Frei- und Stabübungen. b) Geräthturnen und Turnspielen. Die zweite Hälfte des Turnabends ist dem Nationalturnen, Fechten und Kürturnen gewidmet.› Die *Freiübungen* vermochten kaum Begeisterung auszulösen, und es bedurfte dauernd des steten Zuspruchs der Vorturner, die jugendlichen Mitglieder von der Notwendigkeit dieser Lektionen zu überzeugen: ‹Eine zweite Rüge betrifft die mangelhafte Ausführung der Freiübungen. Hauptsächlich trifft dies die älteren Mitglieder, die glauben, dass diese Grundübungen nur für die Jungen vorhanden sind. Dann aber ist die Rüge auch gegen diejenigen gerichtet, die glauben, durch einen Hochstand Meister in der Turnerei geworden zu sein und der Freiübungen nicht zu bedürfen. Nein, ältere wie jüngere, gute wie schlechte Turner, sollen tüchtig an den Freiübungen teilnehmen, denn gerade sie sind die Stützen der ganzen Turnerei. Wer nicht darnach trachtet, die Freiübungen richtig und stramm auszuführen, der ist kein rechter Turner!›

Geturnt wurde in jeweils vier bis fünf Riegen, wobei der Aufstieg in die nächst höhere Riege durch eine anforderungsreiche *Leistungsprüfung* erarbeitet werden musste, die unter der gestrengen Aufsicht der Vorturner immer vor den Herbstferien durchgeführt wurde. Die Besetzung der Ämter der Vorturner blieb nicht immer ohne Schwierigkeiten, weil das Präsidium von diesen auch eine regelmässige Weiterbildung in der Turnerei erwartete. Obwohl die Realschüler den uneigennützigen Einsatz ihrer Lehrer anerkannten und ihre Dankbarkeit nach Möglichkeit auch mit kleinen Geschenken zum Ausdruck brachten, gab es doch auch ‹vorwitzige und unfolgsame Zöglinge›, welche die sprichwörtliche Geduld der Vorturner oft auf arge Probe stellten.

Die offenbar ebenfalls wenig beliebten *Stabübungen* wurden bald ersetzt durch beschwingte Reigen, die lebhaft von Piccoloklängen untermalt wurden, und phantasievolles *Keulenschwingen*. Bei den Spielen standen der beliebte Faustball, Schlagball und *Schleuderball* im Vordergrund. Das *Faustballspiel* wurde 1903 in Basel durch Karl Walker, Turnlehrer an der Oberen Realschule und Vorturner im RTV, eingeführt. Die Realschulturner widmeten sich dem neuen Ballspiel sogleich mit grossem Eifer und erreichten schon bald ein beachtliches Können. Ehe 1912 am Eidgenössischen Turnfest in Basel RTV I mit Eduard Aemmer, Walter Christen, Wilhelm Hieronymus, Gustav Buser, Max Reifner und RTV II mit Ernst Hallauer, Paul Kelterborn, Peter Göttisheim, Wilhelm Winkler, Hans Huber sich in die beiden ersten Ränge teilten, wurde bereits 1910 am 2. Kantonalen Spieltag für volkstümliche Spiele mit dem 1. Diplom der erste Erfolg verzeichnet. Regelmässig wurden auch *Schlagballspiele* ausgetragen, besonders gegen den Abstinententurnverein auf dem Platz beim Bachgraben. Auch für das *Fangballspiel* hatten die RTVer während Jahren allerhand übrig, doch konnte es sich nie zu einem begeisternden Wettkampfspiel entwickeln und wurde deshalb zu Beginn der 1920er Jahre durch das Handballspiel abgelöst. Spielerischen Charakter wurde auch der *Stafette*, dem *Eilbotenlauf*, dem *Fahnenlauf* und dem *Grabensprung* beigemessen. Beim *Geräteturnen* galt die Aufmerksamkeit besonders Reck, Pferd und Barren, wobei am langgestellten Pferd eine gewisse Meisterschaft erreicht wurde. Unterschiedlich war die Zuneigung der Mitglieder zum *Nationalturnen.* Hier bestimmte die Qualität des Vorturners im wesentlichen die Anzahl der Teilnehmer. Von der ausserordentlichen Bedeutung des Nationalturnens als Mittel sinnvoller Körpererziehung überzeugt, liess sich namentlich Robert Wenck immer wieder bewegen, sich für die Ausbildung in dieser Sportart mit nie erlahmender Ausdauer zur Verfügung zu stellen. Neben dem *Steinstossen* wurden *Ringen* und *Schwingen* als bevorzugte Disziplinen gewählt. Aber auch zweihändiges *Steinheben* mit geschlossenen Füssen und *Gerwerfen* wurden tüchtig geübt. Dieses Training führte zu guten Leistungen im altgriechischen Fünfkampf, dem Pentathlon, wobei allerdings die Lektionen Diskuswerfen und Speerwurf durch Steinstossen und Gerwerfen ersetzt wurden.

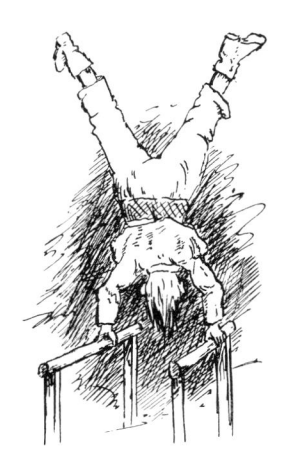

Über Inhalt und Gehalt der Wettkampftätigkeit äussert sich ausführlich der Bericht zur Feier des 10jährigen Bestehens: ‹Gross war die Menge der Zuschauer, welche nach dem Platze geströmt waren, um den seltenen, noch nie dagewesenen Schauspiele des *Fünfkampfs* beizuwohnen. Wakker arbeiteten die 12 Jünglinge, welche sich an dem alten griechischen Spiele beteiligten. Sie hatten, wie die alten Hellenen, ihre Kraft und Geschicklichkeit nicht nur beim Stossen des Steins und beim Speerwerfen zu erproben, sondern auch beim Sprung in die Weite und beim Ringen. Jeder von ihnen hatte 2mal den Wurf mit dem Speere zu versuchen. Die Speere sausten pfeifend durch die Luft, bis sie das aufgesteckte Ziel erreichten und zitternd im Holze stecken blieben. Manche erreichten wohl das Ziel, prallten aber kraftlos davon ab. Wieder andere, von schwachen Armen geschleuderte Speere, sanken, bevor sie das Ziel erreicht hatten, zur Erde nieder. Auch hatten die Burschen die Schnelligkeit ihrer Füsse zu erproben. In schnellem Lauf durcheilten sie die Weite des Turnplatzes und kehrten ermüdet und keuchend wieder zum Ausgangspunkt zurück. Den Ausschlag des fröhlichen Spiels gab jedoch der Ringkampf. Doch nicht alle durften sich daran beteiligen. Diejenigen, die sich bei den vorhergehenden Spielen zu schwach gezeigt hatten, wurden ausgeschlossen.›

Schon im ersten Vereinsjahr hatte sich ‹auf sehr verdankenswerte Weise Herr Dr. Brömmel erboten, *Fechtkurse* abzuhalten. Dieser Vorschlag wurde selbstverständlich sofort angenommen, und das Fechten erfreute sich bald von Seiten der Mitglieder einer ganz besonderen Pflege. Einige Jahre später jedoch, als Herr Dr. Brömmel ebenfalls einen Schülerverein, den Gymnasialturnverein, gründete, verloren wir unsern Fechtmeister. Noch längere Zeit hindurch wurde das Fechten unter verschiedener Leitung mit mehr oder weniger Erfolg weiter betrieben. Allein nach und nach verfiel es fast gänzlich, und es waren bloss noch Wenige, die sich darin zu ihrem Vergnügen übten.› Das Desinteresse am Fechten vermochte auch ‹Freund Salvisberg, der sich anerbietet, Fechten zu ertheilen›, nicht aus dem RTV zu schaffen, obwohl ‹er, was löblich hervorzuheben ist, 4 Säbel aus Bern kommen› liess. Und weil auch fortwährende Reparaturen an Degen, Floretten, Hauben und Handschuhen den Unterricht lähmten, wurde erst 1910 von einigen Mitgliedern beschlossen, wieder eine Fechtriege zu gründen. ‹Zu diesem Zwecke leistete die Vereinskasse einen Beitrag von 30 Fr., während die einzelnen Teilnehmer eine einmalige Zahlung von 2 Fr. übernehmen mussten. Doch wie gar manches, so ist auch diese Angelegenheit im Sande verlaufen, wohl aus Mangel an Interesse. Die Übungen hatten wohl mit grossen Erwartungen eingesetzt, wurden aber bald immer weniger besucht, so dass ein regelmässiger Betrieb nicht mehr eingehalten werden konnte.› Auch Fechtlehrer E. Grognet am Nadelberg, ‹Diplomiert der Französischen Armee und der Académie d'Armes in Paris›, hatte den Niedergang nicht aufzuhalten vermocht, obwohl er Papa Glatz ein erfolgversprechendes Rezept vorlegen konnte: «Hiemit erlaube ich mir, Ihnen meine Französische Fechtschule in Erinnerung zu rufen. Gelehrt wird Säbel – Degen – Florett – Stockfechten – Boxen. Der Fechtsaal ist sehr luftig und hell und enthält jeden wünschbaren Komfort. Sodann steht der Schule zur Verfügung ein ruhiges Vestibul und ein geräumiger Ankleideraum mit drei Waschtischen, warmer und kalter Douche nach Belieben u.s.w.» Die RTVer versagten der ‹edlen Kunst der Hiebe und Schläge› ihre Gefolgschaft.

Es mag erstaunlich sein, zu vernehmen, dass ein

für die Entwicklung der Basler Sportbewegung bedeutsames Kapitel im RTV, der schon 1888 anlässlich eines Schauturnens des Bürgerturnvereins ‹zu allgemeiner Erbauung ein durchgeübtes Ballspiel zum besten gab›, geschrieben worden ist: Durch Papa Glatz und seine Realschulturner hat nämlich das *Fussballspiel* anfangs der 1890er Jahre in Basel Boden gefasst! Dem überzeugten Turner war aus England zu Ohren gekommen, dass sich auf der Mutterinsel ein neuartiges Mannschaftsspiel auszubreiten beginne, das zunehmend an Popularität gewinne. Interessiert und wagemutig, wie er war, setzte sich Papa Glatz mit dem in Mode gekommenen englischen Sport intensiv auseinander, und er erkannte, dass sich diese Ballspielart, wie keine andere, für die Heranbildung von Gemeinschaftssinn, Disziplin und kämpferischem Einsatz eignet. Für die Einführung des für die damaligen Verhältnisse umwälzenden neuen Ballsports schien ihm ein Ferienaufenthalt auf der Schrinaalp ideal. Dort demonstrierte er seinen staunenden Schülern mit der für ihn typischen Eloquenz ‹die faszinierende Kunst: Der hohe Fussball fand Verwendung, das Fussballspiel wurde nach englischen Regeln betrieben und darum auch mit grosser Lust und Freudigkeit› gespielt.

1893 erreichte den Verein eine Einladung zum Wettspielbetrieb der Süddeutschen Fussballunion. ‹Da jedoch der Beitritt mit vielen Umständen verbunden ist, so wurde von einem solchen abgesehen und beschlossen, das Fussballspiel, ohne weitere Verbindungen einzugehen, wie bisher zu betreiben und sich dabei immer mehr an die Regeln zu halten.› Das Turnpensum wurde jedoch wöchentlich um einen Abend ausgedehnt, ‹an dem sich durchschnittlich 20 Genossen zum Fussballspiel vereinigten. Unsere Aufgabe ist es, das Fussballspiel so zu gestalten, wie es für unsere Verhältnisse passt und unsern Sitten und Gebräuchen entspricht.› Dazu eignete sich natürlich ‹das Umherschmettern der Bälle› in der Turnhalle, wobei Laternen und Fenster in Brüche gingen, nicht, weshalb von den Spielern eine subtilere Technik gefordert wurde! Die unbändige Spielfreudigkeit führte in kürzester Zeit zu einer gewissen Meisterschaft, so dass der RTV noch im selben Jahr zu einem Fussballmatch nach Strassburg gerufen wurde. Hochnäsig aber wurde den Elsässern mitgeteilt, dass ‹wenn sie absolut 1 Match wollen, sie uns in Basel aufsuchen sollen!› Angeregt durch die fussballverrückten Realschulturner, ‹fieng unter der Schuljugend das Fussballspiel ganz unheimlich zu grassieren an. Die buntfarbigen Spielkleider der Fussballklubs und die von ihnen angewendeten englischen Wörter imponieren der Jugend mehr, als deutsches Wort und deutsche oder schweizerische Art.›

Dass der Fussball zum Allgemeingut der breiten Masse avancierte, wurde indessen von der Mehrheit der RTV-Mitglieder mit Missbehagen verfolgt. ‹Der Realschülerturnverein konnte und wollte das Spiel nicht sportmässig betreiben. Er suchte sich von dem mit dem englischen Spiel verbundenen Tand und Flitter ferne zu halten, weshalb manche Schüler demselben den Rücken kehrten.› Diese rückläufige Entwicklung versuchte Papa Glatz mit geballter Kraft zu bremsen: Er führte seinen Schülern leidenschaftlich vor Augen, dass das Fussballspiel ein vorzügliches Mittel sei, den Körper zu stärken und zu stählen, und er stiftete als Ansporn ‹gütigst einen Ball›. Immer wieder kam das ‹Krebsübel› auf die Traktandenliste der monatlichen Sitzungen. ‹Um dem kränkelnden Geschöpf seine frühere Gesundheit zurückzugeben, wird 1896 folgender definitiver Beschluss gefasst: Es soll ein Grundstock von 22 Turnern gebildet werden, die sich verpflichten, an einem oder zwei Nachmittagen per Woche dem Spiel zu huldigen. Zu Captains ernannt werden Schölly Adolf und Bienz Alfred.› Als auch dieser erneute Anlauf ergebnislos verlief, startete Papa Glatz nochmals einen verzweifelten Versuch, das Fussballspielen im RTV vor dem Untergang zu bewahren. Beschwörend rief er seinen Turnfreunden zu, das Spiel gehöre zum Turnen. Der RTV, der das Fussballspiel in Basel ins Leben gerufen habe, solle dasselbe nicht ganz aufgeben. Aber auch dieser Appell verhallte ungehört. Und als der ‹Sonderbeauftragte› Eckenstein an der Vorstandssitzung vom 5. November 1898 ‹mit Trauermiene verkündete, es sei niemand mehr gekommen und allein könne er schwerlich spielen, wurde der Beschluss gefasst, das edle Spiel ganz beiseite zu lassen.›

Damit hatte das Fussballspielen wohl im RTV ein vorzeitiges Ende gefunden, nicht aber in Basel. Denn in Kreisen der hiesigen Jungmannschaft erbrachte die Saat, die Papa Glatz breitfächerig ausgestreut hatte, längstens reife Frucht: Am 12. November 1893 liess Roland Geldner durch

RTV-Mitglieder als Pioniere des Fussballspiels auf dem Turnplatz Viadukt in Basel am 17. Oktober 1893. Papa Glatz mit (von links nach rechts) stehend: Henri Lüdin, Josy Ebinger (Mitgründer des FC Basel 1893), Adolf Rittmann; sitzend: Willy Preiswerk, Arnold Derrer, Hans Burckhardt (Mitbegründer des FC Old Boys, Basel, 1894), Eduard Linder und Fritz Denner.

ein Inserat in der Nationalzeitung seine Absicht, in Basel einen ‹Footballclub› zu gründen, der Öffentlichkeit kundtun. Elf Jünglinge fühlten sich angesprochen, was zu regelkonformem Spiel ausreichte. Und so konnte bereits am 10. Dezember desselben Jahres auf der sogenannten Geldnerschen Matte beim Landhof im Kleinbasel das erste offizielle Fussballspiel in unserer Stadt stattfinden. Als Gegner hatten sich die Realschulturner zur Verfügung gestellt, die den Sieg mit 1:0 Toren (andere Quellen sprechen von 2:0) ihrem Gastgeber überlassen mussten. Ein zweites Spiel zwischen den beiden Mannschaften endete 0:0 und ein drittes brachte mit einem 1:0 den Fussballern wieder ein leichtes Übergewicht gegenüber den Turnern. Dem Spielbericht zum ersten ‹Matsch› ist zu entnehmen, dass ‹unsere Partei der Wucht und der ziemlich groben Spielweise der Feinde unterlag, aber – und das haben die Gegner selbst zugegeben – der R.T.V. in Bezug auf Gewandtheit und Eleganz des Spieles dem Fussballklub vorangeht!› Diese ‹Wettspiele› lösten in unserer Stadt eine Welle der Begeisterung aus, die auch durch eine unfaire Pressepolemik gegen das ‹die Jugend zur Rohheit erziehende Fussballspiel› nicht zu unterbrechen war. Der ‹verrückten englischen Balltreiberei, die auch in Basel Wurzeln zu fassen droht›, leisteten in kurzer Zeit zahlreiche aus dem Boden schiessende Vereine Gefolgschaft. So war es talentierten und engagierten Fussballspielern aus dem RTV ein Leichtes, bei Gleichgesinnten in anderer Umgebung Anschluss zu finden. Und nun war es an Papa Glatz, die Abwanderung fussballbegeisterter Zöglinge in ‹gegnerische Lager› zu verhindern: Er zögerte nicht lange und gründete im Herbst 1894 kurzentschlossen aus Kreisen ihm ‹ergebener› Altmitglieder einen eigenen Fussballclub, der, bezeichnender Weise unter dem Namen ‹Old Boys›, einer ruhmvollen Entwicklung entgegeneilte.

Als wichtige Ergänzung zum eigentlichen Turnbetrieb sah Adolf Glatz das *Wandern*, das er ab 1880 durch jährliche, meist siebentägige Touren praktisch anwandte. ‹In unserer Zeit der Eisenbahnen, der elektrischen Trams und der Fahrräder ist es nötiger als je, dass die Stadtjugend angeleitet werde, ihre Körperkräfte auch auf Fusswanderungen zu mehren und ihre Gesundheit zu befestigen. In den Städten wächst die Jugend in Verhältnissen auf, die zum Teil in mehrfacher Beziehung einen nachteiligen Einfluss auf dieselbe auszuüben im Stande sind. Es dient mit zur Erziehung der

Die Gruppenleiter F. Balmer, W. Bigler, A. Rink, W. Jenne und J. Wüthrich (v.l.) stellen sich Photograph Roos, 1907.

Stadtjugend, wenn sie hinausgeführt wird in Feld und Wald, wo der Menschen hochentwickelte Kultur, ihre Fortschritte in Kunst und Wissenschaft zurücktritt und dafür Gottes Grösse, Allmacht und Herrlichkeit unvermittelt zum Gemüte spricht. Deshalb hat sich der Realschülerturnverein zur Aufgabe gemacht, alljährlich möglichst viele, kleinere und grössere Turnfahrten auszuführen. Nun tritt aber die auffallende Erscheinung zu Tage, dass der gegenwärtig aufwachsenden Generation der Sinn, die Lust und Liebe für Fusstouren mehr und mehr abhanden kommt. Die einfach und in Bezug auf Essen und Trinken bescheiden gehaltenen Spaziergänge und Wanderungen behagen einem grossen Teil der Schüler an unseren höheren Lehranstalten nicht mehr. In ihrem vorherrschenden Verlangen nach sinnlichen Genüssen, sich fidel zu machen, kann kein höherer Gedanke aufkommen, kein edler Naturgenuss empfunden werden. Diese beklagenswerte – wie soll ich sagen – Blasiertheit ist zwar noch nicht allgemein geworden, aber auch der Realschülerturnverein ist leider davon nicht ganz unberührt geblieben. Immerhin suchte derselbe seinen guten Traditionen treu zu bleiben, und zu seiner Ehre darf gesagt werden, dass sein Vorgehen in Bezug auf Fusstouren und Wanderungen auf weitere Kreise einen bestimmenden Einfluss ausgeübt hat. Jedes Jahr haben wir, ausser den grösseren Wanderungen in den Sommerferien, mehrere halb-, ganz- und zweitägige Ausmärsche unternommen.› Die erste gemeinsame *Turnfahrt* wurde am ‹Sonntag, den 22. Juni 1879, auf den Blauen veranstaltet. Im Schatten einer Eiche wurde zum Mittagessen gelagert und daselbst die erste Organisation der Turngemeinschaft besprochen.› Damit die Turnfahrten auch des geistigen Gehalts nicht entbehrten, wurden sie mit allgemeinen ‹Belehrungen› verbunden. So gehörten Botanik, Geographie und Geologie zum Unterrichtsstoff, der den Realschulturnern auf ihren Wanderungen von ihren erwachsenen Betreuern ‹leicht verdaulich als Pausenverpflegung serviert wurde›! Als Ausflugsorte lockten in erster Linie die nahen Täler und Höhen des Jura und des Schwarzwaldes, der Baselbieter und der Badische Belchen, der Feldberg und der Passwang. Dann waren es aber auch mehrtägige Ausmärsche, die an reizvolle Ziele im Gotthardgebiet, in den Glarner Alpen, im Wallis oder in der Innerschweiz führten. In lebhafter Erinnerung blieb besonders die grosse Wanderung durch das Berner Oberland vom 16. bis 20. Juli 1888. Die zuständige Kommission hatte ein Marschprogramm ausgeheckt, das an die 45 Teilnehmer höchste Anforderungen stellte, galt es doch, mit schwerem Gepäck nacheinander den Bürgenstock, den Hohenstollen, die Grosse Scheidegg, das Faulhorn, den Untern Grindelwaldgletscher, das Zäsenberghorn, den Männlichen, das Lauberhorn und die Wengernalp zu besteigen! Ein Hinweis im ausführlichen Reisebericht lässt uns erahnen, welche Strapazen die jugendliche Turnerschar schon am ersten Tag zu ertragen hatte: ‹Standsstad war unser Landungsort. Sogleich wurde hier die Marschkolonne gebildet. Freund M. stellte sich an die Spitze, und unter den schrillen Tönen eines Piccolos marschirte die Schar durch das Dorf. Das Steigen begann. Die Reihen lösten sich auf, stürmisch drängten die jüngern Genossen nach vorn, doch der gemächliche Schritt der vordern Führer hinderte ein zu rasches, unsinniges Steigen. Mittags zwölf Uhr waren wir von Standsstad abmar-

Turnfahrt des Turnvereins.
Basel den 28. Mai 1882.

Eines Sonntags, morgens um die Achte,
Als noch niemand böses dachte,
versammelte sich unser Turnverein am Aeschenthor um nach altem Brauch die kleine Sommerturnfahrt anzutreten.

Bei ziemlich starker Betheiligung durchwanderten wir frohen Muthes die grünen, frischen in der Sonne glänzenden Matten und nahmen unsern Weg zunächst über St. Jacob und Muttenz.

Nie wandte die Sonne ihr grosses Auge von uns ab, und erwärmte mit ihren heissen Strahlen nicht nur unsere Seelen, sondern auch, was weniger angenehm war, unsere Koerperschirt. Die schwer bepackten Tornister pressten uns manchen Schweisstropfen aus, und die Sonne presste uns vollends aus!›

Mit dem Erreichen des Tagesziels aber war jeweils alle körperliche Mühsal vergessen, denn nach kurzer Rast entfachte unbändiger Drang nach Abwechslung und Fröhlichkeit ein beschwingtes Lagerleben: ‹Mit Jubel begrüssten wir den Vorschlag unseres Turnvaters, nach dem Nachtessen noch einige Stunden geselliger Unterhaltung zu pflegen. In dem geräumigen Saale eines Nebengebäudes fanden wir uns zusammen. Ein Fass Bier war bald zur Stelle geschafft; die Gläser erklangen und frohes Leben rauschte durch das Jubelgemach. Als Herr Pfarrer Strasser von Grindelwald, freudig begrüsst, in unsere Mitte trat, fand er die Turner bereits in gesteigerter Feststimmung. Mit Wohlgefallen blickte er auf die muntern Gesellen, die trotz aller Unbill der Witterung seiner Gletschergemeinde einen Besuch gemacht. Einige freundliche Worte an die Turner richtend, sprach er von den Reisen seiner Jugendzeit, von der Art und

Fortsetzung zum nebenstehenden Dokument:

... auf's durchdringlichste. Wir entledigten uns unserer Oberkleidung und verfolgten freier und leichter unsern Weg.
Endlich, im schattigen Grün eines Waldes angelangt, fanden wir Gelegenheit uns zu lagern und zu erfrischen.
Wenn sich je in diese materielle Beschäftigung des Essens und Trinkens etwas von Poesie mischt, so geschieht dies bei einem Mahle, inmitten der freien Natur und in heiterer Gesellschaft.
Diesen Reiz empfand gewiss auch jeder von uns, denn wo kann die Poesie einen mächtigeren Eindruck ausüben und einen höheren Werth erhalten, als wo sie auf einer richtigen uns gesunden Basis beruht und eine solche ist wohl das Turnen.
Von da aus wanderten wir vorwärts, hatten bald die Ebene hinter uns und stiegen, immer freiere Aussicht gewinnend, bergan.
Hie und da liess sich ein kleines einstimmiges Lied höhren, das aber gewöhnlich in ziemlich gemischtem Chor endigte.
Die Aussicht zeigte sich erst in ihrer Mannigfaltigkeit, als angelangt auf Schloss Schauenburg, wir einen Ausblick hatten auf die ganze schöne Gegend.
Das eigentliche Ziel unserer Fahrt war aber das Bad Schauenburg, das wir nach kurzem Marsche erreichten.
Ein frugales Mittagessen befriedigte daselbst unseren Appetit, während dessen die herbeigekommenen Fremden sich mit unsren Liedern begnügen mussten.
Im Garten daselbst legten wir einige Proben unserer Turnkunst ab, trotz der wakligen Gerüste, denen man anmerkte, dass hier nur Kurgäste ihre Übungen zu machen pflegen.
Der Weg von hier nach Augst, gieng, obgleich er lang ist, ohne dass sich etwas besonderes ereignet haette, vor sich. In Augst im Amphitheater besichtigten wir die zwei ein halb noch vorhandenen Römersäulen und den Raum, worin ehemals würdige Vorfahren der Turner (Gladiatoren) sich getummelt.
Ebendaselbst im Baeren setzten wir uns, geschützt vor Regen und Wind, die draussen ihre Rechte geltend machten, ans erste Glas Bier. Es wurden verschiedene Reden gehalten und Lieder gesungen, so dass, angelockt durch die süssen Töne, sich ein daselbst logierter Pensionär zu uns gesellte, mit dem aufmunternden Ruf: «Singet no eis Buebe!» und nachdem ihm Folge geleistet worden, dasselbe mit höchster Eleganz tactierte. Als der Regen und unser Durst nachgelassen hatten, brachen wir auf und setzten den Heimweg fort. Beim St. Albansthor angelangt verabschiedeten wir uns mit brüderlichem Haendedruck.
Wie schön ist ein solcher Spaziergang in solch' heiterer Gesellschaft! aber noch schoener ist ein Verein, in welchem solches und gymnastische Übung gepflegt wird, und ich bringe daher auf die gegenwärtige Blüthe unseres Verein's und dessen Fortbestand ein donnerndes Hoch
    Hoch! Hoch! Hoch!

Auf dem Säntis, 1887: «Um 10 Uhr schauten wir von der Säntisspitze in ... den Nebel hinaus, der auf- und niederwogte und uns die Aussicht fast vollständig raubte. Der mitgenommene Proviant wurde verspeist, und bei einem Glase Wein das Verschwinden des Nebels abgewartet. Vergebenes Warten! Doch die Turner grämten sich nicht sehr über die vereitelte Hoffnung, eine herrliche Fernsicht geniessen zu können; sie schwelgten in dem Hochgefühl, auf dem Säntis zu sein, und verkündeten diese für sie so wichtige Tatsache per Telegraph nach Hause.»

▷ Impressionen aus der Ferienkolonie Alp Schrina-Hochruck, 1884.

Weise, wie die Fusswanderungen durch die Alpenwelt gehalten werden müssen, wenn sie der Jugend recht erspriesslich sein sollen, und trank schliesslich auf das Wohl unseres Realschülerturnvereins sowie auf dessen väterlichen Leiter. Viel zu früh versiegte das Fass, und Herr Glatz wollte kein zweites erlauben. Erst als Herr Pfarrer St. ein gutes Wort für uns einlegte, da sollten die Gläser auf's neue gefüllt werden dürfen. Aber, welch ein Wunder! Wie das frische Fass angestochen werden sollte, da entquoll dem ersten auf's neue der schäumende Trank in ungeahnter Fülle und es liess keinen Mangel mehr aufkommen. Der eingeschlagene Zapfen hatte sich vor den Hahnen gelegt, durch Wegrücken des Fasses war die Öffnung frei geworden und das Bier floss wieder. Bei Gesang, Deklamation und begeisterten Reden verfloss die Zeit nur allzu rasch. Der Turnvater gab das Zeichen zum Aufbruch; jeder suchte seine Schlafstätte auf, hoffend, der morgende Tag werde auch wieder fröhliche Stunden bieten.›

Dann aber erwies sich bei passender Gelegenheit auch die glänzende körperliche Verfassung der RTVer, die nicht nur frohgemuten Festereien frönten, sondern ebenso spontan Proben ihrer turnerischen Fertigkeiten ablegten: ‹Auf der Passhöhe befindet sich ein freier Tanzboden, um diesen herum gruppirten sich die Turner. Der Klarinettist und der Piccolobläser mussten ihre Weisen aufspielen. Der Turnvater fasste unsern Vice-Präsidenten um die Hüfte und hüpfte mit ihm leichtfüssig im Kreise herum. Andere folgten nach, bis eine überschwengliche Heiterkeit alles aus Rand und Band brachte. Es folgte der zweite Akt, das Gerätturnen. Zwei kräftige Burschen legten sich einen Bergstock auf die Schultern, und sofort

egen Abend näherte sich unserer Hütte eine unkenntliche, tief gebückte Gestalt. Bei uns angelangt, entledigte sie sich ihrer Last, und aus einem weiten Sacke kam ein Fäßchen zum Vorschein, dessen Inhalt die Burschen wohl zu erraten glaubten; aber wie so unerwartet ein Lieblingswunsch aller in Erfüllung hatte gehen können, das war ihnen ein Rätsel. Nur Herr A. lächelte verständnisinnig, als könnte er den besten Aufschluß hierüber erteilen. Oder lächelte er nur so stillvergnügt, weil uns gerade an seinem Namenstage diese freudige Überraschung zu Teil geworden? — „Also Jakobstag ist heute, da können wir auch das St. Jakobsfest feiern," meinte ein patriotischer Genosse. Zu Ehren unserer „Joggi" und „Schaggi" wurde denn auch eine gemütliche Abendfeier veranstaltet, die uns das trostlose Wetter draußen gänzlich vergessen ließ.

Das sonderbarste an diesem Vorfall aber war, daß von diesem Tage an Sendung über Sendung von Clara Lager-Bier, Füglistaller Export-, Burgvogtei- und Zeller-Bier anlangte, als hätten wir hier oben ein Hôtel, und die Basler-Brauer stritten sich um die Ehre, uns bedienen zu können. Aber wie es immer zu gehen pflegt, ist ein Wunsch erfüllt, macht sich sofort ein anderer geltend; so war es auch bei uns der Fall. Das hübsche, kleine Fäßchen von Wädensweil, das, vor der Küche aufgestellt, den etwas entfernten Brunnen ersetzte, wurde nun in Walenstadt-Berg mit Wein und zwar mit einem guten Walenstadter gefüllt, der dem erwachsenen Personal der Kolonie bei trübem Wetter als Sorgenbrecher dienen sollte.

Die erste feste Ferienunterkunft der RTVer, auf der Alp Schrina ob Wallenstadt, 1887: ‹Bei allem Mangel an Luxus und Überfluss bietet die innere Ausstattung der Hütte immerhin das, was zur Bewohnung derselben notwendig ist. Und als in den Schlafkammern frische Leintücher und Wolldecken die Laubsäkke deckten, im 'Refectorium' lebhafte Unterhaltung gepflogen wurde, der Keller mit Mundvorräten ausgestattet war und unsere Hausfrauen in der Küche geschäftig hantirten, da sah es immerhin recht wohnlich aus in unserm neuen Heim. Übrigens sollte das nicht die Hauptsache für uns sein; draussen die weite Weide, der Wald und die Felsen, das wurde unser Spiel- und Tummelplatz.›

wurde dieses improvisirte Reck benützt: Felgaufzug, Felgaufschwung, Felgumschwung, Unterschwung, alles glückte vorzüglich. Nun folgten freie Felge, Kippe aus Stand und aus Stütz, Knieauf- und Umschwung u.s.w. bis die Reckpfosten ihren Dienst versagten. Sofort wurde in ähnlicher Weise der Barren konstruirt. Knickstütz, Schulter- und Handstand, Kippe mit Anfügungen kamen zur Ausführung. Als aber Freund Sp. die Luzerner Festübung zeigen wollte, da brach bei der Kreiskehre das ganze Gerüste zusammen. Allgemeine Heiterkeit! Das gesamte Hotelpersonal sah dem ungewohnten Schauspiel zu, selbst die anwesenden Engländerinnen fanden es nicht unter ihrer Würde, herzlich mitzulachen. Beim Bockspringen erwachte auch in Hr. Dr. S. die Jugendlust; seiner Rückenschmerzen nicht achtend, sprang auch er mit. Das Wagnis gelang, und mit hellem Jubel nahm das Spiel seinen Fortgang. Das Kunstturnen war beendigt, das Nationalturnen kam nun an die Reihe. Felsstücke fanden sich in nächster Nähe zum Heben und Stossen. Herr H. entpuppte sich da als ganz gewaltiger Steinstosser; hoch im Bogen und weit schleuderte er seinen Stein den Berg hinunter. Das Beispiel wirkte; mit regem Wetteifer suchte es einer dem andern zuvor zu tun in Kraftleistungen. Schliesslich rief der Turnvater seine Schar zu Stabübungen zusammen. Auslagetritt und Ausfall mit Überheben des Bergstockes; Knie- und Rumpfbeugen mit Stellungswechsels u.s.w. Alles wurde mit staunenswertem Eifer und grosser Präzision ausgeführt. Der Turnvater konnte sich nicht enthalten, uns ein Lob zu erteilen und den Wunsch auszusprechen,

RTVer um 1885
auf der Alp Schrina

47

1890 ‹wurde der Verein zum ersten Mal in zwei Reiseabteilungen geteilt. Die Abteilung der Ältern erstieg unter Führung des Herrn Glatz den Oberalpstock und die Jüngern unter Leitung der Herren Dr. Schröder und A. Bienz machten eine Turnfahrt über den Sustenpass nach Meiringen, auf die Engstlenalp, Jochpass nach Engelberg, auf das Widderfeld, durch das Engelbergertal nach Stans zum Winkelrieddenkmal und an den Vierwaldstättersee.›

seine Turnschüler möchten immer mit solcher Energie den Turnstab handhaben, wie hier den Bergstock. Das Turnen wurde fortgesetzt, obschon der Nebel uns ganz einhüllte und ein eisiger Wind über die Passhöhe strich; erst als es wieder zu regnen anfing, flüchteten wir uns in's Hotel, wo wir uns erwärmen und unsere Kleider trocknen konnten.›

Die Reisekosten hielten sich für die Turnfahrten in engstem Rahmen, denn Papa Glatz betonte auch hier Bescheidenheit und Genügsamkeit. Aus dem Jahre 1880 ist eine Abrechnung über die ‹Auslagen pro Person› überliefert, die illustriert, in welchem Rahmen sich die Kosten für die erste mehrtägige Reise für den Einzelnen bewegten, die aber auch belegt, wie bedenkenlos Bier und Wein als tägliches Nahrungsmittel Jugendlichen aufgetragen wurden:

Retourbillet Basel–Luzern	Fr. 3.75
Dampfschiff nach Küssnacht	Fr. −.50
Nachtessen, Schlafen und Morgenessen in Seewen	Fr. 2.—
Hotel Tellsplatte	Fr. −.20
Mittagessen mit Wein in Flüelen	Fr. 1.75
Nachtessen, Bier, Schlafen und Morgenessen	Fr. 1.80
Dampfschiff nach Brunnen	Fr. −.40
Ruderschiff nach dem Rütli	Fr. −.50
Bier und Brot auf Seelisberg	Fr. −.40
Mittagessen mit Wein in Beckenried	Fr. 1.60
Dampfschiff nach Luzern	Fr. −.60
Summa	Fr. 13.50

Die Beteiligung an Turnfahrten war in der Regel gross, denn die Schüler freuten sich oft kindlich auf den erlebnisreichen Anlass. Anno 1898 allerdings fanden sich nur 5 ‹Mann› beim Springbrunnen vor dem ehemaligen Aeschentor zum Ausmarsch ein. Und dies veranlasste Protokollführer Otto Gross zur Niederschrift einer tiefsinnigen Betrachtung: ‹Und besser soll es, muss es werden. Wir, die wir Wochen lang den trockenen Schulstaub eingeathmet, der noch viel trockener als der Strassenstaub ist. Wir, die wir diesen Wochen lang mit Kummer und Sorgen eingeathmet haben, sollen wir nicht einmal hinausziehen, an einem schönen Tag, einzuathmen die frische, ächte Gottesluft! Wir, die wir Wochen lang hinter unsern Büchern gesessen, geochst und geschanzt, gelesen und gelernt haben, unser armes Gehirn mit algebraischen, physikalischen, chemikalischen Formen gemartert haben, sollen wir nicht an einem schönen Tage hinausziehen, wieder einmal zu lesen im grossen, geöffneten strahlenden Buche der Natur? Sollen wir nicht wieder einmal bewundern diese grosse bewundernswerte Natur, uns nicht wieder einmal erwärmen lassen von der alles belebenden Mutter Sonne? Gewiss! Das sind ja die Traditionen des Realschülerturnvereins. Das sind die Turnerregeln, die anerkannt werden als die gesundesten, edelsten Vorsätze, die sich ein junger Mensch machen kann. Und diese Turnerregeln hat der Realschülerturnverein immer gehalten, treu gehalten!› In ‹Anbetracht der vielen Unglücke und der Sonntagsheiligung› ordnete A. Glatz später an, dass bei Turnausfahrten weder Tram noch Eisenbahn benützt werden dürfen ...

Unter ‹Geselligkeit›, die Papa Glatz ausdrücklich zu den tragenden Elementen des RTV zählte, war auch das *Singen* einzuordnen. So wurde ‹gegen Schluss des Sommersemesters 1881 auch offiziell das zum Turnen gut passende Singen eingeführt. Es bildete sich eine Gesangssektion, und am 10. September begannen die Übungen unter der Leitung unseres Mitglieds Fritz Brüschweiler. Allein, wie sehr auch der Gesang den jugendlichen Turnern ziemt, so hat doch unsere

Burkhard Mangold, der 1887 in den RTV eingetreten war und sich später zu einem bedeutenden Kunstmaler entwickelte, besingt die Liebe eines Vereinsfreundes zu einem Sennenmädchen auf der Alp Schrina.

Eugen Schoch skizziert mit feiner Feder das vielseitige Turnerleben im Realschülerturnverein mit Papa Glatz im Zentrum des Geschehens, 1888.

ternehmen musste, um die Turner zum schulmässigen Singen zu motivieren, gelang der Aufbau eines stimmkräftigen Chores. Dies rechtfertigte 1894 die Edition eines eigenen Gesangbüchleins mit 30 Liedern, von denen die Clubhymne der dichterischen Kunst des Vereinsmitgliedes Oscar Salvisberg entstammte. Und schon vier Jahre später drängte sich der Ankauf von ‹20 Exemplaren 'Sammlung von Liedern für vierstimmigen Männerchor' von K. Attenhofer und 20 Exemplaren 'Volksgesänge' von J. Heim auf, die fleissig benützt wurden.› Handumkehrt ertönten wieder Klagen über mangelhaftes Interesse am Singen: «Ebenso stiefmütterlich wird in unserm Verein das Singen behandelt. Es ist dies sehr zu bedauern. Nur 7 Mann haben sich gemeldet auf eine Anfrage hin von Herrn Glatz. Es wird wohl jedermann befremden müssen, wenn er hört, der Realschülerturnverein habe keine Gesangssektion. In dem Verein, der aus 60 Mitgliedern besteht, der sich bildet aus heranwachsenden Söhnen der Stadt Basel, hätten sich bei einer Aufforderung zum Singen 7 Mann gemeldet. Das Singen gehört zum Turnen, wie das Marschieren. Sänger und Turner sollten unzertrennlich sein. Möge sich jeder die Sache noch einmal überlegen. Möge er einsehen lernen, dass zum richtigen Turner ein fröhlicher Sänger gehört. Möge sich bald eine zahlreiche Schaar Realschüler-Turner um den Taktstock unseres kundigen Leiters, Herrn Zehnter, bilden, und es wird keiner bereuen, eine Stunde der edlen Sangeskunst geopfert zu haben. Vielmehr wird er mit voller Brust einstimmen in die herrlichen Weisen, die da erklingen zur Ehre von Gott, Natur und Vaterland.»

Gesangssektion oft an mangelhafter Beteiligung gelitten.› Auch die bei Probenversäumnis verhängte Busse von 10 Rappen vermochte da keine anhaltende Besserung zu erzielen. Begnügte man sich anfänglich mit einstimmigem Gesang, so wurde schon 1888 ‹unter der vorzüglichen Leitung von Herrn Enderlin, Sekundarlehrer, im Singsaal des Gymnasiums eine Anzahl vierstimmiger Lieder gelernt, die wir dann in der Turnhalle jeweilen nach dem obligatorischen Turnen weiter geübt und uns zu eigen gemacht haben.› Obwohl die Leitung immer wieder grösste Anstrengungen un-

Solche ernsthaften Worte vom Vorstandstisch aus konnten nicht ohne Wirkung bleiben. Es kam wieder sängerische Bewegung in den Verein, was besonders Papa Glatz unendlich freute! Ein neues Tief ereilte die muntere Turnerschaft, die im Grunde genommen lieber sich körperlich betätigte als kultivierten Gesang einzuüben, im Sommer 1907, was Papa Glatz bewog, ‹seinen Burschen› einmal mehr – aber jetzt nur mit mässigem Erfolg – ins Gewissen zu

Deckblatt von F. Grunauer zur Rangliste des Nationalturnens, 1897: ‹Übung stählt die Kraft. Kraft ist's, was Leben schafft.›

reden: «Gemangelt hat mir eigentlich nur das Singen. Wohl haben sich einzelne der ältern Kolonisten bemüht, hie und da den Gesang zu pflegen und hiefür auch andere anzuregen und zu gewinnen, aber leider nicht mit dem gewünschten Erfolg. Woher kommt es, dass die Schuljugend unserer Zeit wenig Freude hat am Singen der in der Schule gelernten Lieder? Kommt es wohl daher, dass ein Teil der ältern Schüler ihre Freude am Unnatürlichen, Übertriebenen, Geschraubten und Raffinierten findet? Damit will ich jedoch nicht behaupten, dass ihr auch zu dieser Art von Schülern gehört. Wohl aber kommt es mir oft vor, manche meiner Turner stünden unter deren Einfluss, denn was ich gesagt vom Singen, das gilt auch inbezug auf Spaziergänge und Turnmärsche, auf denen keinerlei Unfug getrieben werden darf. So sei denn nebst dem Turnen das damit verbundene Singen und Wandern die grosse Freude eures Jugendlebens.»

Als sinnvolle Ergänzung zum Singen wurde im RTV auch die *Instrumentalmusik* gepflegt. Allerdings nicht so sehr als Ausgleich zur Turnerei, sondern vielmehr zur Bereicherung der gesellschaftlichen Anlässe. Für das ‹gut eingedrillte› Orchester, das zeitweise einen Bestand von 25 Musikern aufwies, wurden periodisch ganze Klavierauszüge und Partituren angeschafft. So lagerten im Archiv Dutzende von Notenheften für Märsche, Tänze, Ouvertüren und Opern! Für die Zuhörer wie für die Mitwirkenden besonders vergnüglich gestaltete sich jeweils die Aufführung von Joseph Haydns Kindersinfonie.

Musikalische Darbietungen bildeten immer den Rahmen für den zweiten Teil des alljährlichen *Preisturnens*. Dieses wurde in der Regel am Ostermontag in der Theaterturnhalle abgehalten und anfänglich mit einem ‹Freiübungsreigen mit Trommelbegleitung eröffnet. Nach dem allgemeinen Riegenturnen und Wetturnen wurde wacker gefochten, und schliesslich kamen noch einige Pyramiden zustande.› Später ist das Programm auch noch durch Wetturnen der Nationalturner bereichert worden. So konnte der Ablauf eines Preisturnens nach folgendem Programm geschehen: ‹½2 Uhr: Antreten zu den allgemeinen Stabübungen. 2–4 Uhr: Kunstturnen. 4–4¼ Uhr: Circulation der Hörner, gefüllt mit Stoff. 4¼–4½ Uhr: Allgemeines Riegenturnen. 4½–4¾ Uhr: Freiübungsreigen. 4¾–5¾ Uhr: Nationalturnen. 5¾–6¼ Uhr: Spezial-Kürturnen.› Gegen Ende des Jahrhunderts ‹trat an Stelle des allgemeinen Riegenturnens ein Sektionsturnen, d.h. sämtliche Turner turnten, in drei Stufen geteilt, an einem und demselben Gerät, am Pferd, Barren oder Reck›. Der turnerischen Leistungsprüfung schloss sich ein gemütlicher Abend an, der Turner, Angehörige und Freunde zu einer grossen Familie vereinigte. Jedes begabte Mitglied machte sich eine Ehre daraus, mit einer gediegenen Produktion das Fest zu verschönern. Was unter einem ‹ziemlich reichhaltigen Programm› zu verstehen war, lässt sich am ‹Geselligen 1880› ermessen:

1. August Hug: Turnfahrtsbeschreibung vom Vierwaldstättersee
2. Fritz Brüschweiler: Klavierproduction
3. W. Wassermann: ‹Der Wilhälm Täll› in Berner Mundart
4. Wilhelm Lüber: Zitherspiel
5. Ansprache von Herrn Glatz

51

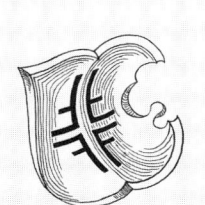

32. Stiftungsfest 1. April 1911

Kunst-Turnen

	NAME	I RECK OBL	I RECK FREI	II SPRINGEN HOCH	II SPRINGEN GESCHL	II SPRINGEN WEIT	III PFERD BREIT OBL	III PFERD BREIT FREI	III PFERD LANG FREI	IV BARREN OBL	IV BARREN FREI	MITTEL I	MITTEL II	MITTEL III	MITTEL IV	SUMME
1.a	HALLAUER, E.	9 1/2	8 1/2	10	10	9	10	10	9 1/2	9 1/2	9	9	9 2/3	9 5/6	9 1/4	95
1.b	HAUSMANN, H.	10	9 1/2	10	10	9 1/2	9 1/2	8 1/2	9 1/2	9 1/2	9	9 3/4	9 5/6	9 1/6	9 1/4	95
2.	ZIEGLER, E.	10	9	10	9 1/2	9	9 1/2	9	9 1/2	9	9 1/2	9 1/2	9 1/2	9 1/3	9 1/4	94
3.	MEIER, P.	9	9	10	10	8	7	9 1/2	9 1/2	10	9	9	9 1/3	8 2/3	9 1/2	91
4.	WERDER, W.	8	9	10	9 1/2	9	9 1/2	8	9	9 1/2	9	8 1/2	9 1/2	8 5/6	9 1/4	90 1/2
5.	GESSLER, T.	9	8 1/2	10	9 1/2	10	8 1/2	8 1/2	7	8 1/2	8 1/2	8 3/4	9 5/6	8	8 1/2	88
6.	CHRISTEN, W.	7	8	10	9 1/2	8	9	10	9 1/2	9	7 1/2	7 1/2	9 1/6	9 1/2	8 1/4	87 1/2
7.	GRIEDER, I.	8 1/2	8	10	9	9	10	9 1/2	8 1/2	7 1/2	6 1/2	8 1/4	9 1/3	9 1/3	7	86 1/2
8.a	RIES, W.	8 1/2	8	10	8 1/2	9	7	8	9	7 1/2	8	8 1/4	9 1/6	8	7 3/4	83 1/2
8.b	RUDIN, E.	8 1/2	7 1/2	10	8 1/2	7	9 1/2	9 1/2	9	7	7	8 1/2	8	9 1/3	7	83 1/2
9.	AEMMER, E.	8	9	10	9	9	8	6	9 1/2	7	7 1/2	8 1/2	9 1/3	7 5/6	7 1/4	83
10	WINKLER, W.	7 1/2	8	10	9	8	7	8 1/2	9	7	7	7 3/4	9	8 1/6	7	81
11.	WERDER, M.	7 1/2	7 1/2	10	8 1/2	8 1/2	9	8	6	7	7	7 1/2	9	7 2/3	7	79
12.	PETERS, H. I.	6 1/2	7 1/2	8	6	8	9 1/2	8 1/2	9	7	7	7	7 1/3	9	7	77
13.	KELTERBORN, P.	7	6 1/2	10	9 1/2	9	7	7	7	7	6 1/2	6 3/4	9 1/2	7	6 1/4	76 1/2
14.	MUELLER, E.	6	7	10	9 1/2	5	7	6	9	8 1/2	8	6 1/2	8 1/6	7 1/3	8 1/4	76
15.	LOCHER, M.	7	6 1/2	10	9 1/2	9	6	6	6	6 1/2	6 1/2	6 3/4	9 1/2	6	6 1/2	73
16.	STOCKER, F.	9	7 1/2	8	8 1/2	6	5	6	8	7 1/2	5	8 1/4	7 1/2	6 1/3	6 1/4	70 1/2
17.	KUNTTZ, W.	5 1/2	6	10	9	8	7	5	8 1/2	3	4	5 3/4	9	6 5/6	3 1/2	66

Kunst-Turnen

	NAME	I RECK OBL.	I RECK FREI	II SPRINGEN GESCHL	II SPRINGEN HOCH	II SPRINGEN WEIT	III PFERD BREIT OBL	III PFERD BREIT FREI	III PFERD LANG FREI	IV BARREN OBL	IV BARREN FREI	MITTEL I	MITTEL II	MITTEL III	MITTEL IV	SUMME
18.	SUTER, P.	6	5 1/2	5	8	9	5	6	9	7	5	5 3/4	7 1/3	6 2/3	6	65 1/2
19.	SCHNITTER, E.	6	6 1/2	8 1/2	8	8	6	5	2	7	7	6 1/4	8 1/6	4 1/3	7	64
20.a	BUCHNER, P.	4	4	9 1/2	10	8	7	3	8	5	3	4	9 1/6	6	4	61 1/2
20.b	SCHUETZ, F.	4 1/2	5 1/2	8	8	8	5	5	8 1/2	5	4	5	8	6 1/6	4 1/2	61 1/2
21.	MUELLER, C	4	5	4	10	9	6	6	8	5	4	4 1/2	7 2/3	6 2/3	4 1/2	61
22.	AMBERG, M.	7	5 1/2	6	8	6	6	5	5	5 1/2	6 1/2	6 1/4	6 2/3	5 1/3	6	60 1/2
23.	LINIGER, M.	7	7 1/2	5	8	7	4	5	4	6	6	7 1/4	6 2/3	4 1/3	6	59 1/2
24.	FLATT, K.	6	6 1/2	5	5	6	7	7	7	4	5	6 1/4	5 1/3	7	4 1/2	58 1/2
25.	HUENERWADEL, M.	5	5 1/2	9 1/2	5	8	6	5	5	5	4	5 1/4	7 1/2	5 1/3	4 1/2	58
26.	STEURI, E.	5	6	5	8	6	4	6	3	3	4	5 1/2	6 1/3	4 1/3	3 1/2	50
27.	SALATHÉ, E.	5	5	4	3	6	3	2	4	4	5	5	4 1/3	3	4 1/2	41

Spezial-Turnen: HOCHWEITSPRUNG		Spezial-Turnen: PFERDSPRUNG		Fechten (LOBENDE ERWAEHNUNG)	
1.a	HAUSMANN, HANS	1.a	CHRISTEN, WALTER.	1.a	AEMMER, EDUARD.
1.b	WERDER, WILHELM.	1.b	HALLAUER, ERNST.	1.b	EGLI, MAX.
		2.	HAUSMANN, HANS.	2.	HALLAUER, ERNST

‹Das Vereinsjahr wurde 1911 am ersten April mit dem Stiftungsfeste abgeschlossen. Als Kampfrichter amteten während des Wetturnens die Herren Frei, Jenne, Küng, Metzger, Rink und Tschopp. Besonders erwies sich die neueingeführte Dreiteilung der sich am Wettkampfe beteiligenden Turner als sehr brauchbar und liess die sonst stets aufgetretenen störenden Verschiebungen vermeiden. Ausserdem richtete das Kampfgericht an den Präsidenten das Gesuch, die obligatorischen Übungen vier Wochen vor dem Feste schriftlich niederzulegen, damit die Turner genügend Zeit finden, sich darauf vorzubereiten.›

6. Fritz Brüschweiler: Klavierproduction
7. Eduard Preiswerk: ‹Der Flussübergang› von Ferd. Freiligrath
8. Walter Rumpf: ‹Der Engländer in der Bildergallerie›
9. Gesang
10. Fritz Brüschweiler: ‹Der Antiquitätenkrämer›
11. J. Möschinger: ‹Der Zerstreute›
12. G. Vonkilch: ‹Johann Jakob Spuntenudle›
13. Adolf Völlmy: ‹Dr Gaisbueb und dr Rothsherr›
14. August Eckel: ‹Die Völkerschlacht im Zeichnungssaale›.

Ein geselliger Anlass war auch der Ort, an welchem die Musikanten für ihre mit Eifer einstudierten Vorträge dankbare Zuhörer fanden. Dann aber gelangten auch anspruchsvolle *Theaterstücke* zur Aufführung, die von einem sachkundigen Publikum jeweils mit Ungeduld erwartet wurden. Anno 1906, als ‹im Warteck der zweite Festakt abgehalten wurde, kamen nach Anordnung und vorzüglicher Leitung des Herrn Bruderer olympische Spiele in lebenden Bildern zu schöner Darstellung, und eine Posse, 'Der Dorfschulmeister im 17. Jahrhundert', aufgeführt von W. Bigler mit einigen jüngern Mitgliedern, erregte bei jung und alt grosse Heiterkeit. Das Vereinsorchester hatte wieder reichlich für musikalische Genüsse gesorgt und auch der allgemeine Gesang belebte und erfreute die Festversammlung.› Gelegentlich riss auch patriotisches *Fahnenschwingen* die Festgemeinde von den Stühlen.

Bevor jeweils die ‹Kleinen um 11 Uhr heimgesandt wurden›, vollzog sich der gleichsam sakrale

Der Realschülerturnverein im Jahre 1902 vor dem Steinenschulhaus. Auch in jenem Jahr richtete Papa Glatz eine flammende Rede an seine jugendlichen Freunde und ermahnte sie erneut zu anständigem Lebenswandel: «Der Sinn für das Gute und Rechte muss sich in euch so ausbilden und kräftigen, dass ihr gar nicht anders könnt, als zu tun, was ihr für gut und recht anerkennt. Auf diesen Standpunkt gelangt ihr aber nur durch fortwährende Gewöhnung und Erziehung, und zwar hauptsächlich durch die Selbsterziehung, indem ihr euer Denken, Reden und Tun überwacht, euch selbst gebietet oder verbietet und durchaus nichts an euch duldet, was sich für euch nicht schickt.» Photo Jacques Weiss.

Gang zum Gabentisch. Denn immer gehörte die Preisverteilung – die anfänglich von den Teilnehmern geäufnet wurde, welche einen Preis im Wert von zwei Franken zu stiften hatten – zu den Höhepunkten der Stiftungsfeste, wie das Preisturnen später genannt wurde. Dies wird auch deutlich aus dem letzten Jahresbericht des vergangenen Jahrhunderts: ‹Wie seit Jahren üblich, so begann auch dies Jahr das Festchen nachmittags zwei Uhr in der Turnhalle mit allgemeinen Freiübungen, worauf das Wetturnen und schliesslich das Spezialturnen folgte. Abends 8 Uhr versammelte sich die durch Altmitglieder, Angehörige und Freunde verstärkte Turnerschar im Warteck in Klein-Basel. Hier wurde der zweite festliche Akt mit einem allgemeinen Gesang eröffnet, worauf Papa Glatz die sehr zahlreich anwesenden Gäste im Namen seiner Turner begrüsste und ein Wort des Dankes an die Vorturner richtete, die während des verflossenen Vereinsjahres ihr turnerisches Wissen und Können in den Dienst des Realschüler-Turnvereins gestellt hatten. Sein ferneres Wort an die Turner richtend, sprach er: 'Um euern Lehrern und Vorturnern ein sichtbares Zeichen des Dankes und der Anerkennung zu bieten, habt ihr denselben je eine bescheidene Gabe gewidmet. Aber ihr seid euch bewusst, dass damit eure Dankespflicht lange nicht erfüllt ist, denn diese besteht darin, dass ihr denselben durch euer ganzes Verhalten Freude macht.' Der wohl am meisten ersehnte Moment, die Preisverteilung, wurde freudig begrüsst, als der Sprecher des Kampfgerichtes, Herr Rektor Dr. Rob. Flatt, zum Gabentisch trat, um das Ergebnis des Wettkampfes zur allgemeinen Kenntnis zu bringen. Vorerst sprach Herr Dr. Flatt seine Freude aus über die turnerischen Leistungen des Vereins und insbesondere über diejenigen seiner Mitglieder, die sich auch dem Wettkampf unterzogen hatten und an deren vortrefflichen Leistungen gute Schulung und ausdauernder Fleiss zu erkennen war. Mit freundlich-ernster Mahnung forderte er die Turner auf, ihr einmal ins Auge gefasstes Ziel, die Aneignung turnerischer Kraft und Fertigkeit, nie zu verlieren. Mit Jubel wurden Heinr. Bauer, Fritz Marti, A. Hägler und A. Grübel als die ersten im Rang der Wetturner begrüsst. Von Herzen gönnte man ihnen den errungenen Erfolg, denn sie waren es, die sich das ganze Jahr durch Beharrlichkeit und Ausdauer sowie durch Kraft und Geschicklichkeit am meisten ausgezeichnet hatten. Die Freude am festlichen Abend wurde den Turnern erhöht durch das Bewusstsein, wieder ein Jahr der Arbeit und des Erfolges hinter sich zu haben.› Und wenn gar noch ein hoher Vertreter der Behörden, wie 1908 Regierungsrat Albert Burckhardt, dem Stiftungsfest Reverenz erwiesen hatte, war der letzte Grad stolzer Gefühle erreicht.

Recht wählerisch wurde mit Einladungen zu auswärtigen *Turnfesten* umgegangen, da prinzipiell nur in Ausnahmefällen solche angenommen werden sollten. Auch in der Stadt selbst wollte man sich nicht an ‹jedem Ecken› zeigen, und wenn überhaupt, dann nur nach sorgfältiger Vorbereitung. Als 1883 in Basel das Kantonale Turnfest gefeiert wurde, sagten nur einzelne Mitglieder ihre Teilnahme zu.

Hatte der Verein noch 1882 auf eine Beteiligung am Eidgenössischen Turnfest in Aarau verzichtet, so wurde vier Jahre später mit Begeisterung und Spannung auf dasjenige in Basel geprobt. Endlich ‹rückten die Tage des eidgenössischen Turnfestes heran. Mit einer grösstmöglichsten Anstrengung wurde daraufhin gearbeitet, galt es doch, den ältern Turnern zu beweisen, dass auch die Jungen etwas Tüchtiges zu leisten vermöchten! Und in der Tat, diese Mühe und Arbeit fand ihren schönen Lohn. Zum ersten Male hatte sich der Realschülerturnverein an einem eidgenössischen Wettkampfe beteiligt, und als ihm von den 45 errungenen gekrönten Preisen der sechzehnte Kranz zuerkannt wurde, da konnte er mit Stolz auf die sieben Jahre seines Bestehens zurückblicken. Er hatte sich nunmehr eine geachtete Stellung erworben, nicht nur unter den baslerischen, sondern auch unter den schweizerischen Turnvereinen überhaupt.› Bei solcher Wertzumessung musste es für die Vereinsmitglieder schmerzlich sein, dass ihnen 1890, anlässlich des Baselstädtischen Kantonalturnfestes, der äussere Erfolg versagt blieb. Und Aktuar Georg Bürgin rätselte: «Warum uns kein Lorbeerkranz zuerteilt worden ist, kann ich nicht recht fassen, als vermuten. Ich muss nochmals betonen, dass die Arbeit eine vorzügliche gewesen und dem meinen Urteil nach einen Lorbeerkranz verdient hat. Ich kann mir nichts anderes denken, als dass die Kampfrichter ihrer Aufgabe nicht gewachsen gewesen sind. Es ist gut, dass wir unsere neue Fahne nicht erhalten haben, um sie bei einem solchen Anlass zu entweihen!»

Bald aber konnten die Früchte zielbewusster Turnerausbildung wieder geerntet werden, denn die Teilnahme am Glarner Kantonalturnfest in Niederurnen brachte 1904 wieder reiche Anerkennung: ‹Herr August Frei, unser Turnlehrer und Oberturner, gab uns noch einige Verhaltungsmassregeln und ermahnte uns vor dem Wettkampf, ruhig Blut zu bewahren. Es erfolgte sein Befehlswort, und zum ersten Mal mussten wir mit erwachsenen Turnern, die wohl schon öfter ihre Kräfte erprobt hatten, in den friedlichen turnerischen Wettkampf treten. Über die Leistungen unserer Sektion kann ich selbst kein Urteil abgeben, denn gleich wie meine Freunde, so musste auch ich unserm Oberturner und dessen Kommando alle Aufmerksamkeit zuwenden. Dass wir aber unsere Marsch- und Freiübungen sowie auch die Sprünge und Pauschenübungen am Pferd recht gut, zum Teil tadellos ausgeführt haben, das bezeugten uns die Herren Dr. Jenny, Rob. Wenck und Turnvater Egg aus Talwil, die unserm Turnen mit lebhaftem Interesse zugesehen hatten, und deren Urteil uns massgebend sein konnte. Was für uns aber den grössten Wert hatte, das waren die anerkennenden Worte, die Herr Frei über unser ganzes Verhalten an uns richtete, und womit er seine volle Befriedigung über unsere Leistungen ausdrückte. Von 11 konkurrierenden Vereinen konnten dreien Lorbeerkränze zuerkannt werden. 'Den ersten Lorbeer erhalten – die Basler Realschüler!' so schallte es an unser lauschendes Ohr und sofort ein stürmisches Bravo! Die Musik intonierte einen dreifachen Tusch, und wir Morgenhölzler stürmten voll Freude und Dank auf unsern verehrten Herrn Frei los, der uns zum Sieg geführt hatte. Der Berichterstatter aber schritt mit entfaltetem Banner auf die Tribüne, verneigte sich vor der weissgekleideten Ehrendame und liess sich von ihr sein Banner mit dem Lorbeerkranz schmücken. Bald kam die Zeit, wo wir dem freu-

Die RTV-Festsektion ‹Morgenholz›, welche am Glarner Kantonalturnfest in Niederurnen von 1904 den ersten Lorbeer errang. Von links nach rechts, oberste Reihe: Jörin Hans, Emmel Max, Wirz Albert, Flums Max. 2. Reihe: Emmel Karl, Bratteler Hans, Oberturner Frei August, Baumgartner Wilhelm, Hosselin Fritz, Löliger Fritz. 3. Reihe: Ostertag Georg, Kaltenbach Ernst, Bigler Walter, Schobel Heinrich. 4. Reihe: (Fähnrich und Fahnenwacht): Angst Max, Stutz Karl, Blattner Werner. Unterste Reihe: Meckert Martin, Balmer Fritz, Aebi Richard, Vest Gottlieb.

digen Festleben den Rücken kehren mussten. Mit ungeschwächter Hand und echt baslerischer Kunstfertigkeit schlugen unsere Trommler auf dem Rückzug in die Nachtherberge in Ziegelbrüke die alten Schweizermärsche. Ein freudenreicher und auch ein ehrenvoller Tag lag nun hinter uns. Höchst beglückt legten wir uns auf das Strohlager zum süssen Schlummer nieder, um folgenden Tages sogleich nach Basel fahren zu können.›

Eine sehr willkommene Abwechslung im routinemässigen Alltag des Vereinslebens boten gelegentlich *markante Daten* im Basler Stadtkalender. So Anno 1892 anlässlich der 500-Jahr-Gedenkfeier der Vereinigung von Grossbasel und Kleinbasel. 64 Turner, die einen zauberhaften Frühlingsreigen auf die Bretter legten, lösten bei den Tausenden von Zuschauern unbeschreiblichen Jubel aus. Als unvergessliches Ereignis ging auch die Bundesfeier von 1901, der 400. Jahrestag der Zugehörigkeit zur Eidgenossenschaft, in die Vereinsgeschichte ein. Mit der ganzen Stadt stand auch der RTV Kopf: ‹Kurz vor den Sommerferien fand bei schönstem Wetter die Bundesfeier statt. Unser Verein war schon bei dem Empfang der zur Feier eingeladenen Ehrengäste beteiligt. Mit seinem Bannerträger und vier Tambouren an der Spitze marschierten die mit Alpenrosen geschmückten Turner durch die St. Jakobsstrasse zur Aufstellung beim Denkmal. Von hier aus bis in die Stadt standen zu beiden Seiten der Strasse sämtliche Schüler und Schülerinnen Basels zur Begrüssung der erwarteten Festgäste. Beim Herannahen der festlich geschmückten Herrschaftskutschen, in denen die eidgenössischen Abgeordneten und die vielen Gäste aus Baselland sassen, schallte diesen der Gruss entgegen: 'Hie Basel, hie Schweizerboden!' Und mit dem Vorwärtsbewegen der Kutschen, aus denen die hohen und höchsten Magistraten der Eidgenossenschaft die ihnen zujubelnde Basler Schuljugend freundlich grüssten, ertönte immer und immer wieder von neuem der Ruf: 'Hie Basel, hie Schweizerboden!' Am Abend dieses Festtages marschierte der Realschüler-Turnverein in sein Lokal an der Steinenvorstadt, woselbst die Feststimmung der Turner erst recht zur Geltung kommen konnte. Die hierauf folgenden Tage waren sonnige, für unsere ganze Stadt, aber ganz besonders für unsern Verein herrliche Festtage. Denn unsere am Rosentanz beteiligten Freunde hatten sich durch ihr ganzes Verhalten hohes Lob erworben. Bald nach der in allen Teilen gut und schön verlaufenen Bundesfeier begannen die Sommerferien und für uns der Ferienaufenthalt auf dem Morgenholz im prächtigen Glarnerland.›

1903 war der RTV wieder zu einer Sonderleistung aufgerufen: ‹Im Frühjahr sollte das auf dem Areal des St. Elisabethen Gottesackers neu erbaute Realschulgebäude eingeweiht und zugleich das 50jährige Jubiläum der obern Realschule gefeiert werden, und nach dem Wunsche des neu erwählten Rektors, Herrn Dr. Rob. Flatt, stellte sich der Realschüler-Turnverein die Aufgabe, auf diese Feier einige turnerische Produktionen vorzubereiten. Somit galt es während des Winters unsere Turnzeit recht auszunützen, was denn auch so gewissenhaft geschah, dass die Turner trotz der ihnen gebotenen Wintervergnügen auf Schnee und Eis keine Übungsstunde ausfallen liessen. Die Schulfeier hat am 28. März stattgefunden und den schönsten Verlauf genommen. Am Abend dieses Tages versammelten sich die Mitglieder der Realschulinspektion, der hohe Erziehungsrat, die Vertreter anderer städtischer Behörden, die gesamte Lehrerschaft der Realschule und eine grosse Zahl ehemaliger Schüler derselben im grossen Musiksaal des Stadtkasinos zu einem feierlichen Bankett. Bei diesem Anlass turnten unter der Leitung des Herrn Walker die kräftigsten Realschüler-Turner an drei Barren, und eine zweite Abteilung zeigte ihre Kunstfertigkeit im Keulenschwingen.›

Eine im äussern Ausmass bescheidene, dafür an innerm Gehalt um so eindrücklichere Festlichkeit bescherte sich der RTV im Jahre 1904 zu seinem *25-Jahr-Jubiläum*. Der Nachmittag war der turnerischen Arbeit gewidmet, die in allen Riegen einen vorzüglichen Eindruck hinterliess. Zum grossen Festakt im Zunftsaal zu Safran vereinigten sich dann abends gegen 300 Aktive, Altmitglieder und Gäste. Im Mittelpunkt stand eine Würdigung des beispiellosen Wirkens Papa Glatz'. Dr. Emil Schaub trug einen poesievollen Prolog vor. Stehend wurde das ‹Rufst du mein Vaterland› gesungen. Kunstfertig gelangte ein Stabreigen zur Aufführung, schneidig wurden schwierige Übungen am Pferd geturnt. Und Musik und Gesang mischten sich mit gezügelter Fröhlichkeit, welche die ganze Festgemeinde in Würde dem zweiten Vierteljahrhundert entgegentrug.

Als Ehrenpflicht galt für jeden Turnverein die Teilnahme am *St. Jakobs-Fest*. Und hier machte der RTV keine Ausnahme! Mit Stolz vermerkt die Chronik denn auch 1886 die erstmalige Anwesenheit des Vereins an dieser vaterländischen Festivität: ‹Jubelnd stimmt der Verein für Betheiligung an derselben. Nach der Rede auf dem Schlachtfelde wird der RTV mit Ballspielproductionen auftreten.› Die positive Einstellung gegenüber den Behörden und dem Gemeinwesen blieb ungebrochen erhalten, wie 1899 deutlich zu erfahren ist: ‹Wie die Ferienkolonie auf dem Morgenholz, so verlief in gleicher Weise befriedigend das St. Jakobsfest. Wenn sich die meisten Turnvereine am liebsten an einem Turnfeste zeigen, damit sich ihre Kränzezahl wieder um einen vermehren möchte, so zieht es der Realschülerturnverein vor, das allzuviele sich produzieren und sich zeigen an der Öffentlichkeit in den Hintergrund treten zu lassen. Er zieht es vor, statt jedes Jahr ein paar Mal mit fliegenden Fahnen die Strassen zu durchziehen, sich in sich selbst zurückzuziehen, die Befriedigung des Schaffens und die Kraft des Bestehens in sich selbst zu suchen und zu finden. Allerdings, wenn dann die Regierung alle 5 Jahre zu Ehren der Helden von St. Jakob die allgemeine kantonale Feier veranstaltet, dann bleibt auch der Realschülerturnverein nicht zurück, dann wird das ehrwürdige Banner des Realschülerturnvereins auch entrollt. Die schwarz-weiss-schwarzen Far-

Die erste Seite der ‹Fahnenliste›, welche 1884 die notwendigen Mittel für die Anschaffung eines dringend gewünschten Vereinsbanners erbringen sollte.

ben scharen sich um dasselbe und der Stolz und das Selbstbewusstsein schwellen die jugendlichen Brüste, wenn sie unter dem Klange der Musik die Strassen der Stadt durchziehen. Auf aller Antlitz, sollte der Inhaber auch nur 3 Käs hoch sein, liegt der Ausdruck der Gerechtigkeit und eines nicht zu verkennenden Stolzes.›

Der Auftritt in der Öffentlichkeit konnte natürlich nicht ohne eigenes Banner geschehen. So gelangte Papa Glatz im November 1884 mit einem ‹Bettelbrief› an ‹die ehemaligen Mitglieder mit der Bitte, Sie möchten durch ihr gefälliges Mitwirken dem jungen strebsamen Realschüler-Turnverein die Anschaffung einer *Vereinsfahne* ermöglichen›. Der Aufruf blieb nicht ohne günstiges Echo, und der Vorstand konnte sich ein Jahr später mit der Gestaltung der Fahne befassen. Doch hier schieden sich die Meinungen, denn als einzelne Mitglieder dem von Papa Glatz befürworteten Entwurf von Altmitglied Adolf Völlmy nicht zustimmten, weil die Zeichnung, die einen Lorbeerkranz um die vier Turner-F und einen Eichenlaubkranz um den Baselstab darstellte, nicht restlos befriedigte, ‹meinte Herr Glatz, es sei das beste, wenn die ganze grosse Arbeit Herrn Benz in Zürich übergeben würde, denn er sei bekannt für gute Lieferung. Die Fahne käme uns demnach zu stehen auf 520 frs.› Papa Glatz reiste also nach Zürich, um sich mit Benz zu besprechen. Dieser erklärte, Völlmys Entwurf sei nicht brauchbar. Es müsse eine neue Stickvorlage auf den Tisch des Hauses! Es war aber nicht nur das künstlerische Moment, das neu überdacht werden musste, sondern auch der Schriftzug. Schüler aus dem Obern Gymnasium wollten nämlich nur die Bezeichnung ‹Schülerturnverein› auf dem Fahnentuch wissen. Eine Mehrheit entschied sich indessen für ‹Realschülerturnverein› und ‹Basel› unter den vier Turner-F und einen Kranz aus Edelweiss und Alpenrosen. ‹Die andere Seite trägt in der Mitte den Baselstab, darüber das eidgenössische Kreuz, das ganze umgeben von einem Kranz Eichen- und Lorbeerlaub. Die Fahne wird weiss, am Rande befinden sich schwarze und weisse Fransen.› Damit die Kosten im Rahmen des Tragbaren gehalten werden konnten, übernahm die Mutter eines Mitgliedes, Frau Imhof-Raemy, die Bestickung der einen Seite. Die gesuchten ‹gütigen, fleissigen Jungfrauen, welche bei geliefertem Material die Fahne sticken würden›, hatten sich nicht finden lassen! Die Fahnenweihe erfolgte in feierlichem Zeremoniell mit Aufmarsch der gesamten Turnerschaft und einer Ansprache von Adolf Glatz am 3. Juni 1886 in der Turnhalle. ‹Nachher zog man mit fliegender Fahne hinaus auf den Turnplatz. Voran Bider mit der Fahne, dann zwei Hornträger, von Planta und Bienz (Füglistaller hatte sich Tags vorher den Fuss verrenkt und konnte das Horn nicht tragen), dann die Commission und Herr Glatz, dann der Verein und eine grosse Anzahl Altmitglieder und Freunde. Dann wurde wacker geturnt, und schöne Leistungen zeigten sich. Alle Zeitungen Basels wussten davon zu erzählen und zu rühmen.›

Gemäss Vorstandsbeschluss sollte ‹als Fahnenträger das Vice-Präsidium figurieren. Lehnt es dieses Amt ab, so soll zur Wahl durch den Verein geschritten werden, mit vorhergehenden Vorschlägen der Commission.› Dass dieses Ehrenamt tatsächlich vielfach begehrt war, dokumentieren zahlreiche ‹Kampfwahlen›. Ebenso heiss umworben waren die Ehrenämter der repräsentativen Fahnenwachen, den sogenannten Osteroxen, und der beiden Trinkhornträger.

Neben der Anschaffung eines eigentlichen ‹Lu-

Die RTV-Sektion am Eidgenössischen Turnfest 1912 in Basel unter der Leitung von Hans Küng (links aussen). «Am Abend des ersten Festtages zog mit Trommelklang, mit wehender Fahne und blumengeschmückten Hörnern die kleine Schar des R.T.V. vom Breo aus zur Schützenmatte, um dort als eine der ersten Sektionen vor den Augen der gestrengen Kampfrichter ihr Können vorzuführen. Punkt fünf Uhr hiess es antreten, und in steter Folge, nur einmal durch ein halbstündiges, ermüdendes Warten in Reih und Glied unterbrochen, folgten sich die obligatorischen Marsch- und Freiübungen, die obligatorischen Hoch- und Laufsprünge und die Übungen am freigewählten Gerät, am Pferd. Wohl mancher Blick unserer Turner mag in dieser Zeit prüfend die gestrengen Herren Kampfrichter gestreift haben, die noch frisch und eifrig ihres Amtes walteten und jeden Fehler pünktlich vermerkten. Doch getrost zogen wir am Abend nach beendeter Arbeit heimwärts, durften wir doch zu unserer grossen Freude aus dem Munde unseres Oberturners die Zufriedenheit mit unsern Leistungen vernehmen. Es nahte der ersehnte Moment der Preisverteilung. Dicht gedrängt standen die Paniere der Vereine vor der grossen Tribüne, harrend auf den Schiedsspruch des Kampfgerichtes, auf die Auszeichnung für die geleistete Arbeit. Manche Fahne hatte sich schon gesenkt, um den wohlverdienten Lorbeer zu empfangen, noch stand die unsere ungeschmückt da. Zum ersten Male stieg da plötzlich der Gedanke in uns allen auf: Sollte es etwa nicht zu einem Lorbeer gereicht haben für uns?! Doch ganz ungläubig kam uns dieser Gedanke vor und sofort kam unsere gute Hoffnung wieder zum Durchbruch, und getrost harrten wir weiter. Da: Eichenkränze, Realschüler-Turnverein! Die Fahne senkt sich und, von der Ehrenjungfrau angeheftet, ziert der Kranz aus Eichenlaub unser Vereinszeichen. Zuerst waren wir niedergeschlagen; doch bald kam wieder die volle Festfreude rückhaltlos zum Vorschein. Sollten wir denn nicht zufrieden sein?»

xusbanners› leistete sich der junge Verein Anno 1885 auch ‹Turnerbänder in den Kantonsfarben›, die bei festlichen Anlässen getragen wurden. ‹Schwarz-weiss-schwarz mit Silber war die Farbe, die angenommen wurde, und das schwarz-weiss-schwarze Band wird uns noch enger verbinden und enger an die Fahne knüpfen.› Schon wenige Tage nach der Bestellung erfolgte die Lieferung von 192 Bändern zum Preis von Fr. –.80 das Stück, die mit einem Gewinn von je Fr. –.40 für die Vereinskasse weiterverkauft wurden. Diesen Emblemen wurde so grosse Bedeutung zugemessen, dass das nicht zu übersehende finanzielle Risiko vom Verein getragen wurde.

Für die gedeihliche Entwicklung unumgänglich erschien auch die Bestimmung eines *Vereinslokals*, nachdem es ‹nicht mehr so recht still und geräuschlos herging›, als dass man die Wohnung von Papa Glatz weiter als Sitzungszimmer hätte benützen können! Doch es wurde Herbst 1886 bis ‹ein definitives Lokal im Gasthaus zur Krone an der Schifflände bezogen wurde, woselbst man sich heimisch fühlen und die Wände mit den von Freundeshand gezeichneten Bildnissen von Jahn, Spiess, Maul, Iselin etc. sowie mit den zahlreichen und schönen photographischen Aufnahmen zieren konnte, die wir von unsern Sommerreisen mitgebracht hatten.› Das ‹stets miserable Bier, durch das unsere Gemüter so empört worden sind, und andere Unannehmlichkeiten› bewogen die Leitung aber schon nach zwei Jahren zur ‹Umsiedlung› in das Zunfthaus zu Schuhmachern, dem ‹famosen Local zur Actien. Möchten, so spricht Herr Glatz sich aus, in diesem neuen, schön dekorirten Stübchen alle Sitzungen von einem ernsten, strebsamen Geiste durchdrungen sein.› Die Hoffnungen Papa Glatz' in bezug auf das ‹famose Local› erfüllten sich nicht, denn schon im Januar 1894 sah sich der Vorstand gezwungen, nach einem neuen Vereinslokal Umschau zu halten. Wieder waren es ‹verschiedene Umstände›, die zu diesem Wechsel führten. ‹Tante Drissel im Löwenfels› in der Steinenvorstadt entsprach den Vorstellungen der Realschülerturner mit Recht, denn hier durften sie in der Folge ‹viele ernste und fröhliche Stunden zubringen›. Erst im Jahre 1912 wurde die Lokalfrage wieder aktuell, da sich ‹der Mangel eines Klaviers unangenehm bemerkbar machte!› Da sich aber kein anderes Lokal finden liess, das den Bedürfnissen besser entsprochen hätte, verblieb man vorläufig im ‹Breo›.

Solange der autoritäre Papa Glatz mit starker Hand als Präsident den Verein führte, war kaum ein wesentliches Abweichen von der ursprünglichen Zielsetzung festzustellen. Immer war als Mindestalter für den Eintritt das 14. Altersjahr

Der RTV im Jahre 1907. Der Verein zählte 60 Mitglieder, 12 Mitturner und 9 erwachsene Vorturner bei einem durchschnittlichen Besuch der Turnstunden von 32 Schülern. Photo Jacques Weiss.

erforderlich, und der Austritt aus der Schule hatte automatisch auch einen solchen aus dem Turnverein zur Folge. Im Bestreben, das Niveau im Verein in jeder Hinsicht zu bewahren, drängten sich gelegentlich kleinere *Statutenrevisionen* auf. So wurden 1897 die zur Förderung der Marschtüchtigkeit vorgesehenen drei Turnfahrten pro Jahr auf vier erhöht und bestimmt, dass die ersten 14 Tage der Sommerferien im Ferienheim auf der Alp Morgenholz zu verbringen seien, die allenfalls durch eine mehrtägige Alpenwanderung ersetzt werden könnten.

Im Jahre 1900 wurde sodann von den Mitgliedern verlangt, dass während des zweiten Akts jeder monatlichen Sitzung der Gesang gepflegt werden müsse, schriftliche Arbeiten vorgelesen werden sollten und freie Vorträge die Anwesenden zu bereichern hätten! Geradezu überwältigend wirkte die Massregel, dass während des ersten Aktes jeder Sitzung kein *Alkohol* getrunken werden dürfe und dass das *Rauchen* den Mitgliedern wie den Mitturnern untersagt sei. Diesem Beschluss vorausgegangen war ‹das Aufnahmegesuch eines 'Minervaners' in unsern Verein, das zu einer lebhaften Diskussion Anlass gab, aus welcher der Beschluss hervorging, dass Schüler, die einem Verein mit studentischen Gebräuchen und Trinksitten angehören, im Realschüler-Turnverein nicht Aufnahme finden können.› Entscheidenden Anteil an dieser selbst auferlegten Beschränkung in der Konsumation von Genussmitteln hatte ein Vortrag Eugen Blochers, des couragierten Verfechters der Abstinenz, der den heranwachsenden RTVern in tiefer Überzeugung die Schädlichkeit alkoholischer Getränke und des Nikotins vor Augen führte. Blocher brachte mit seinen asketischen Betrachtungen die jugendlichen Gemüter in heftige Wallung, denn ‹manche zeigten mit unhöflichem Lachen und abfälligen Geberden oder gelangweilten Gesichtern, dass sie mit den Behauptungen des Redners nicht einverstanden waren›. Es bedurfte schliesslich der einfühlsamen Vermittlertätigkeit Papa Glatz', der an sich einem Gläschen und einem Stumpen gar nicht abgeneigt war, damit das brisante Thema vernünftig diskutiert werden konnte und jeder sich in Ruhe eine eigene Meinung zu bilden vermochte. Ebenso dezidiert fielen die Äusserungen über das Rauchen aus, ‹da etwaige an Sitzungen anwesende jüngere Turner verführt werden könnten, und da der Rauch eine richtige Geselligkeit nicht aufkommen lasse›. Solche und ähnliche Argumente ebneten den Weg zu einer von den meisten Mitgliedern erwünschten ‹moralisch-sittlichen Vereinsführung›.

Der *Mitgliederbestand* setzte sich vornehmlich aus Schülern der Obern Realschule zusammen, dann aber auch aus einzelnen Schülern der Untern Realschule, des Gymnasiums (bis zur Gründung des Gymnasialturnvereins Anno 1882) und der Sekundarschule. Bei einer Mitgliederzahl von 10 Knaben im Sommersemester 1879 wies die Beteiligung an den Turnstunden mit 90% die höchste Quote auf. Die Tendenz, je mehr Mitglieder, desto geringer der Besuch des Trainings, bestätigte sich im Sommersemester 1911, als mit 102 Turnern nur eine Frequenz von 57% erreicht wurde. Auf regelmässige Teilnahme an den Turnstunden wurde grösster Wert gelegt. Wer unbegründet an sechs Abenden mit Abwesenheit glänzte, wurde gnadenlos aus der Mitgliedschaft entlassen. Nur Krankheit, schlechte Zeugnisnoten oder die Vorbereitung auf die Konfirmation rechtfertigten eine Dispensation! Ungehorsam gegenüber dem Vorturner, Unsauberkeit oder ‹einen frechen Latz führen› waren Gründe genug zu scharfen Verweisen mit Androhung des Ausschlusses. Aufgenommen wurden nur Bewerber, die sich eines guten Leumunds erfreuten. Auch ‹Kleinere und Schmächtige› fanden Berücksichtigung, da man ‹weder auf die Grösse, noch auf das Körpergewicht Wert legte, wie dies bei andern Vereinen der Fall ist, sondern andere und bessere Eigenschaften erhoffte›. Diese vorbildliche Aufnahmepraxis trug auch nach aussen sichtbare Früchte, belegten doch 1895 die 53 Realschüler, hinter dem mächtigen Bürgerturnverein, den zweiten Rang in der Basler Turnbewegung; der Akademische Turnverein zählte nur 12 Aktivmitglieder, die Turnsektion junger Kaufleute deren 38, der Turnverein christlicher Kaufleute 23, die Turnsektion der Zofingia 20, der Gewerbeschüler-Turnverein 10, der Gymnasial-Turnverein 28 und der Männer-Turnverein 20 regelmässige Teilnehmer an den Übungsstunden.

So einmütig und geschlossen sich die RTVer um ihr Banner scharten, so gespannt war das Verhältnis der Mitglieder zu denjenigen der *Konkurrenzvereine*. Besonders mit dem Gewerbeschülerturnverein lag man in arger Fehde. Ein schwaches Licht der Versöhnung hatte 1885 begonnen, zaghaft aufzuflammen, als eine ‹Vereinigung mit dem Gewerbeschülerturnverein möglich schien. Die Commissionsmitglieder waren sehr erfreut über den Vorschlag, doch zweifelten die meisten am Zustandekommen der gewünschten Verbindung. Es wurde nach langem Hin- und Hereden beschlossen, den Versuch zu wagen und mit der Commission des G.T.V. in nächster Zeit zu reden, denn offenbar ist der jetzige Zeitpunkt günstig, da die alten Feindseligkeiten aufgehört haben und nicht mehr der erbitterte Hass zwischen beiden Vereinen herrscht.› Doch im Ernst konnte dann von einer Fusion nicht gesprochen werden, denn die Verhandlungen erstickten im Keime. Und als wenig später Mitturner Roth seinem Verein mitteilte: «Da ich Mitglied des Gew.Sch.T. bin, kann ich nicht mehr bei ihnen bleiben.», vermerkte der Protokollführer lakonisch: «Wurde mit Vergnügen gestrichen!» Die unablässigen Bemühungen ‹des genannten Vereins› um Abwerbung tüchtiger RTVer versetzte die besorgte Vereinsleitung immer wieder in wilde Empörung. Und so bildete ‹die Art und Weise der Gewerbeturner, Mitglieder zu verführen und für sich wegzukapern› über Jahre hinweg ‹einen Stein des Anstosses und des Ärgernisses›.

1888 wurden die Beziehungen zur *Basler Turnerschaft* erneut deutlich umrissen. Im Zusammenhang mit den Einladungen zum Schlussfest wollte sich die Leitung klar werden, wie es in Wirklichkeit mit diesen ‹Verbindungen› stehe, und man einigte sich zu eingehender Klassifizierung: Einladungen ergingen ‹an die Natura, mit der wir ja stets eng verbunden sind. An den Academischen Turnverein, der stets grosse Interessen zu unserem Vereine gezeigt und aus dessen Schoss zwei unserer Vorturner hervorgegangen sind. An den Gymnasial-Turnverein, als Tochtersektion, die denselben Zweck verfolgt, wie wir. An den Bürger-Turnverein, damit das Verhältnis zwischen beiden Vereinen ein besseres werde. An den Turnlehrer-Verein, als Zufluchtsort, wenn es uns an Vorturnern gebrechen sollte. Basilea, Minerva und Pädagogia werden nicht eingeladen, weil sie gar kein Interesse an unserm Verein zeigen, im Gegenteil noch verächtlich und prahlerisch uns entgegentreten. Ebenso ergeht keine Einladung an den Gewerbeschüler-Turnverein, dessen Beziehungen zu uns nur feindliche sind und der nach Ausspruch eines ihrer Mitglieder nie freundschaftlich gestimmt sein könne! Der Turnverein Klein-Basel und die Turnsektion des Vereins junger Kaufleute, fallen, da sie keine Beziehungen zu uns haben, ausser Betracht.›

Die ‹streitbaren› RTVer scheuten auch den Kampf mit den Verbandsgewaltigen nicht und liessen es gar auf einen handfesten Krach ankommen: ‹Grosse Herren haben viele Neider. So auch der RTV. Nicht, weil er grossmächtig wäre, das nicht! Sondern weil er bescheiden und consequent seine Ziele verfolgt. Unter seinen Feinden ist besonders ein werther Basler Rector und das jetzige Präsidium des B.T.V.› Diese trübe Feststellung ist im Protokoll der Jahre 1887/88 nachzulesen. Die Ursache jenes Zwiespalts lag im Verhalten der Delegierten des RTV im *Kantonalturnverband* Basel-Stadt, dem der Verein seit 1886 angehörte. Die ‹Schulbuben› verhinderten damals durch eine mutige Stellungnahme die Wegwahl eines bewährten Kursleiters. Das ‹Umsturzprojekt› hatte den Ausschluss des RTV aus dem Verband zur Folge mit dem Hinweis auf die Schulordnung, die Schülern der 1. Klasse verbot, einem Verein anzugehören, der nicht der unmittelbaren Leitung eines Lehrers unterstand. ‹Nach dem Herausschmiss nahte sich der Baselstädtische Turnverband wieder zärtlich und cameradschaftlich, damit wir an ihrem 1. kantonalen Turnfeste theilnehmen möchten. Allein das liessen wir uns auch nicht bieten›, vermerkte der Chronist weiter und schloss mit sichtlichem Stolz: ‹Das Turnfest fand ohne den RTV statt und war sprenzlig genug.›

Sich des eigenen Werts völlig bewusst, unabhängig in der Meinungsbildung und gefeit gegen äussere Einflüsse, sicherten sich die RTVer in der Basler Turnerbewegung im Laufe der Jahre einen geachteten Platz, der von Papa Glatz und seinen vielen Getreuen, wenn immer notwendig, wie eine Festung mit letztem Einsatz verteidigt wurde. Eine spürbare Erschütterung hatte der Verein erst zu überstehen, als kritische Mitglieder ein Nachlassen der Spannkraft der sturmerprobten Gestalt Adolf Glatz' beobachteten, der in seinen Entscheiden nicht mehr so überlegen wirkte und die sich natürlicherweise immer wieder neu bildenden verschiedenartigen Strömungen nicht mehr problemlos zu kanalisieren vermochte. «Papa Glatz hat uns junge, fröhliche Turnerschar nicht mehr verstanden und wir konnten ebensowenig Papa Glatz verstehen. Viele Jahre, eine lange Zeit mit Wechsel und Wandel, standen zwischen uns. Herr Glatz am Anfang dieser Zeitspanne, wir am Endpunkt. Wenn zwei sich aber nicht verstehen, so bilden sich Missverständnisse.» So blieb es unvermeidlich, dass auch der RTV nach einer neuen Form suchen musste, die zum Fortbestand des angesehenen Vereins verhelfen konnte.

RTV-Lied

Wer trägt nicht froh und stolz bewusst,
Das Schwarz-weiss-schwarz auf seiner Brust!
Die Farben, die wir uns erwählt,
Von hohem Sinn sind sie beseelt.

Frisch, froh, frei, fromm sei Turnerart,
Die Unschuld mit der Kraft gepaart,
Sei unsrer Einheit sichres Pfand,
Das zeigt das Weiss an unsrem Band.

Der Lieb und Freundschaft sei geweiht,
Des Turners Herz zu jeder Zeit.
Das Schwarz am Bande zeiget frei,
Wir sind uns bis zum Tode treu.

Die Farben unsrer Vaterstadt,
Das Schwarz-weiss-schwarz ruft uns zur Tat
Drum Brüder in der Freundschaft Band,
Für unser ganzes Vaterland.

Dölf Niethammer, 1933

Auf neuer Grundlage

Der Reorganisation des Realschüler-Turnvereins lag weder die Absicht der Mitglieder, ein ausgelassenes Studentenleben zu führen, noch der Drang nach völliger Selbständigkeit zugrunde, sondern ganz einfach das Bedürfnis, beim Turnbetrieb der natürlichen Freude an Bewegung und Entspannung freien Lauf zu lassen. Trotz strammer Ordnung sollte ungebrochene Fröhlichkeit, verbunden mit fortschrittlicher Gesinnung, Turnstunden wie Ausfahrten und gesellige Anlässe prägen und dabei jugendlichen Ideenreichtum und tatkräftige Initiative zur Entfaltung bringen. Dass eine Führung, die festgefahrenem Absolutismus gleichkam, zur Erfüllung dieser klar formulierten Zielsetzung nicht beitragen konnte, blieb auch der Schulleitung, der sich die Turner nach wie vor verpflichtet fühlten, nicht verborgen. Und so durften die Schülerturner auch von dieser Seite Verständnis für eine grundlegende Neuordnung erwarten. Nie zur Diskussion stand, dass die Oberaufsicht weiterhin im Bereich der Schulleitung zu liegen habe. Ein Problem bot einzig die Besetzung des Postens des Präsidenten. Diese Schwierigkeit liess sich durch die Bildung eines sogenannten *Protektorats* lösen, dem ein Vertreter der Obern Realschule, ein Turnlehrer und ein ehemaliges Aktivmitglied angehörten. In erster Besetzung gehörten dem Patronat an August Frei, Dr. Emil Schaub und Arnold Tschopp. Die eigentliche Vereinsführung oblag nun einer Kommission, an deren Spitze ein Schülerpräsident stand. Die Verantwortlichkeit für den Turnbetrieb dagegen wurde einem von der Lehrerkonferenz der Obern Realschule gewählten Turnlehrer übertragen. An wesentlichen Neuerungen bestimmten die am 5. Dezember 1913 vom Rektorat und der Lehrerkonferenz der Obern Realschule genehmigten Statuten ausserdem, dass für eine Aktivmitgliedschaft die Schüler der zweiten und höheren Klassen der Obern Realschule und des Obern Gymnasiums zugelassen sind, als Mitturner dagegen die Schüler der ersten Klassen der Obern Realschule und des Obern Gymnasiums, ausnahmsweise aber auch solche der vierten Klassen der Untern Realschule und des Untern Gymnasiums. Wiederum ausdrücklich abgelehnt wurde die Angehörigkeit zu einem Verein, in welchem studentische Gebräuche und Trinksitten gepflegt werden. Ebenso untersagt blieb auch weiterhin das Rauchen und Trinken während des ersten Aktes der monatlichen Sitzungen. Damit waren die Grundlagen zu einem hoffnungsvollen Erblühen des Realschüler-Turnvereins geschaffen. ‹Und auch Herr Glatz, da er sah, dass sein teurer Verein gesund und munter weiterblühe, war vollkommen zufrieden und in keiner Weise gekränkt.› Die unumgänglich gewordene Amtsniederlegung von Adolf Glatz manifestierte nicht nur das Unabhängigkeitsdenken der Aktivitas, sondern auch die Anhänglichkeit unzähliger Schüler, die ihrem hochverehrten Lehrer und väterlichen Freund Zeit ihres Lebens in tiefer Dankbarkeit verbunden blieben. Unvergängliche Spuren des Glatzschen Wirkens zeichneten aber auch den Weg lebenslanger Freundschaften unter seinen ‹Zöglingen›, die, von Idealen ihres Vorbildes durchdrungen, gemeinsam die echten Werte menschlicher Gemeinschaft zu verwirklichen suchten. So war denn die Gründung eines *Altmitgliederverbandes* das spontane Ergebnis einer jahrelangen Entwicklung enger kameradschaftlicher Kontakte, die mit dem Rücktritt des symbolhaften Papa Glatz nach aussen einen Abschluss gefunden hatte. Der allumfassenden Kraft des geistigen Führers verlustig gegangen, galt es, sich zu formieren und vereint das kostbare Vermächtnis zu bewahren. Paul Kelterborn und Walter Bigler hatten keine Mühe, im Anschluss an eine Maturandenfeier am 2. Oktober 1913 in St. Jakob, die den Abschied aus dem Turnverein besiegeln musste, viele Freunde für die ‹Vereinigung alter Glatzlianer› zu gewinnen: ‹Von nah und fern sind sie in der Erinnerung an froh verlebte Stunden bei ernster turnerischer Arbeit oder auf freier Wanderung unserem Aufruf gefolgt, die alle Sorge tragen, dass auch heute jeder Turner sich Glatzlianer nennen darf.› Bereits das erste Vereinsjahr brachte einen Mitgliederbestand von 77 Mitgliedern, die Papa Glatz zu ihrem Ehrenpräsidenten ernannt hatten. Ihr er-

1914 zeigt die Formation des Realschülerturnvereins ein ungewohntes Bild: ‹Papa Glatz hatte sich aus Altersrücksichten genötigt gesehen, seine Stelle aufzugeben›, und deshalb fehlt er auf dem Gruppenbild.

klärtes Ziel war: ‹Dem aktiven Verein durch moralischen Einfluss die in langen Jahren bewährten Grundsätze zu erhalten, den Geist solider, turnerischer Arbeit vereint mit schlichtem, frohen Sinn zu fördern. Die Kommission des Verbandes wird der Leitung des R.T.V. mit Rat und Tat zur Seite stehen und in bestimmten Fällen auch finanzielle Unterstützung gewähren. Nicht zuletzt sollte der Verband auch der Geselligkeit dienen und die Bande der Kameradschaft und Freundschaft unter den ehemaligen Realschüler-Turnern enger knüpfen und auch für die Zukunft erhalten.› Die Entwicklung des Altmitgliederverbandes war von Anfang an erfreulich. Die Zahl der Mitglieder

verdoppelte sich schon nach wenigen Jahren, von denen sich viele (ab 1918) durch ein wöchentliches Training, wieder der Turnerei zuwandten. Der vitale Optimismus, der die Aktivmitglieder wie die Altmitglieder gleichermassen beseelte, hatte schon wenige Monate nach der Neugründung seine erste Zerreissprobe zu bestehen: ‹Der *1. Weltkrieg* ist über die Lande gebraust. Kaum konnte sich der RTV seiner Umgestaltung erfreuen, so türmten sich fast unüberwindliche Schwierigkeiten dem Vereine entgegen, der in seinen neuen Schuhen die ersten Schritte versuchen wollte. Die Vorturnerschaft befand sich ganz oder zum Teil im Militärdienst und wechselte daher von Quartal zu

> wurzeln und sich von neuem aufs beste entwickeln können.›

Die Neuorganisation hatte dem Verein, wie der Chronist zu vermerken wusste, offensichtlich gutgetan. Wenn der Berichterstatter diese Feststellung durch die Akten zu erhärten versucht, bleibt ihm allerdings nicht verborgen, dass oft Nachlässigkeit die Glatzsche Strenge ablöste: Die Protokolle entbehren der Ausführlichkeit, die Vordergründigkeit idealisierter Menschlichkeit beginnt zu verblassen und der ‹Schrei nach Ordnung› ist nicht ohne weiteres zu überhören. Auch das gewohnte Vereinsleben hat zunächst keine wesentlichen Veränderungen erfahren. Immer noch beherrschte die Sorge um einen gutbesuchten Turnbetrieb die Szene; mit einer ‹schwarzen Liste für Abschusskandidaten› verschaffte sich die Vereinsleitung den nötigen Respekt. Das von den Verantwortlichen dekretierte ‹Sparsystem› erzeugte Mangelerscheinungen in der Materialkiste und liess auf die Dauer eine Erhöhung der Mitgliederbeiträge nicht vermeiden. Die einst so beliebten Turnausfahrten verloren an Popularität und wurden seltener durchgeführt, als Ersatz kamen ‹Schnitzeljagden› gross in Mode.

Dem *Stiftungsfest* wurde nach wie vor grösste Aufmerksamkeit geschenkt, was ernsthafte Vorbereitungen jeweils unterstrichen. 1920 musste das ‹41. Stiftungsfest des RTV verschiedener Umstände halber auf den Herbst verlegt werden. Nach den allgemeinen Freiübungen wurde zuerst das Kunstturnen, bestehend aus einem grossen und kleinen Wettkampf, erledigt; darauf folgte das volkstümliche Turnen. Während beim ersten mehr die Geräte Berücksichtigung fanden, trat bei letzterem das Kugelwerfen und -stossen und das Steinheben in den Vordergrund, bei beiden Turngattungen wurde dem Springen und Laufen besondere Aufmerksamkeit geschenkt. Spezialturnen, worunter Stab-Hochspringen und 400-Meter-Lauf, und ein Staffettenlauf hin und zurück zwischen zwei vorher ausgeschiedenen Mannschaften schlossen den turnerischen Teil des Festchens ab. Der Abend war der Geselligkeit gewidmet. Der grosse Saal im alten Warteck war bald bis auf den letzten Platz von alten und jungen Glatzlianern und ihren Angehörigen besetzt. Orchestervorträge, Stabwinden, humoristische Produktionen, Fahnenschwingen, Theater und Pyramiden sorgten für Unterhaltung, wie wir sie im RTV schon lange

---

KANTONALTURNVERBAND BASEL-STADT

IV. TURNTAG

Der Realschüler-Turnverein erhielt im

SCHLAGBALL

unter 6 Mannschaften den 2. Rang.

BASEL, 12. September 1915.   FÜR DAS KAMPFGERICHT,
DER AKTUAR: DER PRÄSIDENT:

Quartal. Dann waren wieder die Turnhallen von Militär belegt. Dann die Grippe, die ihre Opfer forderte und sich wie ein Gespenst hinter die Freude der Gesunden stellte: monatelang musste der Turnbetrieb eingestellt werden. Und endlich die Kohlennot, welche die Schliessung der Turnhalle zur Folge hatte und den Verein trotz Kälte auf den Turnplatz wies. Mit grimmiger Gebärde trat die Zeit dem Vereine entgegen. Gewiss, er ist nicht ohne Wunden aus dem Kampfe hervorgegangen. Aber er hat tapfer ausgehalten und ein Häuflein Getreuer geht guten Mutes dem 40. Stiftungsfeste entgegen. Die Reorganisation hat bei dieser unerwartet schweren Belastungsprobe standgehalten. Wir haben die Zuversicht, dass sie dem RTV in einem neuen friedlicheren Dezennium den Boden gibt, in dem seine Kräfte sicher

RTV-Läufer auf der Schützenmatte am Basler Spiel- und Stafettentag 1924. Zur Mannschaft gehörten u.a. Traugott Buser, Hans Scholer und Lux Zeuggin.

nicht mehr erleben konnten. Im Mittelpunkte des Ganzen stand natürlich die Verkündung der Rangordnung. Alle Turnenden konnten mit Preisen beschenkt werden, dank der neuen Anhänglichkeit der vielen Freunde des Realschülerturnvereins. Rasch vergingen die fröhlichen Stunden. Das 41. Stiftungsfest des RTV hat von neuem bewiesen, dass der von Papa Glatz gegründete Verein seine Aufgabe: Pflege gesunder Körperübung in Verbindung mit unverdorbener Jugendfröhlichkeit voll erfüllt.›

Die rein *geselligen Anlässe* folgten dem Stil der Zeit und entwickelten sich zu rauschenden Bällen und grossen Bunten Abenden im Stadtcasino oder in der Mustermesse. Wenn wir berücksichtigen, dass pro Jahr mitunter gar zwei gesellschaftliche Grossereignisse mit anspruchsvollem Programm aus eigenem Boden, wie Anno 1926, stattfanden, dann wird die Verlagerung der Bedürfnisse – Aufschwung gesellschaftlicher und musischer Betätigung als Kompensation zum Niedergang körperlich anforderungsreicher Turnausfahrten – deutlich. Das ‹Offizielle Comuniqué zum Ball› des genannten Jahres lässt uns die Stimmung der RTV-Festivitäten von damals miterleben: ‹Also, Gott sei Dank, er ist endlich gewesen, der Ball nämlich. Er scheint sogar einigen Erfolg gehabt zu haben. Was Schreiber dieser Zeilen so unter der Hand von verschiedenen Ballbesuchern hörte, war nur Gutes. Nun, die Produktionen? Mit besonderem Beifall wurden bedacht die Fechter, die Fahnenschwinger. Sodann die italienischen Scalasänger und dann die famosen Zirkusleute. Im übrigen gefielen die Marmorgruppen, leider zu wenig lange gezeigt. Tadellos war das Orchester, das 3 Stücke mit Schwung und Schmiss darbot. Ein Geigen- und Klaviervortrag, sowie ein Chopinstück trugen weiterhin zum Gelingen bei. Die Tombola war ein Bombenerfolg, für die Kasse ist nichts zu befürchten. Verfasser dieser Idylle schätzt das Benefiz auf ca. 150–200 Franken.›

Kaum hatten die Eindrücke an den ‹Ball› ihre frühlingshafte Farbigkeit verloren, musste schon an die Gestaltung des herbstlichen ‹Bunten Abends› gedacht werden. Auch hier wurde nichts dem Zufall überlassen, denn Misserfolg hätte öffentliches Ansehen schmälern müssen und finanzielles Aufkommen gewichtiger erscheinen lassen. Und solche Einbussen galt es im RTV aus Prinzip in jedem Fall zu vermeiden! Vernehmen wir

Der RTV 1915: ‹Der Frühling hatte mit aller Pracht eingesetzt. Ein jeder sehnte sich aus der engen Turnhalle hinaus auf den weiten Rasenplatz am Viadukt, um sich dort in der angenehm kühlen Abendluft für einige Zeit der turnerischen Arbeit und dem Spiele zu widmen. Im Turnbetrieb hatte eine merkliche Veränderung um sich gegriffen. Während in früheren Jahren Reck und Barren die Hauptanziehungspunkte für die Mitglieder bildeten, blieben sie im Laufe der Abende mehr und mehr leer. Das althergebrachte, von einer mehr oder weniger straffen Disziplin geleitete Geräteturnen schien seinen Reiz zu verlieren. An seine Stelle traten die volkstümlichen Übungen immer stärker in den Vordergrund. Nach ziemlich stürmisch verlaufenen Auseinandersetzungen wurde beschlossen, in Zukunft neben den Geräten das volkstümliche Turnen mehr zu pflegen. Neu eingeführt wurde die obligatorische Riegenprüfung für alle Mitglieder. Sie soll bei Beginn eines jeden Semesters durchgeführt werden. Nach dem Riegenturnen bildete sich regelmässig eine Gruppe von Spielern, um sich im Schlagball zu üben; eine andere verlegte sich auf den Faustball, um dann an dem in Bern stattfindenden Wettkampfe der schweizerischen Schulen in Ehren zu bestehen.›

einmal mehr des Chronisten Wort bildhafter Beschreibung: ‹Wenn auch das Benefiz des Abends kleiner war, als das vom letzten Jahr, so ist doch der Abend selbst entschieden noch gelungener, noch gerissener gewesen, als der letztjährige. Die Erfahrungen vom letzten Bunten Abend konnten verwendet werden. Unsere Leute fangen an, Routiniers auf Parkett und Bühne zu werden. Fabelhaft war die Revue: Radio-Basel-Welle-1000, Pharaonensargträume, Mumientänze, Forschertragödien und charlestonzappelnde Negergirls-Tänze. All das hatte Osi Wagner ausgezeichnet mit Musik und Jazzklängen zu einem Ganzen vereinigt, das bei allen Zuschauern lebhaften Beifall auslöste. In der Pause wirkte der Conférencier Altmitglied Hans Philippi mit mehr oder weniger Witz, aber um so grösserer Technik und Routine. Als Solisten erfreuten die Herren Werthemann (Flügel) und Fischer (Cello). Herr Rektor Dr. Max Meier erfreute ebenfalls mit einer wirklich sehr freundlichen Ansprache, in der er unserm Verein ein wundervolles Kränzchen wand. Das Lob unseres Abends aus dem Munde des Schulleiters darf uns gewiss ein Zeichen dafür sein, dass die Schule wieder mehr Verständnis aufbringt, als dies wohl zu gewissen Zeiten der Fall war. Als weitere Produktionen sind zu nennen ein Kugelreigen (einstudiert von Herrn Küng), eine Messbudengeschichte mit einem lebenden Orang-Utan der Gebrüder von Bidder und zum Schluss, weniger Produktion als Geschäft, die Tombola (um deren Organisation die Familie Bächlin sich sehr verdient gemacht hat). Und dann spielte Karl Meier mit seinen Jazzbrüdern zum Tanze auf: Wer bisher etwa noch nicht in Stimmung gekommen war, den brachten gewiss die schneidigen Rhythmen herum.›

Abgeschlossen wurde die ‹Ballsaison› jeweils mit einem gemütlichen Sonntagsbummel, ‹einem Märchen in Wirklichkeit›, wie ihn ein zuständiger Reporter frohgelaunt bezeichnete: ‹Da draussen vor den grauen Mauern der alten Stadt liegt ein romantisches Dörfchen, Pratteln genannt. Dort pflegen gewisse Brüder ihren Bummel abzuhalten,

Vor dichtbesetzten Zuschauerrängen fand 1924 auf der Schützenmatte auch das Baselstädtische Kantonalturnfest statt. Die Farben des RTV vertrat im 800 m Lauf Hans Schiffer (zweiter v.l.). Photo Dierks.

aber auch bessere Leute, z.B. RTVer. Wir rückten demnach mit Kind, Kegel und Familie im Ochsen ein und, o Wunder: Ein feenhaft dekorierter leerer Saal mit verhängter Bühne und zerfallenen Galerie! Dass Jazz vorzüglich, Parkett (garantiert Tannenholz) tadellos. Herz, was willst du noch mehr? Antwort: Hasen. Warum? Antwort: ca. 10 Exemplare zuwenig. Na, s'ging auch so, mit Vorbestellung natürlich. Glänzende Farben, Couleur: je ein Jurasse und ein Schwyzerhüsler, dann ein Alemann in Civil, 3 Floraner und einige Skifahrer mit rotleuchtenden Behauptungen. Stimmung tadellos, etliche Cantus, davon einer danebengehauen. Besonders interessant war ein junger Schriftsteller, der nach ergiebigem Training in einem Stuhl in Begleitung von zarten Musen seine ersten Schritte wagte. Im Nebenprogramm: eine gelungene Polonaise ohne Unfälle, sodann zwei gerissene Exkisi-Tänze und eine ver... Damenwahl. Eine musikalische Heimfahrt, uns noch in lebhafter Erinnerung, war den braven Leuten noch beschieden, und im übrigen empfehle ich in absehbarer Zeit eine Wiederholung dieser Turnfahrt.›

In seinen Grundfesten bedroht fühlte sich der RTV im Jahre 1919, als das Rektorat der Obern Realschule die Einführung eines obligatorischen *Spiel- und Sportnachmittags* verfügte. Im Rahmen der normalen Unterrichtsstunden turnen und spielen zu können, erschien einer bedrohlich grossen Anzahl von Mitgliedern verlockend genug, die Vereinstätigkeit aufzugeben und es bei gymnastischen Übungen während der Schulzeit beschränken zu lassen. Der Altmitgliederverband erkannte sogleich, dass durch diese ‹zeitgemässe Errungenschaft auf dem Gebiete der harmonischen Zusammenarbeit von Körper und Geist› die Existenzberechtigung des RTV in Frage gestellt sein musste. Der Verein, der ‹sich jetzt auf einem Punkt höchster innerer und äusserer Schwäche und Zersetzung befindet›, durfte um keinen Preis einen weiteren Aderlass hinnehmen. Die Schulleitung verschloss sich auch denn den stichhaltigen Argumenten für eine umgehende Sistierung, die der Lehrerkonferenz eindrücklich vor Augen geführt wurden, nicht, und es blieb bei einer einmaligen Durchführung durch die Schule. In weiser Einsicht wurde die Organisation der Spielnachmittage fortan dem RTV übertragen, der sich denn auch durch tadellose Teamarbeit des erwiesenen Vertrauens rechtfertigte. Der *Turnbetrieb* zeigte nun immer mehr eine Tendenz zum sogenannten volkstümlichen Turnen mit Steinheben, Kugelwerfen, Kugelstossen, Hochsprung, Weitsprung und Schnellauf. Dadurch verlor das Geräteturnen zusehends an Boden. Die Abkehr von der harten Einzelausbildung im Filigranwerk des Kunstturnens brachte aber auch ein deutliches Hinwenden zum Spiel. Das spielerische Element rollte das Feld der ‹seriösen Turner› gleichsam von hinten auf und überführte es mühelos in die Arena spannender Wettkämpfe, die in direkter Auseinandersetzung den heissen Atem des Gegners hautnah verspüren liessen. Faustball und Schlagball genügten solchen Vorstellungen nicht mehr in vollem Umfange.

Das *Handballspiel* vermochte (nach der erstmaligen Teilnahme an der kantonalen Handballmeisterschaft 1922) solchem Bedürfnis besser zu entsprechen. Kleinen Erfolgen im neuen Lieblingssport der RTVer reihten sich grössere an, bis 1929 der erste Triumph gelang: ‹Ihm wollen wir eine kurze Betrachtung widmen, denn er hat es verdient! Es hatten sich 12 Mannschaften angemeldet (Vorjahr nur 7!), welche durch das Los in zwei Gruppen geteilt wurden! Unsere Gruppe: Abstinenten I, ATV III, Akademiker, Jüdischer TV, Amicitia II, RTV. In den 5 Spielen der sogenannten Vorrunde erspielten wir folgende Resultate: RTV-ATV I = 1:5, RTV-ATV III = 4:0,

Alfi Sutter beim Kugelstossen am Stiftungsfest 1925: «Der 27. Juni brachte uns endlich den grossen Tag. Am Vormittag hatte es zwar ein wenig geregnet, jedoch am Nachmittage konnte man mit dem Wetter zufrieden sein. Wenn auch nicht durchwegs neue Vereinsrekorde aufgestellt wurden, so kann man doch von guten Leistungen sprechen. Die Freiübungen klappten so ziemlich, abgesehen von einigen Unregelmässigkeiten der jüngeren Generation. Auch hatten sich Freunde und Gönner des RTV in befriedigender Anzahl eingefunden. Das gute Publikum hatte jedoch etwas Mühe, sich mit der Strenge der Disziplin während der Läufe zu befreunden, so dass es da und dort Zwischenfälle absetzte. Das vorgeführte Faustballspiel zeigte gute Einzeltechnik.»

RTV-Akademiker = 0:1, RTV-Amicitia II = 4:1, RTV-Jüdischer TV = 5:1. Rangliste: 1. ATV I = 10 P, 2. Akademiker = 8 P, 3. RTV = 6 P. In den andern Gruppen waren die ersten drei Mannschaften: 1. Kaufleute, 2. Amicitia I, 3. ATV II. Diese sechs Mannschaften kamen in die Endspiele, welche im Frühling 1929 bestritten wurden! Und damit begann auch unsere ruhmvolle Tat: Es war ein Zustand wie in der Ekstase, in der wir alle waren. Es war wie eine Entfesselung, die alle Bande bricht! Es war ein Rausch über allen Räuschen, wo schlechthin alles zerschmettert wird, was in den Weg kommt! Es war ein Sieg mutvoller Jugend über untergehende Tradition, es war ein Kampf voll Härte und Stolz, voll Kraft und Mut! Wir wollen hier nur Resultate der Endspiele melden: RTV-ATV I = 6:2!, RTV-ATV II = 5:1, RTV-Kaufleute = 1:0, RTV-Akademiker = 3:0, RTV-Amicitia I = 4:1. Rangliste: 1. RTV = 10 P, 2. ATV I = 7 P, 3. ATV II = 6 P, 4. Kaufleute = 5 P, 5. Akademiker = 2 P, 6. Amicitia = 0 P. Wir erhielten den Wanderpreis des Kantonalturnverbands nicht, weil wir nicht im KTV sind. Aber das macht ja nichts! Wir haben nicht für einen Zinnteller gespielt, ganz sicher nicht! Wir haben nur gekämpft, gerungen, mit ganzer Kraft, mit voller Freude, und vor allem, zusammen gekämpft, und darum haben wir in aller Gerechtigkeit auch gesiegt! Einer, der auch dabei war: Werner Lanz.›

Neben dem Handball etablierten sich zwei weitere Sportdisziplinen im RTV: Vorunterricht und Ski. Auf Vorstandsbeschluss vom 11. Juni 1921, endlich einmal den Turnerischen *Vorunterricht* anzumelden und durchzuführen, sichert auch der RTV eine regelmässige Teilnahme an den noch wenig beliebten militärischen Vorbereitungskursen zu. Diese fanden anfänglich auf der Matte beim Pumpwerk statt und bestanden aus Hantelheben, Weitsprung, Schnellauf und Fahnenlauf. Mit einem Spiel und einer kleinen Preisverteilung wurde die Einsatzbereitschaft belohnt. Das erste *Skirennen* hätte 1927 am Gerspacherhörnli oder auf der Waldweide abgehalten werden sollen. Doch erst ein Jahr später beschlossen endgültig ‹etliche Skisport treibende Mitglieder gemeinsam ein Häuschen, die Weihnachtsferien über, zu mieten, um Wintersport zu treiben›. Auch mit dem *Fussballspiel* hatte sich der Vorstand wieder zu befassen. Im November 1919 gelangte nämlich die aus dem Verein hervorgegangene ‹Fussballvereinigung› an die Kommission, mit dem Begehren, eine eigene Sektion zu gründen und den Namen ‹RTV› abzulegen, ‹weil niemand von uns etwas vom Fussballspielen verstehe›. Die Fussballer waren bereit, mit den Turnern während des Sommers gemeinsam zu trainieren, wofür ‹sie aber ihr gesamtes Material (Leibchen und Bälle) von unserer Kasse bezahlt haben wollten›. Dann aber wünschten die Fussballer auch Dispensation von jeder andern Vereinstätigkeit. ‹Der Hauptgrund, dass sie nur Sport treiben wollen, ist der, weil die ganze Gesellschaft Angst vor dem Turnen hat, sonst wäre auch nicht die Bemerkung gefallen: 'Turnen sei Militärismus'. Da man sich nicht verständigen konnte, wurde von weitern Verhandlungen Abstand genommen.› Die Auffassungen

---

Unsere Schüler brauchen auch nicht immer in den ersten Rängen zu stehen. Die Hauptsache ist, dass sich die Realschülermannschaft ehrlich und aufopfernd geschlagen hat.
Willy Tschopp, Präsident, 1930

Der RTV – wieder mit Lorbeerkranz – im Festzug am Kantonalturnfest 1924. Es erregte allerhand Aufsehen und brauchte eine besondere Bewilligung, dass der Verein beim Marsch durch die Strassen der Rheinstadt in schwarzen und kurzen Turnhosen teilnehmen konnte.

über die Funktion eines Sportvereins waren zwischen Fussballern und Turnern offensichtlich zu unterschiedlich!

Die Bemühungen mit andern *Sportvereinen* bewusst in gutem Einvernehmen zu leben, blieben nicht ohne Erfolg. So liess der Bürgerturnverein den RTV Anno 1922 wissen, dass er im Hinblick auf die freundschaftlichen Beziehungen dem Gesuch um Benützung des Spielfeldes an der Margarethenstrasse an Mittwochnachmittagen gerne entspreche und zwar ohne Kostenfolge! Auch der um die Mitte der 1920er Jahre erstmals durchgeführte Wettkampf gegen den Gymnasialturnverein entwickelte sich zu einer schönen Tradition. Dabei aber spielte nicht der sportliche Leistungsvergleich die entscheidende Rolle, sondern die anschliessende Möglichkeit zur Pflege der Kameradschaft. Dass mitunter fröhliche Sprüche die Runde machten, gehörte zur Sache. Und so war auch die Nebenbemerkung zu verstehen: ‹Die Organisation lag diesmal beim G.T.V. Bis auf einige Kleinigkeiten klappte es trotzdem!› Auch zur Anschaffung eines neuen ‹Kantonsprügels› wurde durch den GTV, die Pädagogia und die Concordia freundschaftlich Hand geboten, doch musste aus finanziellen Gründen ein anderes Liederbüchlein angeschafft werden.

Die Voraussetzungen für ein würdiges *RTV-Jubiläum* waren solchermassen 1929 gegeben, und so herrschte am 21. September ‹auf den Plätzen des Kantonalturnverbandes reges Leben, massen sich doch gegen 100 junge, frische Leute in friedlichem Wettkampfe und zeigten, dass es um den turnerischen Nachwuchs gar nicht schlecht bestellt sei. Unter Meister Hans Küngs Leitung marschierten unsere wackern Kämpfer ihre Ehrenrunde, um uns nachher eine Gruppe von Freiübungen vorzuführen, die an Schmiss und Rasse keinen Wunsch offen liessen. Nach dieser Gesamtübung begannen 58 Realschüler und Gymnasiasten der Oberstufe und 28 der Unterstufe um den Sieg im Fünfkampf zu ringen. Lauf, Weitsprung, Hochsprung, Kugelstossen und Schleuderballwurf, die fünf obligatorischen Übungen, ergaben sehr gute Resultate.

Quer durch Pratteln, 1931. Fünfter v.l.: der RTVer Max Jenne, späterer Kreiskommandant des Kantons Basellandschaft.

Auch im Einzelwettkampf (Gerätewettkampf, Pferd, Hürdenlauf, Diskuswurf und 600-Meter-Lauf) bewiesen unsere Jungen, dass sie viel gelernt haben. In der darauffolgenden 100-Meter-Stafette liefen neun Mannschaften recht gute Zeiten. Der Abschluss des durch Herrn Küng glänzend organisierten Festes bildeten ein Faustball-, ein Korbball- und ein Handballspiel. Der Abend versammelte die Glatzlianer zur Preisverteilung, Fahnenweihe und zu einem frisch-fröhlichen Unterhaltungsbetrieb in den Räumen des Gundeldingerkasinos. Mit einem prächtigen Fahnenschwingen wurde der Abend eröffnet. Hierauf erfolgte die feierliche Weihe der neuen Fahne durch Herrn Küng. Herr Rektor Dr. Meier sprach im Auftrage der Regierung und der Realschule, und Herr Dr. Salvisberg im Namen der alten Glatzlianer. Besonders erwähnt sei noch die verdiente Ehrung der alten Oberturner, der Herren A. Frei, A. Tschopp und H. Küng. Und was uns dann die Jungen an Produktionen zeigten, war einfach glänzend. Dass sie nicht nur auf dem Rasen ihren Mann zu stellen vermögen, bewiesen sie durch Tanzbeinschwingen bis in den dämmernden Morgen.› An den Jubiläumsfeierlichkeiten hatte sich auch der Hohe Regierungsrat vertreten lassen, weil ‹es sich beim Realschülerturnverein um eine bedeutende Institution handelt, für die der Staat den Initianten Dank weiss.› Dieser Dank fand auch einen materiellen Niederschlag, indem die Regierung dem Verein ‹mit Rücksicht auf die hohen Kosten dieser Veranstaltung und der Wettkämpfe› einen Beitrag von Fr. 100.- überwies.

Die festliche Begehung des 50. Stiftungsfestes vermittelte nach innen wie nach aussen den Eindruck einer intakten Turngemeinschaft, die auf solider Basis die Erfüllung ihrer Ziele weitgehend erreicht zu haben vermeinte. In Wirklichkeit knisterte es jedoch seit Jahren unaufhörlich im Gebälk der sportbegeisterten Schülerschaft. Der Altmitgliederverband wollte denn auch die Oberleitung des RTV in den Händen eines *Präsidenten* wissen, der dieses Amt während mehreren Jahren zu versehen in der Lage wäre. Es sei einfach nicht mehr möglich, dass sich ein Schüler unter seinesgleichen den nötigen Respekt verschaffen könne, und des-

Jakob Wüthrich (1888–1958), kerniger Vorturner und mitreissender Leiter auf Alp Morgenholz, als Kranzturner um 1913.

halb fehle es an alter Zucht und an altem Geist. Die Altmitglieder zögerten keinen Moment, dem Wunsch ihrer Vorgänger zu entsprechen. Damit das Vorhaben aber in die Tat umgesetzt werden konnte, bedurfte es einer geeigneten Persönlichkeit, und eine solche liess sich im Moment nicht finden. Nun ergriffen wieder um das Wohl des Vereins ernsthaft bemühte Altmitglieder die Initiative: ‹Am Abend des 1. Juni 1929 fanden sich ca. 18 Aktive und Altmitglieder unseres Vereins im Helm ein. Herr Küng eröffnete die Sitzung, indem er in einer kurzen Ansprache den Sinn und den Zweck einer Sektion A.M. des R.T.V. erörterte. Der Redner war erfreut, dass sich der Wille zu einem Zusammenbleiben auch nach der Schule weiter entwickelte. Über Material und Trainingsmöglichkeiten soll man sich vorderhand mit den Aktiven einigen. Es soll auch eine gemeinsame Handballmannschaft entstehen. In der Diskussion zeigt sich ein erfreulicher Geist bei unsern jungen Altmitgliedern. Einige wenige, die bereits in andern Turnvereinen sind, fühlen sich dort nicht recht wohl. Sie möchten lieber wieder schwarz-weiss-schwarz am Bande tragen. In der Abstimmung wird einstimmig die Gründung einer Sektion A.M. des R.T.V. im Prinzip beschlossen.›

Eine wirksame Unterstützung durch die Aktivsektion der Altmitglieder wollte indessen seine Weile haben. Das Interesse am Verein, der ‹müde, ungenügend geführt, langweilig und ohne Initiative mitsamt dem Altmitgliederverband langsam einschlief›, schwand unaufhörlich dahin. Die Reorganisation des Baslerischen Schulwesens trug Unsicherheit in die Mitte der Schülervereine und brach die Kadenz des kontinuierlichen Mitgliederzuwachses. Nach aussen wurde der Wandel durch eine Namensänderung sichtbar, firmierte der Verein nun unter ‹RTV 1879› (Sportverein der obern Mittelschulen). Als dann aber trotzdem nur noch gegen 12 Mitglieder die Turnstunden besuchten, erhielten die Befürworter einer schon längst in der Luft schwebenden Fusion enormen Auftrieb. Auf Vorschlag von Dr. Erich Dietschi, der sich 1930 dem RTV als Vorturner zur Verfügung stellte, wurde die Gründung eines Baslerischen Mittelschul-Turnvereins ins Auge gefasst, dem sich auch der Gymnasialturnverein anschliessen sollte. Gemeinsam mit dem Abstinententurnverein erschien so eine erfolgversprechende Bekämpfung der ‹Auswüchse in der heutigen Sportbewegung› möglich. Die Rektoren der Handelsschule und des MNG erteilten einmütig ihren Segen. Doch die Altmitglieder, immer noch bestrebt, die Eigenständigkeit zu wahren, vermochten sich am ‹Traumgebilde› Dietschis nicht zu erwärmen. Dies hatte zur Folge, dass sich der ‹Reformer› enttäuscht vom RTV abwandte und unter Zuzug von schulentlassenen Realschulturnern den Sportclub Rotweiss gründete.

So beunruhigte die *Existenzfrage* weiterhin die Gemüter besorgter RTVer. Zur Aufrechterhaltung des Sportbetriebs aber reichten die Kräfte nicht mehr aus. Der RTV schien seinem Ende entgegenzuerbeln. Der Sportclub Rotweiss, der ungeduldig eine machtvolle Entwicklung erwartete, stand als Erbe bereit. Einen solchen Untergang des altehrwürdigen RTV im Antlitz unfassbarer Hilflosigkeit und Resignation konnte sich der Präsident des Altmitgliederverbandes, Dr. W. Bigler, nicht vorstellen. Er führte dies den 23 Mitgliedern und den 2 Altmitgliedern, die am 3. Oktober 1931 in einer gründlichen Aussprache über die Zukunft des RTV beratschlagten, klar vor Augen, indem er

Der Sport-Club Sparta, 1. Zusammenkunft am 30. Mai 1931 hinter dem Eglisee. V. l.: Kurt von Büren, Hans Hablitzel, Felix Suter, Rudolf Voellmy, Heinz Ullmann, Heini Degen, Georg Schröder, Werner Wieser und Max Spindler; alles Schüler der Klasse 5a des Realgymnasiums.

sich ‹in sehr scharfen Worten gegen eine Vereinigung des RTV mit Rotweiss› wandte. Die nachfolgende Abstimmung ergab ein ebenso deutliches Ergebnis. Mit allen gegen zwei Stimmen lehnten die Anwesenden eine Fusion mit dem Turnverein von Dr. Dietschi ab, ‹womit das Übel beseitigt sein dürfte!› Beseitigt war, wohl zumindest vorläufig, das von heftigen Emotionen durchdrungene Problem der Fusion, nicht aber die Frage des Weiterbestehens. Obwohl jegliche Vereinstätigkeit nun während Monaten völlig erlosch, wurde keine Möglichkeit ausser acht gelassen, die eine Erstarkung hätte bringen können.

Die Früchte beharrlicher Bemühungen um einen Neuaufbau blieben schliesslich denn auch nicht aus: ‹Der Sportclub Sparta, ein im Mai 1931 gegründeter Schülerturnverein, mit vielen tatenfrohen Mitgliedern, und der RTV 1879 mit seinen Altmitgliedern und einer ziemlich grossen Kasse, taten sich zusammen, und so entstand der *neue RTV.*› Die konstituierende Sitzung des neuen Vereins fand am 28. Oktober 1932 im De-Wette-Schulhaus statt. Anwesend waren die beiden Altmitglieder Dr. Walter Bigler und Dr. Albert Bieber, vier Vertreter des Sportclubs Sparta (Max Blattner, Hans Hablitzel, Felix Suter und Werner Wieser) sowie fünf Vertreter des RTV (Max Hänni, Werner Leibundgut, Karl Rickert, Guido Strebel und Walter Wirz). Die sachlich geführten Beratungen waren schon nach einer halben Stunde zu einem guten Abschluss gekommen: Dr. Bieber übernahm die sportliche Leitung unter der Bedingung, dass ernster Wille, etwas zu leisten, vorhanden sei. Und der ‹bewährte Name RTV, der viele Vorteile bietet›, wurde beibehalten, was ‹dem SCS hoch anzurechnen ist›. Überzeugter Einsatz im Dienste sinnvoller Jugenderziehung und unbeugsamer Wille zum Durchhalten hatten über despektierliche Bequemlichkeit und hintergründigen Zweckpessimismus den Sieg davongetragen: Das sturmerprobte Banner des RTV flatterte wieder im Aufwind!

Massgebenden Anteil im Wiederaufblühen des RTV kam Albert Bieber zu, der einflussreich die Fusionsverhandlungen vorangetrieben hatte. Von ihm sind die Stationen der Neugeburt informativ aufgezeichnet worden: «Im Herbst 1932 hatte mir unser Altmitglied Arnold Tschopp, damals Lehrer am Realgymnasium und langjähriger Betreuer des Realschülerturnvereins, das Tagebuch eines kleinen Sportclubs, des S.C. Sparta, in die Hände gespielt, der in einer Klasse des R.G. dank der Initiative einer Schülergruppe entstanden war. Gleichzeitig wies Herr Tschopp auf die unhaltbare Lage des Realschülerturnvereins hin, dessen beste Mitglieder zum aufstrebenden Sportclub Rotweiss abgewandert waren, da sich kein Mensch mehr um den RTV kümmerte. Nach kurzer Bedenkzeit versuchte ich, eine Fusion zwischen den Resten des Realschülerturnvereins, er verfügte über 3 Mitglieder und 400 Franken Vereinsvermögen, und dem SC Sparta herbeizuführen, die nach Überwindung einiger Schwierigkeiten – ich vermute, hauptsächlich im Hinblick auf die 400 Franken – auch gelang.»

Sturm und Drang

Der von Albert Bieber neuerweckte RTV bestand das Bewährungsjahr seiner Wiedergeburt glänzend. Wie die 43 ‹Grossen›, so übten sich auch die 35 Mitglieder der Jugendriege, die nun (neben den Altmitgliedern) ein drittes Glied in der RTV-Organisation bildete, mit Schwung in der Pflege der traditionellen turnerischen und spielerischen Disziplinen. Die sportlichen Leistungen, die schon ein Jahr später am 54. Stiftungsfest erbracht wurden, fanden in der Presse hohe Anerkennung und vermittelten die notwendige Zuversicht für die weitere Aufbauarbeit. Auch die Schulbehörden waren froh, dass ‹im RTV wieder etwas läuft› und liessen es an wirkungsvoller Unterstützung nicht fehlen. Als Motor dieser Aufwärtsbewegung agierte pausenlos Dr. Albert Bieber. Wenn notwendig Oberturner, Handballeiter, Materialchef und Sekretär in Personalunion, stellte er seine Freizeit ganz in den Dienst des RTV. Keine Arbeit war ihm zuviel, damit sein Verein wieder auf Erfolgskurs kam. Wie Papa Glatz selig, so war auch er um das persönliche Wohl der Mitglieder mit beispielloser Einsatzfreudigkeit besorgt. Und gerade diese hervorstechende Eigenschaft war es, die den RTV wieder zu Kräften brachte. Das Prinzip des Schülerturnvereins hochhaltend, gliederte Bieber den Verein in zwei Gruppen: In ‹Kleine› (5.-7. Schuljahr) und in ‹Grosse› (8.-12. Schuljahr). Der Obhut von Arthur Fretz anvertraut, übten sich die ‹Kleinen› wöchentlich einmal auf der Luftmatt in Beweglichkeit und Schnelligkeit unter Berücksichtigung volkstümlicher Übungen wie Hochsprung und Weitsprung, Kurzstreckenlauf, Kugelstossen, Ballwurf und Spiel. Ziel war dabei keineswegs eine beachtenswerte sportliche Leistung, sondern frohes Spiel in kameradschaftlichem Geist. Nur wer auch in der Schule seinen ‹Mann› stellte, war in der Jugendriege willkommen, denn ‹der RTV wird nicht nach Zentimetern, sondern nach seinem Wesen beurteilt›. Dieser Grundsatz fand auch bei den ‹Grossen› Anwendung, auch wenn die Schulaufgaben nicht mehr vom Leiter kontrolliert wurden. Ihr Haupttraining war an zwei Abenden pro Woche zu absolvieren: Am Montag auf der Schützenmatte für die Fächer Kurzstreckenlauf, Hürdenlauf, Weitsprung, Hochsprung und Stabhochsprung und am Donnerstag auf der Luftmatt für die Disziplinen Kugelstossen, Speerwerfen, Diskuswerfen, Handball und Faustball.

Was unter der Leitung von Albert Bieber, Arthur Fretz und Ruedi Schenkel an sportlichem Können erarbeitet wurde, hatte sich durch rege Wettkampftätigkeit zu bewähren. Das erste öffentliche Auftreten des neuen RTV geschah am ‹Quer durch Basel› Anno 1933, für welches ein eigentliches ‹Spezialstrassenlauftraining› beim Weiherwegschulhaus abgehalten wurde. Die dabei gewonnene harte Kondition führte Gaston Beuret und Peter Eckenstein zu einem prächtigen Doppelsieg an den ‹Schweizerischen Mittelschulwaldlaufmeisterschaften› in Zürich. Mit erfreulichen Resultaten warteten auch die elf RTVer auf, welche 1933 an den Schülerwettkämpfen des Basler Hochschulsporttages teilnehmen durften. Die ‹Kleinen› erprobten im selben Jahr ihre Fähigkeiten in einem freundschaftlichen Kräftemessen (mit Hangeln und Bockspringen) gegen Old Boys, das eine mehrfache Wiederholung finden sollte. Zudem standen Trainingsspiele im Handball gegen Klassenmannschaften aus dem HG und gegen GTV auf dem Programm. Am Kantonalen Lauftag 1935 erreichten die Läufer der Olympischen Staffel und der 10×80-m-Pendelstafette glänzende Zeiten. An der Schlussprüfung des Vorunterrichts erreichten die RTVer verhältnismässig die meisten Ehrenmeldungen. Die Faustballer gewannen ein Turnier, und der Start zur Handballmeisterschaft gelang nach zwei Spielen mit einem koketten Torverhältnis von 29:1 äusserst aussichtsreich. So konnte Albert Bieber mit sichtlicher Freude in einem Zwischenbericht vermerken: «Jetzt beginnen auch für uns die Lorbeeren erreichbar zu werden!» Dass es dem Leiter des ‹RTV 1879, Schülerturnverein an den Gymnasien und der Handelsschule› mit diesem Ausruf ernst war, geht aus einer Verlegung des Trainings auf die neuen Stadionanlagen zu St. Jakob hervor, deren mannigfaltige Einrichtungen ohne langes Zögern genutzt werden sollten. ‹Da Velo und verbilligte Tramfahrten den Weg vereinfachen und überdies die Spreu vom Korn geschieden wird›, fanden Einwände wegen zu grosser Distanz keine Beachtung! Um dem internen Informationsbedürfnis gerecht zu werden und gleichzeitig nach aussen eine gewisse Publizität zu erzielen, kam im September 1933 die erste Nummer der *RTV-Zeitung* zur Auslieferung. ‹In unserm Blatt soll Alles wovon die RTVer reden, alles was mit Sport im weitesten Sinne des Wortes zu tun hat, ein Echo finden. Es ist unser Ziel, eine Vereinszeitung nicht zu einem Fachsimpelblatt oder zu einer Rekordliste herabzuwürdigen, sondern ihr soviel Liebe und Sorgfalt angedeihen zu lassen, dass sie vom kleinsten Knopf, der in unserer Schülerabteilung mitmacht, bis zum ehrwürdigen Altmitglied mit Spannung erwartet und mit Freude gelesen wird.› Nach Werner Kellerhals, dem langjährigen Redaktor, war unsere Zeitung von Anfang an bestrebt, ein Bindeglied zwischen den verschiedenen Mitgliederkategorien zu sein. Schon der äussere Anblick der ‹Gesammelten Werke› spricht von allen möglichen technischen und redaktionellen Schwierigkeiten der Herausgeber, die meist mit viel Begeisterung bei ihrer Aufgabe waren. Manchmal musste zwar um passende Beiträge gekämpft werden, und auch die eigene Vervielfältigungsmaschine älteren Modells verminderte die technischen Schwierigkeiten nicht – eher im Gegenteil! Die ersten Jahrgänge waren öfters mit mehreren, in jedem Exemplar sorgfältig eingeklebten Fotos versehen. Seit Oktober 1945 erscheint das ‹Blättli› gedruckt und in gefälliger Aufmachung und versucht, den hochgesteckten Zielen von 1933 gerecht zu werden und die Beziehungen zwischen einst und jetzt zu festigen.

‹Handball› war von jeher das Spiel des RTV. Aus der RTV-Schule sind Spieler hervorgegangen, die heute die Stützen ihrer Mannschaft sind wie, um nur ein paar zu nennen, Hufschmied, Simon (ATV), Reimann, Rothenberger, Marugg (Rotweiss), Jenne (Kleinbasel), Lanz, Göttisheim, Frey, Jakob (ASTV)›: Diese stolze Vergangenheit wurde 1933 wieder lebendig, als der Verein erfolgreich an seine alte Tradition anknüpfte. «Es dürfte die heutigen RTVer sicher interessieren, welcher Verein es damals fertigbrachte, die als beste schweizerische Handballmannschaft geltenden Abstinenten zu besiegen», kramte der Berichterstatter in seinen Erinnerungen fort, und er erzählte weiter: «Es waren die RTVer, die flinken Realschüler, die wegen ihrer Schnelligkeit und Ballsicherheit gefürchteten ‹Schwarzen Teufel›. In einem Siegeszug überrannten sie damals alle Mannschaften und eroberten sich den Titel eines Basler Handballmeisters. Den Abstinenten wurde gleich mit 6:2 das Nachsehen gegeben. Das ‹Wunderteam› ist heute in alle Winde zerstreut. So war beispielsweise der schussgewaltige Mittelstürmer des damaligen RTV-Teams niemand anders als der heute bestbekannte Sturmführer von Servette, Kielholz.» Der auch psychologisch geschickt geführten Mannschaft mangelte es denn auch nicht an der notwendigen Motivation zur Erringung der Serie-B-Meisterschaft. Und mit dem notwendigen Selbstvertrauen wurde 1934 der Aufstieg in die Serie A vollzogen: «Wir sind uns dessen bewusst, dass wir an eine ungemein grössere Aufgabe herangehen. Aber wir haben hier Gegner, bei denen wir auch etwas lernen können.»

Und die RTVer, magistral geführt von ‹Lehrmeister› Thury Fretz, waren gelehrige Schüler! Bereits 1937 wurde die kantonale Handballmeisterschaft als Meister der Juniorenklasse abgeschlossen. «Den Höhepunkt bildete das entscheidende Spiel gegen die gefürchtete Rotweiss-Elf. Werner Kolb schlug sich mit dem gefährlichen Höflin herum (anständig natürlich) und Hans Stuker brachte die Rotweissler mit seinen Freiwürfen, denen selbst Thoma machtlos gegenüber stand, zum Verzweifeln.» Mit der Meisterschaft der zweiten Mannschaft in der Anfängerklasse unterstrich RTV seine nun führende Rolle im Basler Handball. «Tatsache ist, dass im RTV prächtige Nachwuchsteams vorhanden sind. Ob bei den Aktiven, bei den Junioren oder gar den Anfängern, überall sind sie in den Ranglisten im obern Teil. Sie verfügen augenblicklich über ein wahres Heer an tüchtigen und fairen Spielern.» Mit diesem soliden ‹Spielermaterial› liess sich eine Beteiligung an der Schweizerischen Handballmeisterschaft verantworten. Dies war allerdings nur möglich, weil nun auch schulentlassene RTVer dem Verein weiterhin angehören konnten. Die erstmalige Teilnahme an einer nationalen Meisterschaft führte 1938 auf Anhieb zu einem Titel: Mit A. Buss, A. Fretz, W. Vogt, E. Schneider, R. Schenkel, Eduard Frei, F. Kummert, W. Rutishauser, Hans Stuker,

Die erste Mannschaft nach ihrem 5:4-Sieg über Kaufleute Zürich am 7. April 1946 auf der Schützenmatte. Der RTV stellte folgendes Team: Walter Wiesmann, Erwin Rutishauser, Willy Hufschmid, Hans Gutmann, Karl Steiger, Rudolf Lötscher, Hans Stuker, Max Ott, Werner Kolb, Ernst Schneider, Werner Presser, Peter Stüssi, Kurt Nuber. Presser war wieder der geistige Sturmführer der Basler, er fand speziell in Rutishauser und in Wiesmann zwei Mitspieler, die auf seine Intentionen gut eingingen. Die Halflinien hielten sich die Waage, während im Schlusstrio RTV ebenfalls ein kleines Plus aufzuweisen hatte, so dass der Sieg durchaus in Ordnung geht. Er war heiss erkämpft und musste gegen den Schluss hin zäh gehalten werden. Photo A. Pusterla.

K. Schmid und W. Presser gelang dem RTV, nach einem 7:4-Finalsieg über Olten, die Erkürung zum Meister der Zentralschweiz in der zweiten Spielklasse. Der damit verbundene Aufstieg in die Serie A ist nicht nur innerhalb der eigenen Kreise von einer gewissen Skepsis begleitet worden, sondern hatte auch Aussenstehende zu einem mitleidigen Lächeln gereizt. Doch die Leitung zeigte sich gegenüber neiderfüllten Reaktionen immun und gab sich schliesslich betont optimistisch: «Vielerorts wird man uns die Teilnahme in der ersten Spielklasse der Schweizer Handballmeisterschaft als Grössenwahn auslegen. Da die Mehrzahl unserer Spieler jung und lernbegierig ist, hatten wir jedoch den bestimmten Eindruck, dass diesen Leuten die Chance gegeben werden müsse, zu zeigen, dass wirklich etwas in ihnen steckt. Da sich zudem Herr E. Horle in freundlicher Weise bereit erklärte, das Training zu übernehmen, hatten wir Gewähr für eine gute und ernsthafte Vorbereitung. Eine zweite Mannschaft spielt in der dritten Spielklasse. Wir haben aber darauf verzichtet, eine dritte Mannschaft zu melden. Es haben nämlich verschiedene Spieler zu beweisen, dass sie nicht nur als Handballer dem RTV angehören, sondern dass sie als Aktive wissen, was auch noch sonst zu ihren Pflichten gehört, z.B. regelmässiger Trainingsbesuch und Sektionsturnen!» Mit dem Problem ‹Sektionsturnen› wird ein Kapitel RTV-Geschichte angeschnitten, das die Mitglieder des öftern ernsthaft bewegte, wie wir später sehen werden.

Im Januar 1941 legte Albert Bieber sein Amt ‹leichten Herzens› nieder, weil er überzeugt sein konnte, dass der RTV, von einem 20köpfigen Stab bewährter Mitarbeiter getragen, eine geordnete Zukunft vor sich sah. Diese Zuversicht war auch durch die Sorgen und Nöte, die der *Zweite Weltkrieg* ins Land brachte, nicht zu brechen. Mit militärischer Präzision wurden die notwendigen Vorkehrungen getroffen, um das Vereinsleben aufrechtzuerhalten. Jede Funktion im Vorstand wie in der Technischen Kommission wurde zweifach oder gar dreifach besetzt, damit durch

Die RTV-Sektion auf dem Marsch an den Basler Propagandaturntag auf der Schützenmatte, 1941.

Dienstpflicht bedingte Ausfälle kompensiert werden konnten und der Turnbetrieb für Schüler und noch nicht wehrfähige Mitglieder nicht unterbrochen werden musste. Dass ein regelmässiges Training möglich war, war besonders der Einsatzfreudigkeit von Arthur Fretz, dem neuen Präsidenten, Rudolf Schenkel, der als Oberturner wirkte, und Alfred Buss, dem Schülerleiter, zu danken. Ihre selbstlose Opferbereitschaft und ihre Fähigkeit, in überraschender Situation treffsicher zu disponieren und zu dirigieren, erlaubte, die offiziellen Anlässe weiterhin mit gut vorbereiteten Mannschaften zu beschicken. Am Kantonalen Propagandaturntag 1941 erschien der RTV mit einer stattlichen Riege am Sektionsturnen und hinterliess einen ausgezeichneten Eindruck. Über hundert Schüler liessen sich für die turnerische Grundausbildung begeistern. Am *Quer durch Basel*, dem jeweils mit Hunderten von Teilnehmern besetzten unerhört populären Strassenlauf, wurden in der Kategorie A vorderste Plätze erreicht. Damit war die Motivation zur Teilnahme an Quers in Riehen, Pratteln und Aarau gegeben. Die Vereinsmeisterschaft wurde nun in der Kategorie B bestritten und brachte in verschiedenen Versuchen schöne Erfolge. Beachtliche Resultate waren auch an den Schweizerischen *Stafettenmeisterschaften* in Bern und Genf zu verzeichnen, gelangen doch beispielsweise Siege in der 4×200-m-Stafette (Fäh, Kolb, Jucker, Neumann) und in der Olympischen Staffel (Grotsch, Theurillat, Jucker, Fäh). Schweizer-Meister-Titel holten sich auch die Junioren Peter Stüssi im Speerwerfen (1943) und Werner Besse im 110-m-Hürdenlauf (1944). Traditionelle Clubwettkämpfe gegen Old Boys und GTV spornten zu besonders eindrücklichen Leistungen an. Aber auch die Stiftungsfeste, die mit gewohnter Sorgfalt und Liebe durchgeführt wurden und bis zu 150 Teilnehmer aufwiesen, erbrachten den Beweis für ein hohes sportliches und kameradschaftliches Niveau. Den Zeitumständen entsprechend ernsthaft war die Beteiligung am militärischen Vorunterricht, auch wenn das neue Kursprogramm wegen seiner eher langweiligen Gestaltung keine Begeisterung zur Teilnahme aufkommen liess. Initiativ zeigten sich die Leichtathleten am 11. Dezember 1943, indem sie sich zur Durchführung des ersten *RTV-Waldlaufs* entschlossen. 23 Läufer benutzten die Gelegenheit zu einem willkommenen Konditionstest, der von Felix Stückelberger gewonnen wurde. Auf den weitern Plätzen folgten Hans und Kurt Schneider, Willy Form, Max Ott, Willy Schenk, Werner Kolb, Waldemar Jucker, Lux Wüthrich und Alex Aljechin. Dass es beim ersten Waldlauf nicht bei einem Versuch blieb, ist einer Schilderung von Dr. Peter Fäh zu entnehmen: «Alljährlich an einem Sonntagmorgen versammelt sich eine kleine Gruppe von RTVern auf dem Plateau der Rütihard, um sich dort in einem Waldlauf zu messen. Es handelt sich nicht um eine grossaufgezogene Meisterschaft mit ihrer gespannten Atmosphäre und mit viel Publikum. Trotzdem ist dieses Meeting all das, was ein Rennen sein sollte: kameradschaftlich, unformell, aus dem Stegreif organisiert. Es ist gerade bedeutend genug, um eine scharfe Konkurrenz zu schaffen, und nicht bedeutend genug, um jene Leute auf den Plan zu bringen, die im Sport etwas anderes sehen als ein Spiel. Die Teilnehmer laufen miteinander um die Wette, weil es ihnen Spass macht, und nicht, weil sie ihre Überlegenheit demonstrieren oder gar ihrem persönlichen Prestigebedürfnis Genüge tun wollen. Das heisst nicht, dass sie sich nicht bemühen, möglichst gut abzuschneiden, dass sie nicht den Ergebnissen ein gesundes Interesse entgegenbringen und sich an einer guten Klassierung freuen. Entscheidend aber ist, dass sie am Ziel alle gleich stolz sind, den Lauf bestritten zu haben, sah die erste Mannschaft des RTV in ununterbrochener Reihenfolge fünfmal hintereinander als Sieger der ersten Liga! (Die Einführung der Schweizerischen Hallenhandballmeisterschaften mit Nationalliga A und B fand erst 1954 statt.) Meisterwürden erkämpfte sich 1941 und 1944 auch die Junioren-A-Mannschaft. 1945 erreichte der RTV die Spielberechtigung für die neugegründete Nationalliga im Feldhandball, die 1946 ihre erste Meisterschaft austrug. Einen Siegeslorbeer durfte sich der RTV 1944 auch durch seine *Faustballmannschaft* an die Fahne heften, welche die Baselstädtische Meisterschaft der Kategorie B für sich hatte entscheiden können. Trotz dem schönen Erfolg wurde dieses Spiel im RTV nicht mehr weiter wettkampfmässig betrieben.

Auch wenn in dieser Periode die Akzente der sportlichen Tätigkeit im RTV sich über die turnerische Grundausbildung eindeutig in den Handball und die Leichtathletik teilten, stellte sich der Verein doch auch gerne ins Licht der Polysportivität, denn sein ‹Einzugsgebiet› stand zeitweise auch dem Schwimmen, Tischtennisspielen, Eislaufen und Skifahren offen! Das systematische *Schwimmtraining* in fliessendem Wasser ist 1933 im Pfalzbadhäuschen unter der Leitung von Fred Jent, dem bekannten Sportredaktor der National-Zei-

RTVer am Kantonalturnfest auf der Grendelmatte in Riehen, bereit zur Ehrenrunde, 1939. V.l.: Werner Blumer, Kurt Schneider, Bobber Märki, Hans Beck, Eugen Mutz, Kurt Waldner, Ernst Waldmeier, Hans Gutmann, Werner Rutishauser, Walter Pfister, Werner Nyffeler, Willi Krähenbühl.

und alle gleich glücklich, gleichgültig, wie sie sich klassiert haben.»

Überlegen beherrschte während der Kriegsjahre der RTV den Basler *Handball*, obwohl ‹handballhassende Vorgesetzte im Militärdienst ein regelmässiges Antreten der Spieler verunmöglichten›. Die städtische Hallenhandballmeisterschaft, die 1941 in Basel erstmals zur Durchführung gelangte,

Unsere 40 Mann treten unter Oberturner Ruedi Schenkel zum Sektionsturnen an, 1941. In der ersten Reihe v.l.: Ruedi Früh, Heini Geistert, Hans Beck und Edi Frei.

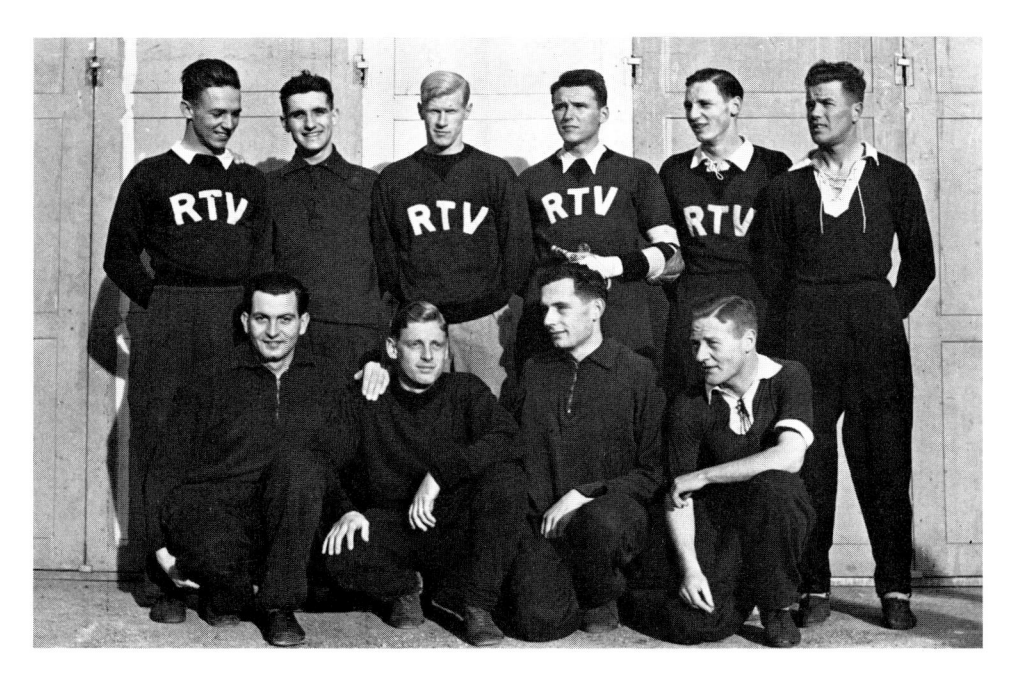

Die Meistermannschaft des RTV im Hallenhandball, die in ununterbrochener Folge fünfmal Sieger der Baselstädtischen Hallenhandball-Meisterschaft wurde. Stehend: v.l.: Ernst Schneider, Hans Stuker, Thury Fretz, Alfred Buss, Erwin Rutishauser, Franz Kummert. Kniend: Ruedi Wirz, Edi Frei, Walter Wiesmann, Werner Presser. Photo Silvio Cinguetti.

▷
Platzwahl nach alter Väter Sitte, unter dem gestrengen Auge des Schiedsrichters, auf dem Berner Neufeld, um 1940.

tung, aufgenommen worden. Noch im selben Jahr wurde im Eglisee ein Prüfungsschwimmen abgehalten. Rudolf Hotz über 50 m Brust, Samuel Suter 50 m Crawl, Alwin Müller 50 m Rücken, Forster 50 m Privatschwumm und 40 m Brust mit Wende liessen sich dabei die besten Zeiten notieren. Ebenfalls im Jahre 1933 wurde *Tischtennis* ins Sportprogramm aufgenommen. Als Trainingslokal standen die Räumlichkeiten des hiesigen Ping-Pong-Clubs zur Verfügung. Auf Einladung des TTC Basilisk stellten sich 1945 zahlreiche RTVer unerschrocken zu einem Kräftemessen. Hartmann Stähelin im Einzel, wie mit Max Albrecht im Doppel, sicherte sich den Basilisk-Cup, Karl Gämperle siegte im Nuggizapfe-Cup, während das Gemischte Doppel von Fräulein Möcklin und Werner Besse gewonnen wurde. Wie dem Eislaufen, so widmeten sich im Winter auch viele RTVer dem *Skifahren*. Über Weihnachten und während der Fasnachtsferien wurden auf dem Stoos, in Klosters, Adelboden, in Engelberg oder besonders in Feldis Skilager durchgeführt, an denen es nie an genügend begeisterten Teilnehmern fehlte. Die Anhänger des weissen Sports wiesen sich denn auch bald über respektable Fähigkeiten aus, die durch zahlreiche Einzelerfolge an kantonalen und regionalen Konkurrenzen unter Beweis gestellt wurden. So setzte sich 1938 am 2. Basler Turnerskitag auf dem Moron Hans-Werner Dürr im Slalom an die Spitze des 41köpfigen Rennfeldes, und in der Mannschaftswertung belegte RTV den 6. Rang von 25 Klassierten.

Förderte die Leitung diese Vielfalt in der sportlichen Betätigung mit allen Kräften, so brachte sie für eine Sportart, die im alten RTV einst mit grösster Lust betrieben wurde, kaum mehr Verständnis auf: Für den *Fussball*. Lag die ‹Kickerei› gelegentlich noch in der ‹Toleranzzone›, so musste dem runden Leder oft aber auch fast heimlich nachgejagt werden. Um die Mitte der 1930er Jahre wurde das Fussballspiel ausdrücklich zu den Schattenseiten im RTV gezählt. Und so überraschte es nicht, dass 1942 ein Gesuch von Fritz Seiffert an die Adresse des Präsidenten, ‹mit Kopie an den Oberturner›, es möchte auf vielfachen Wunsch eine Fussballmannschaft gebildet werden, die an der SFAV-Meisterschaft teilnehmen könne, ‹unter den Tisch gewischt wird›!

Im administrativen Bereich vollzogen sich zwei entscheidende Veränderungen. 1937 fand das jahrzehntealte Problem der *Altersbeschränkung* eine Lösung. Immer wieder war der Wunsch ausgesprochen worden, dem schulentlassenen RTVer ein Verbleiben als Aktiver im Verein zu ermöglichen. Festgeknüpfte Bande der Freundschaft wollten weiter Bestand haben, und dies wurde durch die Usanz, dass die sportliche Laufbahn nach Schulaustritt bei einem andern Turn-

Im Skilager Feldis, um 1938. Vor der Abfahrt vom Dreibündenstein nach Chur.

Gemütliches Hüttenleben bei Gesellschaftsspielen und beim Jassen in der Pension Tödiblick in Feldis, um 1938.

verein weitergeführt werden musste, sehr erschwert. Aber nicht nur die der Schule entwachsenen Mitglieder, die gerne weiterhin Sport treiben wollten, bedauerten diese grundsätzliche Bestimmung ihres Schülerturnvereins, sondern es wurde zusehends auch der Struktur des Vereins abträglich, eine immerwährende Erneuerung zu verkraften. Dann aber war nicht mehr einzusehen, weshalb der RTV selbstlos als ‹Lehrlingswerkstätte› für renommierte Turnvereine herzuhalten hatte, die auf billigste Weise beim Schülerturnverein besten Nachwuchs ‹bezogen›. Die Gründung einer *Aktivsektion des Altmitgliederverbandes* war denn schliesslich nur noch eine Frage der Zeit. Nachdem 1935 Vizepräsident Fretz seinen jugendlichen Mitgliedern mit sichtlicher Erleichterung zurufen konnte, es müsse bald keinem schulentlassenen RTVer mehr bange sein, wo er seine Zukunft finde, konnte am 20. April 1937 im Naturgeschichtssaal des De-Wette-Schulhauses zur Gründung einer Aktivsektion geschritten werden. Noch aber benutzten Dr. Bigler und Rektor Dr. Max Meier die Gelegenheit, erneut energisch auf ihre Fusionsbestrebungen mit der Schülerabteilung des Sportclubs Rotweiss hinzuweisen, doch die Meinungen waren gemacht: Die Versammlung wählte mit Adolf Niethammer (Präsident), Gaston Beuret (Aktuar), Arthur Fretz (Kassier), Werner Wieser (Technischer Leiter) und Walter Christen und Jakob Wüthrich (Beisitzer) einen Vorstand für die Aktivsektion des Altmitgliederverbandes. Zu grösserer Diskussion Anlass gab aber sogleich die Frage, ob die Aktivsektion organisatorisch selbständig sei oder mit dem Schülerturnverein verschmolzen werde. Die Mehrheit entschied sich für ein Auseinanderhalten, da man dem Schülerturnverein RTV seine Stellung als solcher an der Schule wahren wollte. Diesen Beschluss hatten die Handballer der ‹RTV-Altmitglieder› nach aussen durch das Tragen eines neuen Dresses (weisses Hemd und schwarze Strümpfe mit weissem Band) sichtbar werden zu lassen. Die Führung der beiden Vereine auf der vorgesehenen Basis erwies sich indessen in der Praxis als kaum durchführbar und so einigte man sich am 22. November 1937 auf die Bildung des Gesamtvereins *RTV 1879* mit einem Mitgliederbestand von 70 Aktiven, 70 Schülern und 110 Altmitgliedern.

Der Zusammenschluss erfolgte aber auch in Hinblick auf einen Beitritt zum *Kantonalturnverband* (1938), was eine vielseitige Aktivität des Vereins versprach. Neben der Berechtigung zu Versicherungsabschlüssen und Subventionsbezügen stand vor allem die Gelegenheit zur Teilnahme an Wettkämpfen und Wettspielen und eine vermehrte turnerische Betätigung bei der Beschlussfassung im Vordergrund. Und die Leitung erhoffte sich durch die Vorbereitung auf kantonale und eidge-

RTV I, Basler Schülerhandballmeister 1943. Stehend v.l.: T. Sommer, F. Iten, P. Stüssi, P. Lehmann, W. Knepper, F. Meier, H. Zysset. Kniend v.l.: H.J. Weder, J. Weder, R. Meier, K. Gämperle.

nössische Turnfeste die Motivation zu besserem Trainingsbesuch. Was auf diese Weise von einer Mitgliedschaft an positiven Auswirkungen für den Verein im Turnverband erwartet wurde, erwies sich in der Folge zum grössten Teil als Belastung. Besonders das *Sektionsturnen* mit seinem anforderungsreichen Programm gab öfters Anstoss zu heftigen Diskussionen. Die Struktur des Vereins, die immer noch von der Schülerschaft mitgeprägt wurde, erlaubte kein ausreichendes Training, die Handballer fühlten sich bei der Ausübung ihres Sports eingeengt und den Leichtathleten schien die straffe Erziehung zur Mannschaftsdisziplin übertrieben. Deshalb wurde energisch eine freie Form des Gemeinschaftsturnens angestrebt. Obwohl der RTV 1942 das Kantonale Turnfest mit einer 32 Mann starken Sektion beschickte, die nach der Einschätzung von Oberturner Edi Frei ‹keine schlechte Figur machte› und gar mit einem Lorbeerkranz 1. Klasse heimkehrte, bemängelten Leitung wie Mitglieder wiederum den unverhältnismässig grossen Einsatz. Für einen Verein, der mehrheitlich Schüler (zu 70% aus den Gymnasien und zu 30% aus der Realschule) und Studenten umfasse, sei es einfach nicht möglich, die nötige Zeit für die Vorbereitung eines solchen Festes aufzubringen. Der Individualismus sei im RTV sehr ausgeprägt, und deshalb habe man kein Verständnis für ‹militärische Paraden›. Aus diesen Gründen formulierte der Vorstand, unterstützt von befreundeten Vereinen, eine Eingabe, die den Kantonalturnverband aufforderte, eine konsequente Vereinfachung und Modernisierung der Übungsabläufe ins Auge zu fassen und Turnfeste nicht mehr während der Ferienzeit abzuhalten. Die vorgelegten Reformvorschläge für eine zeitgemässe Umgestaltung des Sektionsturnens wurden wohl vom Verband entgegengenommen, aber kaum verwirklicht. Im Gegenteil: «Es wurde uns, auch von offizieller Seite, mehrmals bedeutet, dass eine Kritik am Sektionsturnen völlig unerwünscht sei.» So setzte sich die Einsicht durch, die gültige Form entspreche den Vorstellungen eines Grossteils der ETV-Mitglieder und lasse in absehbarer Zeit keine wesentliche Anpassung an die Bedürfnisse der städtischen Schuljugend erwarten. Daher wurde an der Generalversammlung vom 19. November 1946 der Austritt aus dem Kantonalverband beschlossen, verbunden mit einem Eintritt in die Athletiksektion des Schweizerischen Fussballverbandes (SFAV), ‹wo sich dem RTV die Möglichkeit bietet, in Freiheit seine Ziele in einer gemeinsamen kameradschaftlichen, von überflüssigem Formalismus befreiten Körperbetätigung zu verwirklichen und damit eine Ergänzung zur Schul- und Berufsarbeit seiner Mitglieder zu schaffen›. Wenige Tage später genehmigte die Delegiertenversammlung des KTV ‹mit überwältigendem Mehr das Austrittsgesuch, worauf die Vertreter des RTV den Saal verliessen, nicht ohne vorher in sehr loyaler, kameradschaftlicher Weise dem ETV für seine häufige Unterstützung gedankt zu haben. Der KTV bedauert den Austritt an sich, doch will er niemanden zwingen, in seinen Reihen zu verbleiben, dem es darin nicht behagt.› Albert Bieber wertete den Verbandswechsel als Ausdruck eines starken Eigenlebens des aufgeblühten Vereins, der in den 22 Jahren seines Wiederbestehens stets erneut bewiesen hätte, dass er sich die Pflege von Sport und Spiel zum Ziel gesetzt habe, dass ihm aber die Pflege guter Kameradschaft noch höher stehe. Siege, Meisterschaften und Rekorde seien unter Umständen begehrens- und erstrebenswert, allein sie wären nicht so wichtig, dass sportliche Betätigung und Spielbetrieb etwas anderes sein dürften als Erholung und Freizeitbeschäftigung.

Abkehr vom Sektionsturnen

Hansruedi Suter und Werner Rihm bremsen mit vereinten Kräften in typischer RTV-Abwehr-Aktion einen Angriff des TV Olten. ‹Köfferli› Weder beobachtet kritisch den Einsatz seiner Hinterleute. Olten, 1951.

Der Wegfall aufwendiger Verpflichtungen einer Mitgliedschaft im ETV brachte gewisse Veränderungen in der sportlichen Tätigkeit im RTV. Befreit von der nur widerwillig erbrachten minutiösen Kleinarbeit im Vorfeld turnerischer Grossanlässe (z.B. Eidg. Turnfest in Bern), widmeten sich die ehemaligen Realschüler nun ganz dem *Handball* und der Leichtathletik. Dem Leitmotiv von Präsident Dr. Ernst Schneider entsprechend, stand dabei nicht das Anvisieren von Spitzenleistungen im Zentrum der Vereinspolitik, sondern die Förderung der Breitenentwicklung des Sports. Aus diesem Grunde war es denn auch kein Landesunglück, als 1947 die erste Mannschaft der Handballer ‹wegen Überalterung› die Relegation aus der Nationalliga B im Feldhandball hinnehmen musste. Im Hallenhandball dagegen liess sich der RTV 1950 zum achtenmal den Meisterbecher überreicht! Auch trug die seriöse Aufbauarbeit Hans Stukers bei den Junioren schönste Früchte, gelangte die A-Mannschaft doch 1950/51/52 im Hallenhandball zu Meisterwürden, während sich 1952 die Junioren C die Meisterschaft sicherten.

Einen Eindruck des internen Stärkenverhältnisses unter den eigenen vier bis fünf Mannschaften lieferte 1951 ‹das mit Spannung erwartete Herausforderungsspiel RTV I–RTV IV. Die ersatzgeschwächte Erste bekam die Kampfkraft des 3. Ligaleaders zu spüren und unterlag schliesslich mit 14:16 Toren nach einem erbittert geführten Kampf!› Mit grösstem Eifer wurde anschliessend auch in der Meisterschaft um die Punkte gespielt. Der Erfolg blieb nicht aus: RTV schaffte den Wiederaufstieg in die Nationalliga B. Die Trainer Arthur Fretz und Kurt Nuber hatten sich dabei auf folgende Spieler stützen können: Hansruedi Herzog, Werner Rihm, Hansruedi Suter, Michael Theurillat, Max Ott, Gaston Gass, Erwin Rutishauser, Ralph Metzger, Werner Presser, Edi Plüss, Heinz Weisskopf, Hanspeter Herzog, René Champion, Ueli Wiederkehr, Felix Zürcher, Walter Schafheitle, Erich Körber, René Schmid und Alwin Müller. Der Einstieg in die neue Spielklasse gelang mit guten Resultaten mühelos. Und mit imponierender Leistungssteigerung reichte es schon 1954 zur Meisterwürde: Auf dem Sportplatz Gitterli in Liestal wurde mit einem 15:10 Sieg MKG Baden auf die Verliererseite gedrängt und damit der Aufstieg in die Nationalliga A erreicht. Dr. Paul Legler und Arthur Fretz legten mit dem grossartigen Erfolg ihrer gefeierten Mannschaft dem Verein das schönste Jubiläumsgeschenk in den Schoss. Neben ausgeprägtem Teamwork, dem gewohnten Bravourstück jeder RTV-Mannschaft, trugen schussgewaltige Spielerpersönlichkeiten durch hervorragende Einzelleistungen zur zweifachen Promotion bei. Werner Presser, Michael Theurillat, Werner Rihm, Heinz Wohlgemuth und Hansjürg Glasstetter erhielten denn auch verschiedene Berufungen in die Handballnationalmannschaft.

Internationale Ehren holte sich aber auch die *Leichtathletik*-Abteilung. Hier war es Johannes ‹Möpsli› Baumgartner, der als erster (und bisher einziger) RTV-Leichtathlet mit dem Schweizerkreuz auf der Brust seine Nagelschuhe in den schwarzen Schlackenbelag renommierter Aschen-

Am 14. November 1954 erkämpfte sich die erste Mannschaft auf dem Liestaler ‹Gitterli› den Aufstieg in die Nationalliga A und legte damit dem Verein das schönste Jubiläumsgeschenk in den Schoss. Unser Fanionteam bestand damals aus: (stehend v.l.) Dr. Paul Legler (Trainer), Dr. Michael Theurillat, Gaston Gass, Hansruedi Herzog, Dr. Werner Rihm, Ralph Metzger, Thury Fretz (Betreuer), (kniend v.l.) René Frey, Fritz Karlin, Hansjörg Glassstetter, Edi Plüss, Hansjörg Weder, Heinz Wohlgemuth, Heinz Weisskopf. Photo Hermo Finazzi, Baden.

bahnen zu zeichnen vermochte. Den Höhepunkt seiner an Erfolgen reichen Läuferkarriere erlebte unser populärer Mittelstreckler 1952 an den Olympischen Spielen in Helsinki, als er mit Weltklasseläufern einen Vorlauf über 800 m bestritt. Nationale Einzelerfolge verbuchen konnten auch Felix Stückelberger als Schweizer Hochschulmeister über 1500 m Anno 1947 und Werner Bomberger 1952 als Schweizer Juniorenmeister im Hochsprung. Aussergewöhnliche Leistungen erzielten RTVer ebenfalls an Schweizerischen Stafettenmeisterschaften, Kategorie B. So erste Ränge 1947 in Fribourg in der Schwedenstaffel mit Peter Fäh, Hans Schwob, Hans Kubli und Felix Stückelberger, 1948 in Zürich über 4×800 m mit Hanspeter Hodel, Hans Schwob, Felix Stückelberger und Möpsli Baumgartner und 1952 in Lausanne in der Olympischen Stafette mit Möpsli Baumgartner, Walter Huber, Erich Körber und Fritz Karlin.

Wie überall, so wirkten sich Leistungen, die sich im Lichte einer breiten Öffentlichkeit vollzogen, stimulierend auf die Wettkampftätigkeit und Wettkampffreudigkeit aus. Die Beteiligung an traditionellen Anlässen (Vereinsmeisterschaften, Stiftungsfeste und Meetings im lokalen Rahmen) bewegte sich steil aufwärts und mit ihr auch das Leistungsniveau. Quantität und Qualität zeigten Übereinstimmung und hielten die Mitglieder auf Erfolgskurs. Aufsehen erregte der RTV 1949 auf der heimischen Sportbühne jedoch nicht durch sensationelle Rekorde im Stadion, sondern durch einen Verzicht, weiter das ‹Quer durch Basel›, die wohl volkstümlichste Sportveranstaltung der Zeit, weiter zu beschicken. Möpsli Baumgartner hatte vorgängig dieses Entscheids durch einen Artikel in der RTV-Zeitung für grosse Publizität gesorgt, indem er die Frage in den Raum stellte, ob es als Propaganda für den Sport zu bezeichnen sei, wenn an einem Sonntagmorgen beim Kirchgang vieler Mitbürger halbnackte und nicht immer allzu sportliche Gestalten über den Asphalt der Strassen stapfen würden. Ob dieser Zweifel entfachte sich ein Sturm im Blätterwald, und die Basler Nachrichten vermeldeten unwirsch: «Besser wäre gewesen, ‹Möpsli› hätte nicht gebellt.»

Zu einiger Berühmtheit in der regionalen Leichtathletik brachte es das RTV-Crack-Team, dessen besondere Zuneigung dem *Orientierungslauf* galt. In seiner ursprünglichen Besetzung von Hans Schwob, Felix Stückelberger, Hans Kubli und Peter Schuster gebildet, erzielte das Crack-Team 1947 am 3. Basler Orientierungslauf mit einem zweiten Rang in der Hauptkategorie seinen ersten bedeutenden Erfolg. Mit Werner Boessinger gelang zwei Jahre später ein Sieg in dieser Konkurrenz. 1952 konnte dieser Erfolg wiederholt werden mit einer Zeit, die an der Schweizer Meisterschaft den zweiten Rang eingebracht hätte. Unter 1500 Teilnehmern sicherten sich die routinierten RTVer sodann im achtzig Mannschaften starken Feld des 9. Basler OL der Kategorie A den Ehrenplatz. Auch in der Folge liess sich das Crack-Team, dem abwechslungsweise ebenfalls Dr. Ernst Helbling und René Taschner angehörten, ausgezeichnete Plazierungen notieren. Es entsprach ganz der Mentalität des kleinen spezialisierten Läufertrupps, die durch regelmässige Wettkampftätigkeit erworbene reiche Erfahrung im Kartenlesen und im schnellen und sicheren Orientieren im Gelände weiterzugeben und anspornend auf die Vereinskameraden einzuwirken. Als Resultat dieser vorbildlichen Haltung starteten am 10. Basler Orientierungslauf zehn RTV-Mannschaften, was als Rekordleistung in den Annalen Eingang fand. Aber auch auf administrativer Ebene holte sich unser Verein an jenem denkwürdigen Anlass Lorbeeren, lag die Organisation des unerhört populären Massenlaufs doch zum zehntenmal in den Händen

Möpsli Baumgartner gewinnt vor seinem Vereinskameraden Felix Stückelberger den 800-m-Lauf an den Schweizerischen Hochschulmeisterschaften in Genf, 1952. Photo Wassermann, Genf.

Das bekannte Crack-Team mit Hans Schwob, Hans Kubli, Werner Boessinger und Felix Stückelberger (v.l.) in ‹offener Formation› beim Orientierungslaufen, 1952. Photo Hans Bertolf.

von Altmitglied Max Hänni, dem späteren Kreiskommandanten. 1953 gelangte im Boom der immer volkstümlicher werdenden Sportart gar ein eigener RTV-OL für Schüler zur Durchführung, den Enzo Concari und Gusti Ellenberger für sich entschieden.

Mit Handball und Leichtathletik hatte es im RTV auch in dieser Berichtsperiode kein Bewenden.

Als Ausgleichssport wurde immer wieder auch *Faustball* betrieben. Ein grösseres Turnier sorgte 1947 für eine wettkampfmässige Vorbereitung. Und zwei Jahre später ‹wagten auch oftmals Aktive das neckische Spiel mit dem grossen Ball, und nicht selten zogen sich heisse Kämpfe bis weit in die Dämmerung hinein. Dass wir dabei schon allerhand gelernt haben, zeigte dann das Turnier um den Wanderpreis 'Faustball–4 × 100-m-Stafette'. Während die 'Kegler' die Stafette gewannen, siegten die 'Lehrer' im Faustballspiel und gewannen damit den Wanderpreis.› Auch für die Erfüllung der allgemeinen *Schiesspflicht* bot der RTV den Mitgliedern seine guten Dienste an, indem für das ‹Obligatorische› Anschluss bei den Werktagsschützen gesucht wurde. Um 1950 ‹hat sich dann neben den unvereinbaren Leichtathletik und Handball auch noch der *Radrennsport* eingenistet!› Und wenig später produzierte sich mit Erfolg auch wieder eine RTV-*Fussballmannschaft!*

Im Winter wandten sich viele RTVer regelmässig dem *Skifahren* zu, und für Skilager in Feldis fanden sich weiterhin mühelos die notwendigen Teilnehmer. So war es kaum erstaunlich, dass unser Verein auch regionale Skiwettkämpfe beschickte, wobei sich besonders Hansjürg und Schaggi Weder sowie Freddy Foster mit tollkühnem Mut und stupender Technik als überlegene

Bezwinger steiler Abfahrts- und Slalomhänge erwiesen und manche Rennen für sich entschieden. 1949 wurde die RTV-Skisektion offiziell ins Leben gerufen, mit dem Ziel, dem Schweizerischen Skiverband beizutreten. 1951 berichtete Werner Blumer, der auch als gewiegter Organisator der beliebten Skitage auf dem Oberdörfer zeichnete, von einem RTV-Rennen auf dem Badischen Bölchen, der von ‹20 bewährten Könnern bestritten wurde, wobei einzelnen Siegesaspiranten ihre anerkannte Vorlagetechnik im obern Steilhang wegen des vielen Neuschnees zum Verhängnis› geworden sei.

Auch am *Tischtennis* konnten sich immer noch zahlreiche Mitglieder begeistern (aus ihrer Mitte erfolgte später die Gründung des TTC Urania). Eine Vereinbarung mit dem TTC Basilisk regelte 1946 die Abwicklung von Turnieren. In welcher Form ein solches Turnier dann zur Austragung kam, ist 1951 zu erfahren: ‹Nach zweijährigem Unterbruch wurde das Spiel um den kleinen weissen Ball wieder in Turnierform durchgeführt. Die Anmeldungen trafen zwar vorerst nur spärlich ein, und die Organisatoren zogen bereits eine stillschweigende Rückzugsbewegung ernsthaft in Erwägung. Aber irgendwie hatte die Flüsterpropoganda für sie gearbeitet, denn kurz vor Turnierbeginn wollte der RTV in globo ping-pong-spielen. Alte bewährte Routiniers, jugendliche Eiferer, Techniker mit allen Schikanen modernster Art ausgerüstet (Existenzialistenhose mit dazugehörigem Schuhwerk) und auch bloss gewöhnliche Amateure fochten erbitterte Kämpfe aus. Vor allem zeigten auch die mitwirkenden RTV-Damen einen mustergültigen Einsatz.›

Auf wenig Interesse dagegen stiess zunehmend der RTV-*Waldlauf*, und so musste 1953 diese Veranstaltung ‹endgültig fallen gelassen werden, da sich die Handballer auch nicht daran beteiligen›. Mühevoll war auch die Durchführung eines ordnungsgemässen Vorunterrichts-Trainings, denn ‹je länger je mehr glaubt man den *Vorunterricht* mit einem geringschätzigen Lächeln, entsprechend der allgemeinen Stimmung in weitesten Kreisen, auch bei uns, abtun zu können. Vergessen wir aber nicht, dass ein wesentlicher Teil unserer Subventionen von der Erfüllung dieser Pflichten abhängt›. Trotz diesen Schwierigkeiten war die RTV-Leitung immer bestrebt, auch diese Aufgabe zu erfüllen und verantwortungsbewusst die Jugend im Hinblick auf die Rekrutenschule zu gezielter körperlicher Ertüchtigung anzuhalten. So konnte jedes Jahr eine stattliche Anzahl Jugendlicher zu den Leistungsprüfungen geführt werden, die oft in Verbindung mit den Old Boys und dem FC Allschwil organisiert worden waren. Ein Rückgang in der Beteiligung gab es erst zu verzeichnen, als Prüfungen ebenfalls an den Schulen abgenommen wurden, damit auch sie in den Genuss von Subventionen gelangen konnten. Auch das einst im RTV in hohen Ehren stehende *Wandern* erlebte vorübergehend wieder eine Renaissance. So führte Thury Fretz 1951 Hanspeter Conzett, Christi Kühner, Walti Schmid, Eri Däster, Hanspeter Falck, Kurt Hellstern und Heinz Wohlgemuth in vierwöchiger Wanderschaft durch die reizvolle Landschaft des Bündner Landes, wobei in 72 Stunden effektiver Marschzeit in zügigem Tempo und fröhlicher Kameradschaft rund 330 Kilometer zurückgelegt wurden.

Mit gewohnter Regelmässigkeit gelangten weiterhin die *Stiftungsfeste* zur Durchführung, deren Abwicklung kaum Neuerungen aufwies, wie aus einem Bericht aus dem Jahre 1947 zu ersehen ist: «Am vergangenen Samstag versammelte sich der RTV auf dem Stadion St.Jakob zu seinem stattlichen Familienfest. Schüler, Damen und Aktive liefen, sprangen und warfen in buntem Durcheinander. Für alle Teilnehmer in der Leichtathletik waren Mehrkämpfe vorgesehen, die meist aus drei oder vier Disziplinen bestanden, wobei jedoch dem Athleten je nach Neigung und Fähigkeit in den Laufstrecken, in Sprüngen und Stössen punkto Wahl freie Hand gelassen wurde. Die Schüler arbeiteten mit grossem Eifer und schenkten sich keine Punkte. Den wenigen Damen ist es hoch anzurechnen, dass sie sich bei der Tropenhitze auf Aschenbahn und brennende Anlaufpisten wagten. In der stattlichen Schar der Junioren, die als Nachwuchs nur Freude bereiten, dominierten drei vielseitige Burschen mit ausgeglichenen Leistungen. 22 Aktive machten sich in einem Vierkampfe das Leben sauer. Nicht zur geringen Überraschung aller, erarbeitete sich H. Schneider den 1. Platz und stellte mit seinem Weitsprung von 6,00 m seine sämtlichen Konkurrenten gleich am Anfang in den Schatten. Wenig stark erwiesen sich die Mehrkämpfer in den Würfen, wo im Diskus der zweitplacierte W. Blumer 29,28 m warf und im Speer der Handballer Presser wie gewohnt auf gute 45 m kam. In den Läufen dürfen sich die

Die Schülerabteilung während der Schweizerischen Staffelmeisterschaften 1953: Stehend v.l.: Arno Meyer, Dieter Streicher, Hanspeter Isliker, Erich Böhler, Lieni Werren, Rolf Meier, Heinz Glaser, Heinz Eschmann. Kniend v.l.: René Pauletto, Marius Thiébaud, René Werder, Roger Bänziger, Gusti Müller, Gusti Ellenberger, Marcel von Arx. Photo Hans Bertolf.

Bestleitungen von 7,0 für 60 m (Fäh), 39,0 für 300 m (Kubli) und 2:41,6 für 1000 m (Stückelberger) sehen lassen. Um das Hürdenlaufen zu fördern, wurde im vergangenen Jahr ein Wanderpreis gestiftet, den Kubli erneut gewann. Im weiteren Verlauf des Nachmittags massen sich die Schüler in einer Pendelstafette mit Handicap mit Gastmannschaften, und die Junioren hatten als Handballgegner den Gymnasial-TV empfangen, dem sie nach guter erster Halbzeit schliesslich mit einem Treffer unterlagen. Den Höhepunkt der Veranstaltung bildeten die Stafettenläufe über 4 mal 100 m mit den Gastmannschaften von OB und ATV. Ganz schnell ging es bei den Aktiven zu und her, indem Rotweiss mit 44,2 Sekunden ein Prachtsrennen hinlegte. Basilisk überraschte durch starke Leute und konnte die etwas erneuerten RTVler und die ad hoc zusammengestellte Equipe von OB und ATV sicher halten.»

Das Stichwort *Schule* im Zusammenhang mit den Vorunterrichtsprüfungen lässt uns einmal mehr das Verhältnis zwischen einzelnen Schulanstalten und dem RTV näher betrachten. Erklärtes Ziel des Vereins war es immer, die Aufmerksamkeit der Schüler am Realgymnasium zu gewinnen. Dies konnte in grösserem Ausmass aber nur durch Lehrer, die an dieser Schule unterrichteten, gelingen. Und weil es hier, mit Ausnahme von Willy Tschopp, an Persönlichkeiten, die dem RTV nahestanden, fehlte, kam der direkte Einfluss auf die Schüler immer weniger zum Tragen. Der Nachwuchsförderung musste aber auch deshalb ein zahlenmässiger Erfolg versagt bleiben, weil es ‹uns ferne liegt, möglichst viele Leute aufzunehmen, um einen Grossverein zu züchten. Wir werben lieber wenig neue Mitglieder, die aber mit uns eine Einheit in der RTV-Familie bilden›. Da zudem das Turnen im Verein als Ergänzung zur Schule kein notwendiges Erfordernis mehr darstellte, geriet die Schülerabteilung, einst ‹der Stolz und die Hoffnung unseres Vereins›, zusehends in eine Dotation, die ans ‹Existenzminimum› grenzte. Für die Vereinsleitung besorgniserregend war aber auch der Umstand, dass sich das Verhältnis von Gymnasiasten und Handelsschülern ‹bedrohlich› zugunsten der Realschüler veränderte, weil der RTV eigentlich nur aus Gymnasiasten bestehen sollte. Und auch dieser Tendenz wollten die Verantwortlichen energisch entgegenwirken, ‹wurde doch betont, dass die akademische Kaste im Verein nie richtig funktionierte›. Unter Peter Dettwiler zeigten die von der Vereinsleitung unternommenen Anstrengungen zu einer Reaktivierung bereits im Jahre 1950 wieder ein optimistischeres Bild, stieg doch der Bestand von 21 Schülern auf 41. Von diesen stammten 18 aus dem Realgymnasium, 8 aus dem Mathematisch-Naturwissenschaftlichen Gymnasium, 1 aus dem Humanistischen Gymnasium, 6 aus der Handelsschule, 3 aus der Realschule und 5 aus der Lehrlingsausbildung. Dass Beharrlichkeit sich letzten Endes lohnt, bewies Dr. Ernst Helbling, der mit beispielhaftem Einsatz und individuell angepasster Methodik 1954 die *Juniorenabteilung* zum ‹Prunkstück› des RTV zu erheben vermochte. Seinem begeisternden Aufruf folgend, stellten sich 55 RTVer zur Grundschulprüfung. Dabei imponierte nicht nur die Anzahl der Teilnehmer, sondern auch die erbrachte Leistung, belegte die erste Gruppe doch im Kampf um die Schweizerische Vereinsmeisterschaft unter 174 Mannschaften den vierten Rang!

Die aufgeführte Begründung für die Schwierigkeiten in bezug auf die Rekrutierung von Nachwuchs wäre einer wahrheitsgetreuen historischen Interpretation unwürdig, wenn nicht auch die ‹leidige Geschichte mit *Rotweiss*› Erwähnung finden würde. Wir kennen die Situation, die 1931 entstanden war, als Dr. Erich Dietschi willens war, die Leitung des in argen Nöten liegenden RTV zu übernehmen. Massgebende Altmitglieder aber waren

> *Wenn wir für den RTV eine gedeihliche Zukunft erhoffen, so tun wir es im Vertrauen auf die RTVer. Auch in den kommenden Jahren werden alte und neue Probleme auftauchen, die einsatzbereite und überzeugte RTVer fordern, soll eine gute Lösung gelingen. Mögen sie sich dabei einerseits auf unsere Überlieferungen stützen und trotzdem den Sinn für die Notwendigkeit der unaufhaltsamen Weiterentwicklung erkennen. Je mehr RTVer sich für den Verein interessieren und aus eigener Initiative den Kontakt mit ihren Kameraden suchen, umso besser wird es unserem Verein ergehen, umso mehr RTVer werden ahnen, was alles hinter unseren drei Buchstaben verborgen sein kann!*
> *Dr. Werner Kellerhals, 1954*

damals nicht einverstanden, ‹ihren› Verein in ‹fremde Hände› zu geben. ‹Dito›, wie ihn seine Schüler nannten, fühlte sich durch dieses ‹Misstrauensvotum› in seiner Ehre gekränkt und gründete aus Verärgerung handumkehrt einen Konkurrenzverein, den Sportclub Rotweiss. Mit dem ihm eigenen Dynamismus brachte der beliebte Lehrer am Realgymnasium sein ‹Unternehmen› bald zu grosser Blüte, was natürlich nur ‹auf dem Buckel von RTV› geschehen konnte. Wilde ‹Transfergeschäfte› waren an der Tagesordnung, und ein hartnäckiges, ‹oft hässliches› Werben um die Gunst der Schüler brachte Unruhe in den Schulbetrieb. Dass der RTV grösste Mühe hatte, seine traditionell führende Stellung am Realgymnasium zu halten, mag für einen Teil der Mitgliedschaft Grund genug gewesen sein, dem ‹Gegner› mit unaufhörlichem Argwohn zu begegnen. Die Angehörigen der beiden Schülervereine entwickelten geradezu eine Abneigung gegen einander. Sie grüssten sich nicht mehr, dafür bespöttelten sie sich in allen Sprachen und legten sich gegenseitig ‹üble Platten›. Andere RTVer aber suchten den Weg der Verständigung, der in letzter Konsequenz in einer ‹Vernunftsehe›, einer Fusion, münden sollte: «Ein Verein – eine Schule, ist das Gebot der Stunde.» Trotz ehrenhaftem Bemühen, dieses Problem, das den RTV während Jahren äusserst schwer und bedrohlich belastete, zu meistern, gelang es nicht, die divergierenden Meinungen auf einen gemeinsamen Nenner zu bringen. So versandete manche Sitzung, die dieses Thema zum Inhalt hatte, nicht nur völlig sinnlos, sondern oft auch in demoralisierender Ratlosigkeit und Zwietracht. Zu ernsthaften internen Auseinandersetzungen kam es besonders an der Generalversammlung des Altmitgliedervereins vom 22. November 1937, in Anwesenheit einer Delegation des Schülerturnvereins, als eine Fusion der Schülerabteilung des Sportclub Rotweiss mit den Schülern des RTV in einen Mittelschulturnverein als Sektion des SCR zur Diskussion stand. Die Mitglieder entschieden sich mit 14:5 Stimmen für eine selbständige Weiterführung des RTV. Ausgangs des Zweiten Weltkriegs erschien das ‹Fusionsgespenst› erneut am hoffnungsleeren Horizont des lebensschwachen RTV, dessen Leitung als letzten Ausweg zum Überleben nur noch einen Zusammenschluss mit dem erfolgträchtigen Rotweiss erblickte. Es bedurfte einer mehrseitigen ‹Denkschrift› von Sekretär Werner Kellerhals, der, zutiefst um die weitere Existenz des RTV besorgt, beschwörend auf die führenden Köpfe der ‹Fusionisten› einwirkte und des Vereins einzigartige innere Werte von selbstlosem Idealismus und unverbrüchlicher Freundschaft in Erinnerung rief, um den RTV vor dem Untergang zu bewahren und das Vermächtnis von Adolf Glatz vor Entehrung zu schützen. Die Auflehnung des couragierten Mahners drängte die ‹Fortschrittlichen› zu einem Stillhalteabkommen, aber zu keiner Neubesinnung. Die Fronten der ‹Neuerer› blieben unverrückbar. Die unnachgiebige Haltung wurde denn auch während einer Versammlung der Altmitglieder am 14. Oktober 1946 bekräftigt, als in einer ‹namentlichen Abstimmung› Arthur Fretz, Rudolf Schenkel und Oberst Adolf Grunauer für eine Fusion eintraten, während Walter Christen, Franz Metzger, Jakob Wüthrich, Dr. Hans Hartmann, Dr. Werner Meyer, Max Ott, Werner Blumer, Werner Geistert, Werner Kellerhals, Hans Stuker, Walter Pfister und Hans Brunner eine solche ablehnten.

Damit war das Problem jedoch keineswegs aus der Welt geschafft: Nachdem der ‹allmächtige und diktatorische› Dr. Dietschi bei Rotweiss ‹abgetreten› war, schien ein Zusammenschluss auch andern RTVern möglich. Es kam am 27. Juni 1947 zu einer ausserordentlichen Generalversammlung. Die Diskussionen schlugen hohe Wellen. U.a. befürchtete Felix Stückelberger die Bildung einer RW-Wettkampfsektion und einer RTV-Gesund-

Die erste grössere Reise ins Ausland führte den RTV 1946 nach Holland: «Die Fahrt durchs kriegsverwüstete östliche Frankreich bringt die gewohnten Unzulänglichkeiten mit den französischen Bahnen, die indessen von Kurt Nuber mit Hilfe von Geld und Zigaretten sicher gemeistert werden. Arnhem bietet ein Bild trostloser Zerstörung, doch haben Gärtner inmitten vollständig zerstörter Strassenzüge die schönsten Blumenanlagen hergerichtet. Spiel in Groningen vor 4000 Zuschauern, das wir 7:5 gewannen. Besuch einer Milchfabrik. Grosser Vereinstanzabend. Netter Empfang in Den Haag. Die Dünen sind zum Teil wegen Minengefahr noch gesperrt. Kampferfülltes Spiel vor 500 Zuschauern gegen Hellas, das ebenfalls zu unsern Gunsten endete (8:5). Nochmals fröhlicher Tanzabend. Heimfahrt über Amsterdam, Utrecht, Hertogenbosch, Brüssel. Mit Glück gelingt es uns, im Zug Platz zu finden.» Photo K. A. Steiger.

heitsturnersektion; ‹Büttiker zündete sich einen Frosch an› und Werner Wieser plädierte für eine Verbindung der beiden Schülervereine, welche die Tradition des RTV zweifellos besser wahre. Der überaus offenen Aussprache folgte eine Abstimmung mit Namensaufruf, wobei sich – bei zwei Enthaltungen – 18 Mitglieder für eine Fusion erklärten, 36 aber eine solche ablehnten (Rotweiss hatte mit 31:8 Stimmen einer Vereinigung zugestimmt). Damit war der Glut zu diesem explosiven Konfliktherd der Sauerstoff entzogen. Und weil nie verwerfliche Motive den Fusionsgedanken immer wieder aufflackern liessen, ebnete spontane Toleranz den Weg zur Versöhnung unter den in dieser wichtigen ‹Sachfrage› entzweiten RTVern. Dass bei allen Äusserungen immer das aufrichtig gemeinte Wohl des Vereins, dem sich die meisten Mitglieder gleichsam von Kindsbeinen auf unzertrennlich verbunden fühlten, im Vordergrund gestanden hat, wurde noch im selben Jahr durch eine *Statutenrevision* untermauert. Getragen von der Tradition der Glatzlianer, Morgenhölzler und frühern RTVern, musste eine gesunde sportliche Erziehung in kameradschaftlichem Zusammenschluss auch weiterhin möglich sein: Diese erneuerte Grundsatzerklärung prägte nun wieder uneingeschränkt das Vereinsleben im RTV.

Die sportliche Aktivität haben wir bereits vorgezeichnet, es bleibt uns noch eine Schilderung der *Geselligkeit.* Diese erinnert in ihrer Darstellung nicht mehr an die brillanten Festivitäten der Glatzschen Aera. Auch in dieser Art der Lebensführung hatte sich ein Wandel bemerkbar gemacht. Vorbei war die Zeit, als in unbesorgter, ambitionsloser Atmosphäre die RTVer sich regelmässig zu gemütlicher Geselligkeit einfanden und sich mit probenreichen Darbietungen gegenseitig erfreuten. Die spontane Fröhlichkeit hatte sich dem Erfolgsdruck sportlicher Spitzenleistungen untergeordnet. Ernsthafte Trainingsbesuche vertrugen sich immer weniger mit stimmungsfrohen Stunden im Freundeskreis. Der Pflege der Kameradschaft war weiterhin das Stiftungsfest gewidmet. Dann aber auch der RTV-Abend, die rauschende Ballnacht im Casino oder im Schützenhaus. ‹Die meisten Damen erwartete das Komitee in Lang, die meisten Herren in Schwarz, doch wurden auch karierte Existenzialistenkittel geduldet, falls in Minderheit.› Das einst typische Programm-aus-eigenem-Boden wurde abgelöst durch internationale Galanummern (zu welchen auch die ‹Hausclowns› Männi Arbenz, Megge Afflerbach und Schaggi Weder zu zählen waren). Und anstelle der sagenhaften RTV-Orchester lockten nun unter der ‹Direktion des RTV-Tanzrad› die Darktown Strutters die Tanzlustigen aufs Parkett.

Grund zum Feiern bot selbstverständlich auch das *Jubiläumsjahr* 1954! Höhepunkt reihte sich an Höhepunkt: Im August das grosse Morgenholz-Treffen mit 120 Ehemaligen. Im September die von 350 Teilnehmern beschickten und von Hans Kubli meisterhaft organisierten Jubiläumswettkämpfe auf dem Sportplatz der Old Boys, die durch das Auffliegen von 450 Brieftauben spektakulär eröffnet wurden, und das solenne Bankett mit Ball im Stadtcasino, dem 400 Geladene beiwohnten: «Man fühlte sich von allem Anfang an ausserordentlich wohl im Kreise der grossen RTV-Familie. Schon am Bankett brauchte man nicht lange auf die festliche Stimmung zu warten. Gleich nach den ersten Worten, die Dr. Eduard Frei als Präsident des Festkomitees sprach, wurde man in beste Laune versetzt. Denn seine Begrüssungsansprache war wohltuend unkonventionell und voller köstlicher Pointen. Unter den Gästen wurde Regierungsrat F. Brechbühl fast mehr als ehemaliger Oberturner denn als Vertreter der Behörden begrüsst. Dr. Robert Flatt war den Jubilaren als ältestes Mitglied (mit dem Jahrgang 1863) besonders herzlich willkommen. Der SALV hatte seinen Präsidenten, E. Hess (Bern), abgeordnet. Albert Wagner vertrat den Kantonal-Turnverband und den Schweizerischen Handball-Ausschuss, und ausserdem liessen sich zahlreiche befreundete Organisationen, so namentlich auch die aus dem RTV hervorgegangenen Old Boys, an der festlichen Feier vertreten. Der Präsident des RTV, Dr. Werner Wieser, schilderte in einem kurzen historischen Rückblick die Entwicklung des Vereins, der damals von Papa Glatz mit acht Gewerbeschülern und einem Gymnasiasten gegründet worden war. Heute zählt der RTV insgesamt über 400 Mitglieder, nämlich 40 Schüler, 50 Junioren, 100 Aktive, 30 Damen, 80 Altmitglieder, 110 Passive und 9 Ehrenmitglieder. Diese Entwicklung konnte nur möglich werden dank dem sportlichen freien Geist, der im RTV stets herrschte. Schliesslich sprach auch Regierungsrat Fritz Brechbühl herzliche Worte der Gratulation, worauf die Gäste in den Gelben Saal hinüberwechselten, um dort in der nämlichen heitern Laune einem glanzvollen Festprogramm beizuwohnen. Am Jubiläumsball erreichte die ohnehin schon gehobene Stimmung einige weitere Höhepunkte. Schuld daran waren das heitere Trio Ammann, die Baranovas mit ihren virtuosen Mundharmonikaspässen und namentlich Max Afflerbach, der mit ganz ausgezeichneten Songs brillierte. Die Moskau-Reise unserer Eishokeyaner und die Strophen über ‹Seppe› waren Chansons allerbester cabarettistischer Marke. Schliesslich hielt die Royal-Dance-Band die festliche Stimmung noch etliche Stunden lang wach. Mit den vielen mehr oder weniger tief gesungenen ‹Egons› kehrte im Morgengrauen auch der Berichterstatter heim. Ausser einem etwas schweren Kopf trug er das frohe Bewusstsein mit nach Hause, einem glanzvollen Fest in einer äusserst liebenswürdigen Atmosphäre beigewohnt zu haben.»

In einem Rückblick auf die makellosen Festlichkeiten, die nicht oberflächlichem, vergänglichem äusserm Ruhm gelten wollten, sondern der Freundschaft zwischen ältern und jüngern Mitgliedern, versicherte Eduard Frei, der Geist der Vergangenheit sei wachgerufen und mit dem Leben der Gegenwart in harmonischen Zusammenklang gebracht. Die Ausgangslage für die nächsten 25 Jahre sei damit geschaffen. Wir wollen sehen, liebe Leserin, verehrter Leser, was sie uns gebracht haben...

Die letzten 25 Jahre

Stilstudie von Christi Kühner, dem vorbildlichen und erfolgreichen Spitzenhandballer, der während seiner über 20jährigen Aktivzeit weit über 500 Wettspiele bestritt und dabei mehr als 1500 (!) Tore erzielte.

Eduard Freis Voraussage für eine weitere günstige Entwicklung des RTV fand durch glänzende Erfolge im Handball, der das Vereinsgeschehen nun in einem immer stärker werdenden Ausmass dominierte und auch zur Bildung einer Handballkommission führte, schon bald eine erste Bestätigung. Allerdings stand 1955 der ersten Mannschaft, die zu Vorspielen gelegentlich auf dem Landhof beim FC Basel antrat, im Feldhandball mächtig das Glück bei, dass die Relegation aus der Nationalliga A nicht hingenommen werden musste, denn nur eine um fünf Hundertstelpunkte bessere Koeffizienz (TV Kaufleute Zürich 0,735; RTV 0,788) sicherte den Klassenerhalt. 1956 jedoch gelang einem ausserordentlich jungen Fanionteam, als Folge einer Serie begeisternder Spiele, im Hallenhandball der *Aufstieg in die Nationalliga A*. Paul Legler, zum Direktor des Schweizerischen Impf- und Seruminstituts nach Bern berufen, attestierte später seinen Schützlingen, im Rückblick auf seine denkwürdige Trainertätigkeit, die vollendete Ballbehandlung eines jeden einzelnen. Diese hervorstechende technische Fertigkeit war nur möglich, weil ‹stets junge Spieler in Schüler- und Juniorenmannschaften mit einem verblüffenden Rüstzeug auftauchten›, das es nur sinnvoll weiterzuentwickeln galt. Das ‹Bällele› also lag den RTVern seit je im Blut, und wenn trotzdem immer wieder Leistungseinbrüche zu meistern waren, dann lag dies an der Überbewertung des spielerischen Moments gegenüber der athletischen Komponente.

Das Jahr 1957 zeigte sich für den RTV-Handball überhaupt von der erfreulichsten Seite, denn auch die zweite Mannschaft erkämpfte sich eine Promotion, indem ihr ihre gepflegte Spielkultur den Weg in die 1. Liga ebnete. Der von Hansruedi Herzog, Alois Frey, Erwin Rutishauser, Hanspeter Falck, Walter Massard, Kurt Nuber, Mäni Weber, Hansjürg Weder, Alwin Müller und Gaston Gass bestrittene Aufstiegsfinal gegen Liestal (11:10) war beste Propaganda und versetzte die zahlreichen Schlachtenbummler in einen wahren Freudentaumel. Grund zur Freude lieferten auch die Senioren, die mit ihren sagenhaften ‹Zwischenschrittli› sich erneut als Meister bestätigen konnten. Ein bitterer Wermuthstropfen wurde der handballbegeisterten Gemeinschaft allerdings schon im folgenden Jahr serviert, als die erste und die zweite Mannschaft ‹auf dem Feld› wieder einen Gang tiefer schalten mussten. Bereits zur guten Tradition gehörte 1959 auch die Teilnahme am *Coupe Macolin*, liessen sich die RTVer doch schon zum achten Mal als Turnierpartner einschreiben. Und diesmal stellte sich der längst erwartete Grosserfolg ein, ‹nachdem sie bis jetzt das Abonnement für den zweiten Platz inne zu haben schienen›. Im

Der heutige Bundesrat Dr. Kurt Furgler gratuliert 1960 dem aus Korea ‹eingeflogenen› Hansjörg Glasstetter zur Würde des Schweizer Hallenhandballmeisters, die eben von Gusti Ebi, Hans Thommen, Konrad Eckerle, Peter Eckinger, Niggi Fricker, Peter Walleser, Hubert Kühner, Alex Salathé, Fritz Karlin und Christian Kühner errungen worden war. Photo Alex Aljechin.

Finalspiel gegen TV Oberseminar Bern konnte mit einem Resultat von 14:9 Toren der Sieg an die eigene Fahne geheftet werden, ‹dank der durchdachten Spieltaktik von Karli Weiss. Dann waren die Säulen des Erfolgs vor allem Christi ‹Benzino› Kühner, der ein glänzendes Comeback feierte, und Glatze Pokerface Glasstetter als spritziger, schwedisch hopsender Realisator›. Nun war der Erfolgskurs der RTVer nicht mehr aufzuhalten: Jedes Wochenende gab es neue sportliche Höhepunkte zu melden. Und als schliesslich 1960 *Meisterehren* im Hallenhandball Nationalliga A, Basler Meister der 1. Liga samt Aufstieg in die Nationalliga B sowie im Feldhandball Wiederaufstieg in die Nationalliga A, Aufstieg der 2. und 3. Mannschaft in die 1. Liga und Aufstieg der 4. Mannschaft in die 2. Liga zu Buche standen und auch die Senioren als Meister zeichneten, kannten Stolz und Freude verständlicherweise keine Grenzen. Der Beweis, dass der RTV sich nicht ausschliesslich dem Spitzensport verschrieben hatte, sondern sich auch intensiv um eine Breitenentwicklung bemühte, war erbracht. Und dass dabei die Betreuung der Schüler und Junioren immer ein ernsthaftes Anliegen war, ist an anderer Stelle zu lesen. Dass der Erfolg beflügelt, war umgehend an zunehmendem Interesse zu erkennen, beteiligte sich an der Hallenhandballmeisterschaft 1960/61 doch eine Rekordzahl von neun RTV-Mannschaften. Die 1. Mannschaft wahrte ihre guten Form, entging ihr doch erst im Spiel gegen Grasshoppers mit einer 9:13-Niederlage in der mit 1600 Zuschauern ausverkauften Züspahalle der erneute Titelgewinn. Nicht zu halten vermochte sich die

Zahlreiche Schlachtenbummler aus Basel verfolgten Ende Februar 1960 in der St. Galler Olmahalle gespannt das letzte Meisterschaftsspiel ihrer ‹Lieblinge› und feierten anschliessend begeistert die Meisterschaft. Photo Alex Aljechin.

René Jenni schmettert im Spiel gegen Grasshoppers (13:9) den Ball an die Latte. Die grosse Anzahl der im September 1961 auf die Schützenmatte gepilgerten Zuschauer liess sich nicht feststellen, weil der Kassier den Match ‹verschlafen› hatte ... Photo Kurt Baumli.

‹Bomber vom Dienst› Herbert Lübking, gefürchteter Schütze aus zweiter Linie von Grünweiss Dankersen, gratuliert Koni Eckerle zum guten Spiel, das die berühmte Deutsche Mannschaft 1963 vor 1200 Zuschauern in der Kongresshalle mit 26:22 für sich entschieden hatte. Photo Hanns Apfel, Lörrach.

3. Mannschaft in der 1. Liga; ihr wurde ein gewisser Hochmut zum Verhängnis, der im Abstieg seinen Niederschlag fand. Dasselbe Schicksal ereilte 1963 auch die 2. Mannschaft, die ihren Platz in der Nationalliga B verlor. Über eine beachtliche Leistungskonstanz wies sich dagegen weiterhin die 1. Mannschaft aus, welche 1964 die Feld- und Hallenmeisterschaft als Vizemeister abschloss und damit dem scheidenden Karl Weiss, dem Baumeister der grössten RTV-Handballerfolge, ein eindrückliches Abschiedsgeschenk bereitete. Sein Erbe wurde Walter Strohmeier anvertraut, der seine Berufung auf Anhieb rechtfertigte: Unsere RTV-Spieler durften 1965 als erste Basler den *Schweizer Cup* im Feldhandball entgegennehmen. Zudem wurde unser Verein mit der Trophäe für den erfolgreichsten Schweizer Feldhandballclub ausgezeichnet.

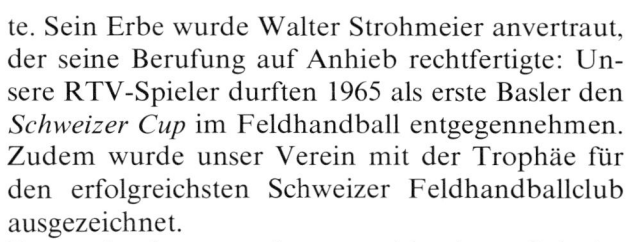

Es mag für den gesunden, unverblendeten Geist im RTV bezeichnend gewesen sein, dass trotz den ausgesprochenen Erfolgen im Feldhandball auch unser Verein mit Besorgnis die ungünstige Entwicklung dieser Disziplin verfolgte. Und als massgebende Kreise den Mut aufbrachten, mit der Tradition zu brechen und nach neuen Formen zu suchen, wurde auch aus unserer Mitte Unterstützung angeboten. Mit Grasshoppers, Pfadi Winterthur und BSV Bern verzichtete RTV 1966 auf eine weitere Teilnahme an der Feldhandballmeisterschaft, um einer Versuchsmeisterschaft im *Kleinfeldhandball* auf Hartplätzen zum Durchbruch zu verhelfen. Mit der Rollschuhbahn Morgarten an der Nidwaldnerstrasse beim Buschwilerhof stand dem ‹Hallenhandball im Freien› eine ideale Anlage zur Verfügung. Bereits das Probespiel gegen den ATV Baselstadt verlief ganz nach dem Geschmack der 800 Zuschauer und versprach der zukunftsorientierten Sportart, die als ‹Ursprung des Handballs› bezeichnet wurde, eine hoffnungsvolle Entwicklung. Die Begeisterung im RTV war so gross, dass noch im selben Jahr ein internationales Turnier durchgeführt wurde, zu welchem Rotweiss Lörrach, BSV Bern und Grasshoppers eine Einladung erhielten. Die dabei gesammelten Erfahrungen aber genügten noch nicht, um in der ersten Meisterschaft eine absolut entscheidende Rolle zu spielen: Es reichte für unsere beiden Mannschaften ‹nur› zu Ehrenplätzen! Während ‹im Feld› die Farben des RTV nunmehr nur noch in der 1. Liga, der höchsten Spielklasse, vertreten waren, vollbrachte die erste Mannschaft 1967 im Kleinfeldhandball einen Husarenstreich, indem sie sich unerwartet die 1. Auflage des *Regio-Cup* durch eine sensationelle Maximalpunktezahl zuschreiben liess. Auch der 3. *Morgartencup* wurde ‹eine sichere Beute› der RTVer: «Während die Realturner ihr erstes Nachmittagsspiel pomadig begannen, legten sie gegen FC Mulhouse ein Spiel hin, das zum Eindrücklichsten gehört, was wir bis heute im Handball gesehen haben. Nach insgesamt zwei Stunden Spiel legte RTV einen Endspurt hin, so als ob die Spieler noch völlig frisch wären: RTV war die grosse Überraschung dieses Morgartencups.»

Einen verdienten Erfolg landete die 2. Mannschaft 1968 im Kleinfeldhandball, welche als Basler 1.-Liga-Meister in den Final einzog und nach einem 13:6-Sieg über Rover Kirchdorf den Wiederaufstieg in die Nationalliga B schaffte. Auch RTV V wartete mit überragenden Leistungen auf und sicherte sich den Titel eines 2.-Liga-Meisters. Ein böses Erwachen brachte das folgende Jahr dem RTV, doch ‹nehmen wir das Erfreuliche vorweg: Unsere Senioren wurden wieder einmal Basler Meister – Kunststück mit einer halben Exnationalmannschaft. Was weiter oben geschehen ist, darüber schweigt des Sängers Höflichkeit ...› Dem Chronisten jedoch ist es aufgetragen, in dieser Sache Klarheit zu vermitteln: RTV I und RTV II beendeten die Hallenhandballmeisterschaft 1968/69 auf dem letzten Platz und wurden in die Nationalliga B bzw. in die 3. Liga relegiert!

Der sportliche Misserfolg führte aber keineswegs zur Resignation, sondern zu einer Neubesinnung, welche die innere Substanz im Verein einmal mehr einer Qualitätskontrolle unterzog. Diese war ausreichend genug, um aus Niederlagen eine Tugend zu machen und mit neuem Mut auszugleichen, was verloren gegangen war. Bereits in der folgenden Kleinfeldmeisterschaft gehörte RTV mit einem dritten Platz wieder zu den besten in der Nationalliga A und stellte mit Gusti Ebi, der 72 Volltreffer zu verzeichnen hatte, zum ersten Mal einen Schweizerischen Torschützenkönig. Mit einem 27:11-Sieg gegen Yellow Winterthur, der den Schweizer-Meister-Titel der Nationalliga B bedeutete, sorgte zudem die 2. Mannschaft, von ‹Fätze› Bernhard umsichtig gecoacht, für eine überaus erfreuliche Überraschung. ‹Die alten Kämpen im Team der Basler spielten wie einst im Mai. Bestimmt wird der einwandfrei errungene Titel in der Chronik des RTV einen besondern Platz einnehmen, denn diese Meisterschaft bewies, dass Handballbegeisterung und spielerische Klasse auch von nicht mehr ganz jungen Jahrgängen mit Erfolgen verbunden werden können.› Der ‹altgedienten› Meistermannschaft gehörten an: Edi Wickli, Enzo Mengassini, Niggi Fricker, Werner Ebi, Peter Buchmüller, Hubert Kühner, Christophe Loetscher, Hansruedi Däschler, Werner Dietiker, Peter Habegger, Heiner Boerke und Christian Kühner. Einen prächtigen Erfolg holte sich der RTV auch durch die Organisation des 4. Morgartencups aus Anlass des 90jährigen Bestehens. Es gelang ihm nicht nur, Steaua Bukarest, die ‹weltbesten Handballer›, zu verpflichten, welche denn auch die rund 1000 ‹begeisterten Zuschauer immer wieder zum Applaus auf offener Szene herausforderten›, sondern es kam dabei

‹Shake hands› der Captains des Hamburger Sportvereins und des RTV. Die Basler hatten 1962 in einem Vorrundenspiel um den Grenzlandpokal in Lörrach den Norddeutschen Meister mit 7:5 bezwungen.

‹Zwei Handballprofessoren im Gips›: Coach Karl Weiss und Christi Kühner, 1962. Photo Kurt Baumli.

Faszination des Kleinfeldhandballs! 1966 verzichtete der RTV zugunsten des Kleinfeldhandballs auf eine weitere Teilnahme der ersten Mannschaft im Feldhandball. Photo Kurt Baumli.

ebenso zu einem freundschaftlichen Handschlag mit dem ATV, denn ‹nie waren die beiden Basler Vereine so zerstritten wie im letzten Jahr; Transfers zwischen den beiden Mannschaften lösten Fehden aus, die unüberwindlich schienen›. In den untern Ligen blieben Erfolge ebenfalls nicht aus. Die zweite und die dritte Mannschaft erkämpften sich im Hallenhandball den Aufstieg in die 2. Liga, womit unsere Farben nun im Sommer wie im Winter in der 2. Liga mit einer dritten Mannschaft vertreten waren. Eine höchst eigenartige Situation ergab sich 1970, als die dem Abstieg verfallende erste Mannschaft in der Kleinfeldmeisterschaft der Nationalliga A durch die zweite Mannschaft ersetzt wurde, die nach einem hauchdünnen Finalsieg gegen Rieter Winterthur die B-Meisterschaft für sich hatte entscheiden können. Im Hallenhandball aber war die Vormachtstellung der ersten Mannschaft nicht zu erschüttern. Das Team, nun vom erfahrenen und schlauen Christi Kühner geführt, hatte nur ein Ziel vor Augen: den *Wiederaufstieg* in die oberste Spielklasse. Und dieser glückte denn auch 1971. In Aarau von ‹einem Grossaufmarsch von begeisterten jungen und alten RTVern, welche die Aargauer Metropole geradezu überschwemmten und einen ganzen Hallensektor füllten, jubelnd unterstützt und pausenlos angefeuert›, wurde Amicitia Zürich mit 17:14 Toren auf die Knie gezwungen. ‹Und somit war man wieder zuoberst auf dem Leiterli.›

Im Aufstiegsjahr 1971 standen der ersten Mannschaft leider noch keine eigenen Junioren zur Verfügung, welche in der obersten Spielklasse hätten mithalten können. Aus dem in die 1. Liga abgestiegenen Turnverein Kaufleute meldeten sich dessen drei beste Spieler für die Aufnahme in unserer Mannschaft. Dem Übertritt wurde nach Rücksprache mit den Verantwortlichen des befreundeten Vereins zugestimmt.

Doch schon im nächsten Jahr gelang der Klassenerhalt nur mit grössten Anstrengungen und buchstäblich in letzter Minute, obwohl Dieter Knöri, als Torschützenkönig der obersten nationalen Spielklasse, nicht weniger als 54 Tore schoss! Noch belegte der RTV in der ‹ewigen Rangliste› des Schweizer Handballausschusses im Feld der 17 gewerteten Mannschaften den vierten Platz (hinter Grasshoppers, St. Otmar St. Gallen und BSV Bern). Der Abstieg aus der Nationalliga A war schon 1973 jedoch nicht mehr zu vermeiden,

Die RTV-Deckung hält nochmals dicht. Szene aus dem Meisterschaftsspiel gegen den Lokalrivalen ATV, das im Februar 1978 mit 17:15 verloren ging, was praktisch bereits den Abstieg in die Nationalliga B bedeutete. Photo Kurt Baumli.

obwohl der Verein mit seinen 15 Mannschaften, welche die Meisterschaft bestritten, über eine aussergewöhnlich breite Basis verfügte. Trotz einem beschwörenden Appell von Christi Kühner an die Titulare des Fanionteams, mit letztem Einsatz die Ehre des RTV zu retten, hatten sich diese nicht zu einer ‹totalen Hingabe› durchringen können: Ein ‹knockout› vor dem Zielstrich schien erträglicher! Die empfindliche Niederlage auf dem Sportplatz war nicht nur dem Versagen der Aktiven zuzuschreiben, sondern auch der zündenden Unruhe, die ein unbewältigter Generationenkonflikt entladen hatte. Mit der Neuorganisation der Kompetenzen in der Vereinsleitung, der Bezeichnung eines ‹Gremiums für Spitzensport› und der Formulierung einer klaren Zielsetzung wurde von fähigen und besonnenen Köpfen, im Sinn und Geist alter RTV-Tradition, die drohende ‹Untergangsstimmung› umschifft und das lecke Boot wieder ‹auf Mann› gebracht. Im Rahmen eines von Max Benz, Fritz Karlin und Rolf Leimbacher erarbeiteten ‹Dreijahresplanes›, der die erste Mannschaft völlig dem Leistungssport verpflichtete und auf der Basis von Gönnerbeiträgen von jährlich Fr. 25000.– die notwendigen finanziellen Voraussetzungen schuf, wurde die ‹organisatorische Trennung von Spitze und Breite› herbeigeführt und eine rasche Entwicklung zu einem ‹modernen, der Zeit angepassten Verein› angestrebt.

Die schwere Aufgabe, ‹aus dem Scherbenhaufen wieder ein Ganzes zu bauen, ist im sportlichen Bereich Hansruedi Stoll übertragen worden. Dies ist ihm dank einem persönlichen Parforce-Einsatz, einer einzigartigen Einstellung sämtlicher Spieler und der finanziellen Unterstützung vieler Freunde unseres Vereins programmgemäss gelungen. In einem Dreijahresplan ist der Wiederaufstieg anvisiert und auch realisiert worden.› In einem äusserst kampfbetonten, nervösen Spiel schlug im März 1977 unsere erste Mannschaft in der Berner Spitalackerhalle die heimische Gymnastische Gesellschaft mit 16:12. ‹Die Mannschaft wurde getragen durch eine frenetisch mitgehende grosse Supporterschar (mindestens 70 RTVer und RTVerinnen), die während vollen 60 Minuten die Mannschaft mit einem dröhnenden R-T-V, R-T-V unterstützte.› Mit diesem hartekämpften Sieg war der Wiederaufstieg gelungen, die B-Meister-Würde allerdings musste dem Lokalrivalen ATV überlassen werden. Der ganz grosse Wurf blieb auch der zweiten Mannschaft versagt, die wohl die Regionalmeisterschaft für sich beanspruchen konnte, den Aufstieg in die 1. Liga aber nicht schaffte. Dafür erreichte RTV V die nächst höhere Spielklasse. Und auch die Senioren durften sich erneut am Meisterbecher laben.

Es musste besonders für die beiden neuen RTV-Spitzenfunktionäre, Präsident Edi Kühner und Trainer Walter Jenni, eine herbe Enttäuschung darstellen, dass ihre enormen Anstrengungen, das ‹Aushängeschild› unseres Vereins auf jeden Fall bis ins Jubiläumsjahr in der Paradeklasse des am 7. Dezember 1974 gegründeten Schweizerischen Handballverbandes leuchten zu sehen, des erwarteten Glanzes zu entbehren hatten: Trotz verzweifeltem Bemühen, das ‹Steuer doch noch herumreissen zu können›, musste schliesslich am Vorabend des 100. Geburtstages des ehemaligen Realschülervereins die Verabschiedung aus der Nationalliga A als ‹bittere Pille› in Kauf genommen werden. Dass die Vereinsleitung nicht missmutig der Schuldfrage nachgrübelte und mit Vorwürfen hantierte, sondern den glücklosen Spielern ein herzhaftes Wort des Dankes für ihren Einsatz im Oberhaus zurief und zuversichtlich einen wiederholten Wiederaufstieg ins Auge fasste, entspricht unverfälschter RTV-Tradition und verbürgt auch im neuen Vereinsjahrhundert einen kameradschaftlichen und vernünftigen Einsatz für die Verwirklichung sinnvoll gewandelter Glatzscher Ideale und Vorstellungen.

Mit einem unaufhaltsamen Aufschwung des Handballs im RTV wurde besonders die *Leichtathletik* immer mehr in eine ihr gar nicht zustehende Statistenrolle gedrängt. Dieser offenbar kaum vermeidbaren Situation steuerten mit beispielhaftem persönlichen Einsatz namentlich Hans Kubli, Felix Stückelberger und Möpsli Baumgartner unentwegt entgegen. Ihre Zuneigung galt nicht so sehr der sportlichen Betätigung durch das Spiel, denn den drei grossen Idealisten war harte, disziplinierte individuelle Körperschulung auf den Leib geschnitten. Es bedurfte einer imponierenden Überzeugungskraft, auch einen zahlenmässig nur bescheidenen Harst von Mitgliedern zum Mitmachen anzuspornen und anzuhalten. Dafür erwies sich dann die kleine Gemeinschaft viel resistenter gegen ungünstige Einflüsse von aussen. Und weil sportliche Erfolge nur ausnahmsweise im Vordergrund standen, blieben auch innere Spannungen aus. Trotzdem wurde auf der Aschenbahn wie auf den Wurf- und Sprunganlagen nach modernster Methodik seriös trainiert, und auch der unscheinbarste Wettkampf wurde gewissenhaft vorbereitet. Neben unserer mehrfachen Schweizer Meisterin, Babette Schweizer, die 1956 ‹den Verein leider verliess, weil es nicht gelang, eine Damen-LA-Gruppe auf die Beine zu stellen›, liessen sich auch Werner Bomberger und Peter Walleser im Hochsprung, Markus Rahmen und René Stalder im Kurz- und Mittelstreckenlauf mit einer gewissen Konstanz ausgezeichnete Resultate notieren. Dann aber auch Niggi Fricker und Fritz Karlin, die gerade wegen ihrer hervorragenden athletischen Qualitäten auch als glänzende Handballer reüssierten und damit deutlich

Kraftvoller Einsatz beim Nationalliga-B-Match RTV gegen BTV, 1977. Die «Realschüler» besiegten die «Bürger» im heissumkämpften Stadtrivalenspiel mit 17:16 und äufneten damit weiterhin ihr Punktekonto für den angestrebten (und erreichten) Aufstieg. Photo Kurt Baumli.

Rund ein dutzendmal beteiligte sich der RTV mit einer Läuferequipe am populären Florimont-Cornet-Gedenklauf im elsässischen Wittenheim, zusammen mit der Gehervereinigung Basel und dem Velo- und Motoclub Olympia. Auf dem Bild die Läufer René Bachmann, Hamed Bachmann und Eugen A. Meier, 1957.

Schüler und Junioren üben sich während des Pfingstlagers 1961 in Gehren bei Aarau im Kartenlesen. Photo Alex Aljechin.

die Aussage von Max Benz unterstrichen, dass ein Spitzenhandballer, der keine vier Meter weit springe, sich schleunigst aus dem oberklassigen Handball zurückziehen solle. So stark die eigentliche Leichtathletik im RTV an Boden verlor, so erstaunlich gross war das Interesse an der Bewegung in Feld und Wald. Bei *Geländeläufen* in der engern und weitern Umgebung waren immer RTVer anzutreffen, wie Willy Schott, Rolf Leimbacher, Eugen A. Meier oder Lieni Werren. Am eindrücklichsten aber war die Beteiligung jeweils am vereinsinternen populären RTV-Geländelauf im bewährten Laufgebiet auf der Rütihard, der 1969 mit einem 68köpfigen Teilnehmerfeld einen prächtigen Rekord aufwies. Noch mehr an Bedeutung gewann der *Orientierungslauf.* Hans Kubli fand es 1962 gar lohnend, zur zweckmässigen Schulung der vielen OL-Läufer eine eigene Abteilung zu gründen. Ausgerüstet mit guter Kondition und nützlichen Spezialkenntnissen, wagten sich oft bis zu 8 Equipen auf die Loipen und erreichten nicht selten höchst beachtenswerte Plazierungen. Neben dem von Rolf Leimbacher bzw. Balz Gisin geführten ‹Crack Team›, tauchte nun auch der Name ‹Cross runners› im obern Teil von Ranglisten auf. Und als Einzelläufer wussten sich besonders Stefan Cornaz, Roland Eggli, Walter Fankhauser, Franz Zeiser und Alain Breitler in Szene zu setzen. Als 1967 der RTV an rund 30 Orientierungsläufen vertreten war und 1970 gar eine imponierende Siegesserie am Basler OL, am Baselbieter OL, am Basler Satus OL, am Berner OL und am Mustermesse OL registrierte, schien der Kulminationspunkt erreicht. Die während einigen Jahren gefeierte Disziplin verlor nun stetig an Anziehungskraft und vermochte kaum mehr Motivation auszustrahlen. Mit dem Niedergang des Orientierungslaufs verkümmerte auch das einst weitberühmte RTV-Organisationstalent für die Durchführung von Grossanlässen. Geländeläufe, Crossmeisterschaften, Orientierungsläufe und Mehrkampfmeisterschaften hatten durch einen minutiös eingespielten RTV-Funktionärsstab einen mustergültigen Ablauf gefunden, was das Ansehen unseres Vereins auch auf diesem Gebiet um ein Wesentliches erweitert hat.

Wie in den Vereinsstatuten von 1978 erneut festgehalten wird, gehört die Weiterführung der Tradition der Glatzlianer immer noch zu den Grundzielen des RTV 1879. Die tiefe Verwurzelung dieser Bestimmung wird auch durch die letzten 25 Jahre Vereinsgeschichte deutlich, ist doch einer aufgeschlossen geführten *Schüler- und Juniorenabteilung* ununterbrochen grösste Aufmerksamkeit geschenkt worden. Im Mittelpunkt der Bestrebungen lag einerseits eine hinreichende körperliche Ausbildung mit Laufschule, Gymnastik, leichtathletischen Übungen und Ballspielen, andrerseits aber das bewusste Ausformen positiver Charaktereigenschaften. Das für den RTV typische Festhal-

Stimmungsbild aus den Regionalen Geländelaufmeisterschaften 1966.

Alex Aljechin, Begründer des Zürrer-Cups. Für jedes seiner Turniere – er ist heute bei der 28. Auflage angelangt! – entwirft der initiative Organisator ein ausgeklügeltes Spielsystem, das jeweils grosse Bewunderung auslöst.
▽

ten an der überlieferten sozialen Struktur blieb bestehen und deshalb blieb die Rekrutierung des Nachwuchses an den Gymnasien und an der Handelsschule vorrangig. Damit dies wirkungsvoller geschehen konnte, hätten auch die Sportpädagogen aus den entsprechenden Schulanstalten stammen sollen. Doch das Problem, einsatzbereite, fähige Leiter zu finden, war auch anders kaum zu lösen. So musste man besonders bankbar sein, die Schülerabteilung, die fortwährend 40 Buben umfasste, der Verantwortlichkeit eines Willy Witt oder eines Hansruedi Hermann anvertrauen zu können und dabei die Gewissheit zu haben, dass in jedem Fall hohes menschliches Verantwortungsbewusstsein die Gestaltung der Turnstunden inspirierte und überwachte. Eine regelmässige Wettkampftätigkeit brachte nicht nur ‹Leben in die Bude›, sondern liess auch den Stand des Leistungsniveaus ermitteln. Schülermeetings, etwa mit dem SC Liestal und dem FC Concordia, beinhalteten Hindernislauf und Handball. Eine Fahrt nach St. Gallen im Januar 1962, zusammen mit dem HC Vogelsang (handballspielende Nordsternfussballer), gipfelte in einem tollen zweiten Platz an der ‹Schweizer Schülermeisterschaft›. Aber auch im Basler Handball spielten unsere Schüler mit ihrem halben Dutzend Mannschaften eine gewichtige Rolle. Zu zweimal Gold reichte es um 1966, als die erste Schülermannschaft die Hallenhandballmeisterschaft bei den Junioren B und die zweite Mannschaft bei den Junioren C den Titel holten. Die vierte Mannschaft entschied zwei Jahre später alle ihre Spiele für sich und liess sich als Champion der C-Kleinfeldmeisterschaft ausrufen. Neben dem Handball versuchten sich die Schüler auch wacker in der Leichtathletik. An Abendmeetings und an Staffelläufen wurde selbstbewusst das Können demonstriert. Im Kugelstossen gelang im Jahre 1970 Basler Meister Migmar Raith wie auch Regionalmeister Markus Bläsi ein überlegener Sieg.

Die Pièce de Résistance aber bildete nach wie vor das alljährliche *Stiftungsfest*, bei welchem die Schüler die Hauptakteure bilden. Der Austra-

Anlässlich des 50-Jahr-Jubiläums der Schweizer Mustermesse lassen RTVer die festliche Nachricht durch Brieftauben in die Welt hinaustragen. 1966, Photo Hans Bertolf.

Guido Nussbaumer gibt den Start zum 80-m-Lauf während des Stiftungsfestes 1963 frei. Photo Othmar Wenk.
▽

gungsmodus des seit der Gründung zentralen Anlasses des Vereins, dessen einstiger Glanz nun matte Patina überzog und weder für Jugendliche noch für Aktive ein Ereignis darstellte, an dem es um jeden Preis teilzunehmen galt, bedurfte aber allmählich einer Erneuerung. So kam 1974 die ‹RTV-Olympiade› erstmals in einer Form zur Durchführung, die sowohl die Leichtathletik wie das Handballspiel zum Zuge kommen liess, die aber auch den rein menschlichen Aspekt berücksichtigte, und Schranken in bezug auf Geschlecht und Altersklasse abbaute: «Dank minutiöser Vorbereitung unseres technischen Sektors mit Hans Kaderli, Felix Forster und Mäni Seckinger an der Spitze und einer grossartigen Festwirtschafts-Organisation der Gebrüder Kühner ist das RTV-Stiftungsfest in neuem Gewande zu einem vollen Erfolg geworden. Wohl waren die Meldungen in der Aktiven-Serie noch sehr bescheiden. Bei den Junioren und Mädchen hingegen waren die Besetzungen erstmals ausgezeichnet, so dass vor allem in diesen Kategorien prächtige Spiele zu verfolgen waren. ‹Ohne Leichtathletik kein Handball und umgekehrt›, war die These der Organisatoren. Die Jugendmannschaften waren darum verpflichtet, mindestens drei Spieler für einen leichtathletischen Wettkampf, bestehend aus Lauf, Wurf und Weitsprung zu melden. Ausserdem wurde als Spezialdisziplin der traditionelle 600-m-Lauf durchgeführt, wobei diese Rahmenkämpfe dem Fest ein eigenes Gepräge gaben, die wohl nicht mehr ans ursprüngliche RTV-Stiftungsfest in seiner speziellen Art erinnerten, aber immerhin manifestierten, dass es für einen guten Handballer ebenfalls einen ebenso guten Leichtathleten braucht. Eine besondere Note erhielt der Wochenend-Anlass durch zwei je am Schluss jeden Tages angesetzte Handballspiele unserer Aktiven der 60er und 70er Jahre. Am Samstagabend nämlich trafen sich bei Flutlicht die Grossfeld-Mannschaften von ATV Baselstadt und RTV 1879 der Jahre 1963–1966. Die Senioren demonstrierten denn auch Grossfeldhandball, dass verschiedenen Besuchern dieser einmaligen Darbietung das Augenwasser zuvor-

Junioren-Schweizermeister über 110 m Hürden Werner Besse (zweiter v.l.) mit Hans Briner, Erich Spothelfer, Otto Gygax und Robert Baumann während der Basler Meisterschaften 1944.

Das RTV-Fanionteam 1962 mit Gusti Ebi, Niggi Fricker, Rolf Leimbacher, Fritz Karlin, Werner Ebi, Alex Salathé und Romano Anselmetti, Peter Walleser, Enzo Concari, René Jenni, Hubert Kühner. Nicht auf dem Bild: Werner Dietziker und Jonny Brügger.
▽

derst stand, weil ja bekanntlich diese Sportart auch in unserem Land als abgeschrieben gelten muss. Die recht zahlreichen Zuschauer dankten aber diesen alten Kämpfern mit herzlichem Applaus für ihre gekonnten Spielzüge und es ist nur zu hoffen, dass auch junge Handballer die eingestreuten technischen Finessen dieser alten Routiniers zu ihrem eigenen Nutzen beobachten konnten. Das Resultat spielte eine absolut nebensächliche Rolle. Das bessere Ende behielten in dieser Hinsicht die Realschüler für sich, indem das Schlussresultat mit 13:7 gemeldet wurde. Am Sonntagabend waren dann die Schützlinge um Hansruedi Stoll auf dem Hartplatz zum Schlussgang an der Reihe, indem unsere neugeformte 1. Hallenhandballmannschaft gegen die Nati-A-Mannschaft aus Zofingen zu einem Repräsentativspiel antrat. Auch dieses Spiel wusste alle Anwesenden restlos zu begeistern. In einem niveaumässig recht ansprechendem Treffen besiegte RTV seinen höherklassigen Gegner nicht unverdient mit 13:12. Mit der Preisverteilung der Handballturniere des 2. Tages wurde das 95. Stiftungsfest abgeschlossen und dabei festgehalten, dass inskünftig das zweitletzte Wochenende des Monats August jeweilen für diese Handballturniere im Rahmen unseres Stiftungsfestes auf der Schützenmatte reserviert werden wird.»

Wie die oft über 100 Schüler, so beanspruchten auch die Hundertschaft der Junioren von der Vereinsleitung konzentrierte Aufmerksamkeit. Hier waren es besonders Alex Aljechin und Dr. Fritz Helber, die sowohl Talente wie sportlich weniger begabte oder interessierte Burschen in ihrer Entwicklung weiter förderten. Der Zug zum Handball war auch bei den Junioren unübersehbar. Immer bildeten überdurchschnittlich aufspielende Nachwuchsleute ein solides Rückgrat für gute Teamleistungen. Und weil diese nicht vorzeitig als Verstärkung für Aktivmannschaften herangezogen wurden, stellten sich kontinuierlich Erfolge ein: 1960 Basler Meisterschaft für RTV I und III, 1965 für RTV II, 1967 und 1968 für RTV I und 1978 Regionalmeisterschaften für Junioren B, er-

Die Jüngsten erwarten gespannt den Augenblick der Preisverteilung am Stiftungsfest 1960.

Entwurf für eine Einladungskarte von Myrtha Blumer-Ramstein, 1968.

gänzt durch zahlreiche vorzügliche Resultate an laufenden Meisterschaften und Turnieren, von welchen das gute Spiel gegen den Schwedischen Juniorenmeister H43 Lund (1971) und der Sieg am gut besetzten Internationalen Nachwuchsturnier von 1972 besondere Erwähnung verdienen. Als eigentliche Pionierleistung ist die 1978 von unserm Verein eröffnete RTV-Handballschule zu werten, die, zur sinnvollen Ergänzung des Vereinstrainings, unter der Leitung des Nationaltrainers 40 Junioren die hohe Kunst des faszinierenden Handballspiels näherbringt. Mit Peter Herrmann stellte unsere Juniorenabteilung 1975 auch einen B-Internationalen.

Dünn gesät waren im Kreis der Junioren dagegen aussergewöhnliche Ergebnisse in der Leichtathletik, wenn wir die hervorragenden Leistungen Roger Brennwalds abstrahieren. Dass es dabei auch in dieser Sportart keineswegs an begabtem Nachwuchs gefehlt hätte, war besonders 1955 unverkennbar, als die RTV-Junioren Ueli Forrer, Niggi Fricker, Arno Meyer und Peter Walleser anlässlich der Schweizerischen Vereinsmeisterschaft in der Kategorie *Vorunterricht* das beste Resultat ‹gen Fähigkeiten der Jugend›, stellte 1964 der RTV mit 99 Teilnehmern die grösste Anzahl von Prüfaller 236 teilnehmenden Mannschaften erzielten und dafür aus der Hand von Regierungsrat Fritz

Sympathisch

Der Realschüler-Turnverein 1879 Basel, besser bekannt unter der Abkürzung RTV 1879 Basel, blickt auf eine besonders erfolgreiche Hallenhandballsaison zurück. Von acht Mannschaften kamen fünf zu Meisterehren. Zwei Juniorenmannschaften, die Senioren; die zweite Mannschaft stieg in die Nationalliga B auf und die erste wurde Schweizer Meister.

Die RTV-Zeitung, die wegen ihrem bemerkenswerten Niveau und der sportlichen Gesinnung, die viele Beiträge kennzeichnen, unter den schweizerischen Vereinsblättern einen besondern Platz einnimmt, kommentiert diesen ‹noch nie dagewesenen Erfolg› auf besonders sympathische Weise. Vereinspräsident Dr. Peter Dettweiler schreibt nämlich u. a.:

‹Der Glanz sportlicher Erfolge verblasst sehr rasch, und wir wollen trotz aller Freude darüber das Hauptgewicht nicht darauf legen. Wichtig ist der Geist, in dem solche Erfolge errungen und nachher verdaut werden. Es hat jeden alten und jungen RTVer immer gefreut, zu lesen und zu hören, dass unsern Mannschaften immer das Zeugnis der guten sportlichen Einstellung und des sympathischen und anständigen Benehmens auf dem Spielfeld ausgestellt worden ist. Diese 'gute Presse' ist mindestens so wichtig wie die äusserlichen Erfolge. Ich zweifle nicht daran, dass wir diese gute Tradition weiter behalten werden.

Die errungenen Erfolge bringen ohne Zweifel auch Verpflichtungen mit sich. Ein Ausruhen auf den Lorbeeren gibt es im Wettkampfsport nicht. Wir haben verschiedenes zu verteidigen, und es soll unser Ziel sein, in fairem Wettkampf unsere Haut so teuer wie möglich zu verkaufen. Dies setzt voraus, dass alle weiterhin im gleichen Rahmen trainieren. Ich bin sicher, dass alle, die bis jetzt mitgefochten haben, mit der gleichen Begeisterung weitermachen werden, ist doch das Training bei uns keine 'Muss-Institution', sondern die von jedem gesuchte Gelegenheit zum Betreiben des Lieblingssportes im Kreise guter Kameraden. Der Sport soll ja der gesunde Ausgleich zum Berufsleben sein. Wir alle wollen hoffen, dass sich der vorhandene gute Geist der Kameradschaft und Freundschaft erhalten lässt. Wenn wir weiterhin so zusammenhalten, kann es nicht fehlen und wir können frohen Mutes in die Sommersaison starten, die uns sicher im Handball und in der Leichtathletik manch frohes gemeinsames Erlebnis bringen wird.›

Es ist auch im Sport so: Demut adelt einen Meister, und kein Sieger ist sympathischer als der bescheidene. Deshalb haben wir uns an den schönen Erfolgen der RTVer besonders gefreut.

‹Sport›, 1960

Anne und Felix Forster-Mollinet besprechen mit einem Sextett aus der Minihandballschule taktische Pläne! 1978. Photo Hanns Apfel, Lörrach.

Geballte Konzentration beim 80-m-Hürdenlauf der Schüler, 1961.

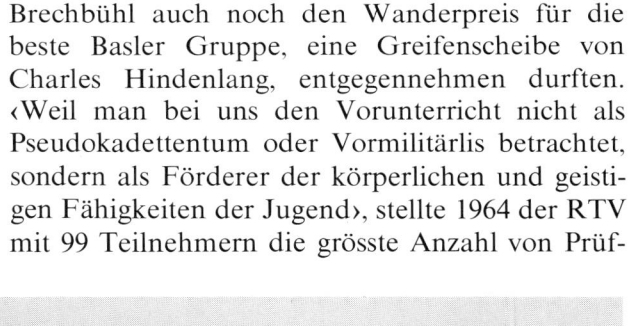

Brechbühl auch noch den Wanderpreis für die beste Basler Gruppe, eine Greifenscheibe von Charles Hindenlang, entgegennehmen durften. ‹Weil man bei uns den Vorunterricht nicht als Pseudokadettentum oder Vormilitärlis betrachtet, sondern als Förderer der körperlichen und geistigen Fähigkeiten der Jugend›, stellte 1964 der RTV mit 99 Teilnehmern die grösste Anzahl von Prüflingen in der Region. Zur Finalberechtigung reichte es erneut in den Jahren 1966/68/70: «Die drei stärksten Vorunterrichtsmannschaften des Kantons Basel-Stadt bestreiten jährlich einen Finalwettkampf, wobei mit Ausnahme des Kletterns alle Disziplinen der Grundschulprüfung ausgetragen werden. In jeder Disziplin können die besten Wettkämpfer eingesetzt werden, jedoch darf ein Wettkämpfer nur in zwei Disziplinen gewertet werden. Pro Wettkampf haben immer zwei Athleten anzutreten, deren Leistungen nach der internationalen Wertungstabelle (Scoring Table) beurteilt werden. Traditionsgemäss trafen die Mannschaften von Old Boys, des TV Kleinbasel und des RTV aufeinander. Leider war die RTV-Mannschaft nur zum Teil vollständig, da drei RTV-Rekruten bei den militärischen Instanzen (Rekrutenschule) nicht auf das notwendige Verständnis gestossen sind und demzufolge keinen Urlaub erhalten haben. Trotz der persönlichen Bestleistung von Andreas Flückiger reichte es nach der ersten Disziplin, dem 80-m-Lauf, für die RTV-Mannschaft nur zum 3. Platz. Raymond Hasler kam über 80 m mit seinen vom 10-km-Marsch in der Rekrutenschule ermüdeten Beinen nicht so richtig auf Touren, so dass seine Zeit nicht gewertet worden ist. Trotz einem guten Stoss mit der Kugel von Hans Kaderli kamen wir nicht von der dritten Position weg. Old Boys zog mit gut 500 und Kleinbasel mit 100 Punkten davon. Nach der dritten Disziplin, dem Weitsprung, war die Lage unverändert. Rekrut Raymond Hasler konnte nicht an seine gewohnten Distanzen von 6,70 m anschliessen, er musste sich mit 6,18 m zufriedengeben. Nach dem Weitwurf mit dem 500-g-Wurfkörper, der letzten Disziplin, hat es beinahe eine Sensation gegeben, nachdem Hans Kaderli und Raymond Hasler prächtige Weiten erreicht hatten, indem wir den TV Kleinbasel, der schwächere Werfer im Wettkampf hatte, zu überholen glaubten. Die nüchternen Zahlen der Rechnungsmaschine aber klärten dann schliesslich die erfreulich-kritische Situation und verwiesen die RTVer mit dem bescheidenen Minus von 27 Punkten auf

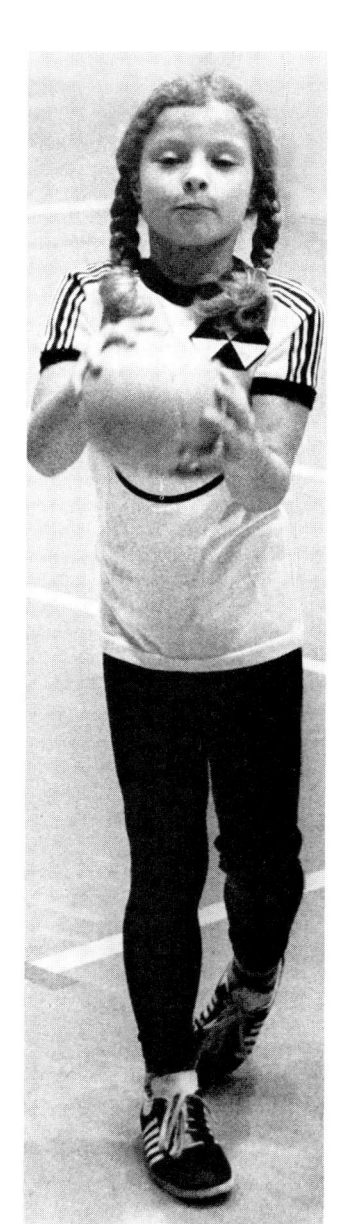

Mini-Handballerin Lilian Zeller, die zierlichste ihrer Mannschaft, wagt einen Einzelvorstoss in der kleinen Sporthalle St. Jakob, 1978. Photo Hanns Apfel, Lörrach.

den gewohnten 3. Platz. Der Kreiskommandant und RTVer Max Hänni hat im Anschluss an den Wettkampf die Rangverkündigung und Preisverteilung vorgenommen und dem RTV die kleinste Zinnkanne überreicht.» Auch von der Beteiligung her gesehen war RTV im Vorunterricht während Jahren führend. Dies hatte auch sonst seine guten Gründe, denn mit den Vergütungen, die für die Teilnahme ausbezahlt wurden, liess sich der Finanzhaushalt der Juniorenbewegung wesentlich verbessern. Das strenge Regiment Hans Kublis vereinigte zu den Abschlussprüfungen oft bis zu hundert junge RTVer. Kein Wunder: «Die Nichtabsolventen der VU-Prüfung werden schriftlich aufgefordert, die Fr. 10.– ‹Schadenersatz› auf unser Postcheckkonto zu überweisen, ansonsten der RTV sich leider veranlasst sehen wird, die Betreibung gegen die betreffenden Demonstranten einzuleiten!»

Auf der Basis absoluter Freiwilligkeit wurden im RTV noch bis Anfang der 1960er Jahre einige der einst traditionellen ‹Ergänzungsportarten› betrieben, dann gerieten sie zum Leidwesen einzelner ‹Idealisten› endgültig in Vergessenheit. Mit sechs Mannschaften wurde noch 1956 am 1. *Hallenkorbball*-Turnier der Nordwestschweiz in Basel teilgenommen, ‹wobei RTV I im Finalspiel gegen HC Arlesheim als sicherer Turniersieger mit akrobatisch-artistischer Ballbehandlung hervorging›. Neben der ersten Mannschaft mit Niggi Fricker, Fritz Karlin, Fred Klüh, Christian Kühner und Peter Walleser vermochten sich auch die 2. Juniorenmannschaft mit Rolf Adler, Marcel Bernauer, Hansjörg Grell, Kurt Nabholz und Niggi Thurnherr sowie das Team der Senioren mit Leusi Frei, Ernst Helbling, Ruedi Loetscher, Karl Steiger und Hans Stuker durchzusetzen. 1962 liess sich unser Verein gar mit neun Mannschaften vertreten und in der Schülerklasse auch als Sieger feiern. Während im *Skifahren* noch 1960 der RTVer Hans Schneider im Klassement der Baselstädtischen Skimeisterschaften auftauchte, war vom *Schwimmen* seit langem nicht mehr die Rede. 1957 war der ‹RTV 1879› offenbar ein letztes Mal geschwommen: Am Sonntag, den 21. Juli gegen 10 Uhr morgens traten 9 RTVer im Gartenbad Egli-

Die RTV-Junioren I und II im September 1956: Stehend v.l.: René Baumann (Bildrand), Hans Thommen, Hansjörg Grell, Heinz Eschmann, Hans Riedi, Rudolf Enderle, Paul Lampert, Kurt Nabholz, Arno Meier, Peter Lämmli, Walter Massard, Paul Brodbeck, Marcel von Arx, Werner Dietziker und Ernst Trachsel. Kniend v.l.: Kurt Lang, Peter Durach, Gusti Müller, Lieni Werren, Jean-Pierre Ficht, René Diezi. Photo Alex Aljechin.

Am 7. Grenzlandturnier in Lörrach Anno 1956 vermochte der RTV im sportlichen Wettkampf nicht an seine besten Leistungen anzuknüpfen, dafür «gingen die Basler beim künstlerischen Wettstreit als Sieger hervor»!

see an, um sich im Rahmen des durch den Schwimmclub Neptun organisierten Nichtsportschwimmer-Meetings mit anderen Amateur-Schwimmern zu messen. Es war empfindlich kühl und regnerisch, als sich die RTV-Mannschaft (Fricker, Kubli, Hub. Kühner, Schmuckli, Helbling, Fessler, Taschner und Chr. Kühner) für die 8×20-m-Freistil-Schwimmstafette bereitmachte. Nachdem wir den 9. RTVer (Robi Borer), unsere Mannschaft war übervollzählig angetreten, an die Equipe des Polizei-Turnvereins, an unseren grössten Widersacher an früheren Nichtsportschwimmer-Meetings (nicht in beruflichen Angelegenheiten!), ausgeliehen hatten, wurde der Start freigegeben. Unser Startmann machte noch zusätzlich in kaltem Krieg, indem er nur zweimal schob. Zum dritten Male gelang der Start zum ersten Vorlauf und nach einem heftigen Kampf konnte der RTV-Schlussmann als erster anschlagen. Eine kurze Erwärmungspause überbrückte die Zeit bis zum Endlauf, der vom TV Polizei, TV Breite und vom RTV bestritten wurde. Mit einem prächtigen Einsatz in den verschiedensten Schwimmstilen gelang es der RTV-Crew erneut die Polizisten in Schach zu halten. Mit diesem Sieg geht nun der vom SC Neptun Basel gestiftete Wanderpreis (Pokal), der vom RTV schon 1953 und 1955 gewonnen wurde, in den endgültigen Besitz des RTV über.›

Vorübergehend fanden passionierte RTVer auch Freude am *Kegelspiel.* Hanspeter Falck stiftete 1960 einen Wanderpreis. Das erste Turnier fand in Konrad Eckerle den Sieger, und beim dritten Schub brachte es Hansruedi Suter auf die höchste Anzahl ‹Holzpunkte›. Gespielt wurde in zwei Serien à 12 Schuss. Ein Kranz zählte 36 Holz, und ein Babeli deren 24. Lag der vorderste Kegel ebenfalls, dann wurden die gefallenen Kegel doppelt gutgeschrieben. Obwohl das vergnügliche Spiel durch gemütliche Jassrunden den RTVern noch reizvoller hätte erscheinen sollen, wusste es in unserem Kreis nicht lange zu gefallen. Was aber während Jahrzehnten immer wieder sporadischer Kritik ausgesetzt war, liess sich im RTV einfach nicht aus der Welt schaffen: Wir denken an das *Fussballspiel.* Seit Beginn der 1950er Jahre wird es sogar offiziell wieder betrieben, indem sich die ‹Gesundheitsturner›, sofern sie sich nicht bei den von Hans Schwob betreuten ‹Old Timers› das Fett vom Leibe schwitzen, unter dem Szepter von Heini Geistert ausschliesslich als ‹Fussballer› betätigen. Anschluss bei den ‹Alten Herren› findet allerdings nur, wer sich als bewährtes Vereinsmitglied ausweisen kann, da sich ‹die Alt-RTV-Garde nur aus tief eingefleischten und enorm angefressenen RTVern› zusammensetzt ...

Abschliessend wollen wir noch einen Blick auf ein Kapitel RTV-Vergangenheit werfen, das Papa Glatz so sehr am Herzen lag: Auf die *Geselligkeit.* In diesem Punkt lässt sich der Wandel der Zeit wohl am deutlichsten ablesen. Was dem Gründer und seinen zahllosen Jüngern als oberstes Ziel, als unantastbarer Grundsatz gleichsam heilig und unverrückbar war, ist durch die Entwicklung zweitrangig geworden. Nicht dass Geselligkeit und Freundschaft aus dem RTV verdrängt worden wären, doch die Form der Anwendung hat sich entscheidend verändert. Ist die erste Hälfte der Vereinsgeschichte vom Gemeinschaftsdenken bestimmt worden, das den Mitgliedern nicht nur die ganze Freizeit abforderte, sondern ungefragt auch noch die Privatsphäre berührte, so setzte sich in der zweiten Hälfte die Neigung zur persönlichen Unabhängigkeit und zum forcierten Leistungszwang durch. Und dies musste seine Auswirkungen auf unser Vereinsleben haben: Die Zeit, die dem Sport reserviert war, musste durch ausgefüllte Trainingsgestaltung ‹sinnvoll› angewendet werden. Vorbereitungen zu sportlichen Veranstaltun-

Junger RTVer von der Elfenbeinküste wünscht seinen Basler Freunden ein gutes Neujahr. 1965.

gen sind ernst zu nehmen und erlauben kaum mehr kameradschaftliches Zusammensitzen am Wirtshaustisch. So ist Geselligkeit programmiert worden, und die Pflege der Freundschaft bleibt individuell dem überlassen, der das Bedürfnis dazu empfindet. Was an fröhlicher RTV-Geselligkeit übrig geblieben ist, hat sich im Vereinskalendarium unter ‹Gesellschaftlicher Anlass› sublimiert: Nach wie vor gediegen und kultiviert (wie beispielsweise 1973 das Binninger Schlossfest mit den legendären Dark Town Strutters), aber seltener und förmlicher, von jungen RTVern aber kaum besucht, obwohl 1966 den Wünschen der Jugend bewusst stattgegeben worden war: «In der grossen RTV-Familie hat es sich eingebürgert, dass man sich so alle zwei Jahre zu einem kleineren Galabankett trifft. So war es auch diesmal, wobei Willy Früh für solches Tun die Kunsthalle zur Verfügung stellte. Präsident Max Benz begrüsste die RTV-Familie, worauf er Tafelmajor und Maître de plaisir, Hanspeter Falk, das Szepter übergab. Als wir die festlich geschmückten Lokalitäten betraten, bemerkten wir schon bald links neben dem Eingang diverse Kabel mit Verstärkern, so dass wir die richtige Voraussage trafen, dass es an diesem Abend sicher ganz ‹hot› zugehen wird. Das Ballorchester The Sunday-Six fegte dann wirklich aus sämtlichen Rohren und Verstärkern, so dass sich förmlich die Balken bogen. Es wurde gebeatet, getwistet, geletkisst. Stundenlang entwickelte sich ein Hochbetrieb, dass manch alter Herr sich auf der Tanzpiste schnell wieder jung fühlte. Und als dann als Surprise drei Tambouren der Basler Mittwoch-Gesellschaft einen aufs Fell legten, war der Höhepunkt des festlichen und turbulenten Abends erreicht. Wer trotz Schlagzeug-Bum-Bum, Verstärker und Gesinge ein paar ruhige Worte wechseln wollte, der verzog sich in die Bar. Hier traf sich die RTV-Prominenz, vom bärtigen Handball-Hubi über den FCB-verdächtigen Ritsch und weiteren Honoratioren so ziemlich alles, was beim RTV Klang und Namen hatte. Kurz und bündig gesagt: ‹s'isch wieder emol e digge RTV-Plausch gsi›!». Unter dem Zeichen ‹Mer wänn is wider kenne lehre› fanden sich 1977 gegen 140 Mitglieder zu einer schönen Kundgebung der Vereinszusammengehörigkeit am zweiten Basler Stadtfest. Gemeinsam mit dem Stadtrivalen ATV wurde die 400 Plätze anbietende ‹Beiz› im Hinterhof des Museums für Völkerkunde betrieben. Das herrliche Fest erbrachte nicht nur einen Reingewinn von über Fr. 5000.– zugunsten der Vereinskasse, sondern auch manchen Beweis unbegrenzter Einsatzfreude und froher Kameradschaft im RTV.

‹Tempora mutantur, nos et mutamur in illis›. Die Zeiten ändern sich, und wir uns mit ihnen. Dieser unabdingbare Wandel, wie ihn Lothar der Erste in Worte gefasst hat, veränderte wohl die äussere Form des RTV 1879, nicht aber den Geist und die Lebenskraft, die ihn beseelen. Ausdruck dieser ungebrochenen Vitalität ist auch die 1963 gegründete ‹Vereinigung von Gönnern des RTV 1879 Basel und des Ferienheims Morgenholz›, die mit Herz und Verstand und mit offener Hand sich um eine gesicherte und glückliche Zukunft der beiden Vereine sorgt und darüber hinaus dazu beitragen will, dass Tradition und Fortschritt sich zum Wohl unserer Stadt und ihrer Bürgerschaft fruchtbar verschmelzen.

1964 gründete Lehrer Beatus Ernst im Collège Notre-Dame de l'Afrique in Abidjan den «RTV 1879 Abidjan», der bereits nach kurzer Zeit über eine frenetisch mitgehende Anhängerschaft verfügte. Mit dem frühen Hinschied des Gründers ward dem Sprössling jedoch das Wasser entzogen, so dass unser Name bald wieder von der afrikanischen Bildfläche verschwand!

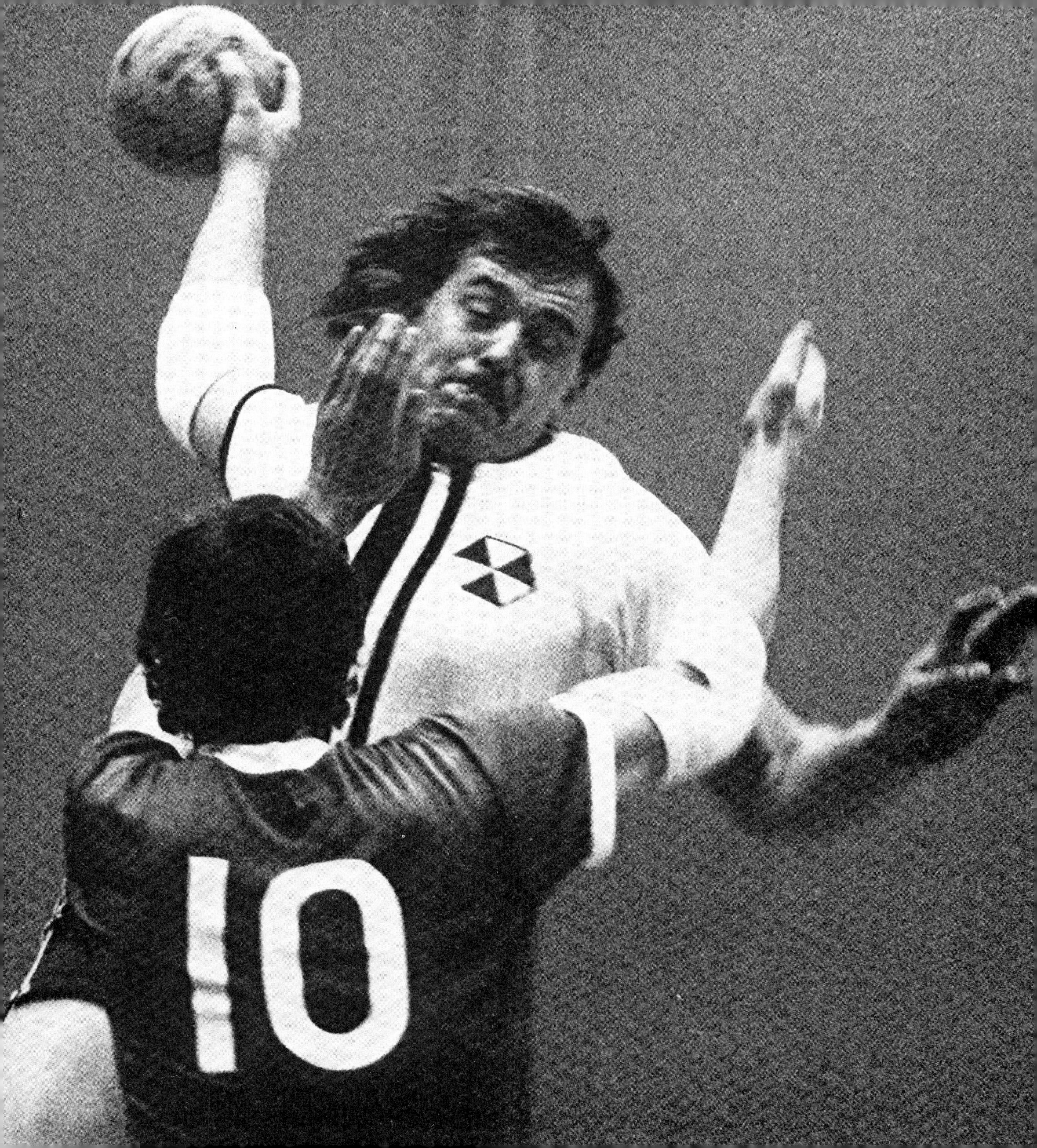
10

RTV International

1 Ernst Hufschmid (rechts aussen) zählte, wie Willy Hufschmid und Ruedi Wirz, während der Olympischen Spiele 1936 in Berlin zu den Stützen der Schweizer Mannschaft, die mit grossem Einsatz die Broncemedaille errang. Zum erfolgreichen Team gehörten auch «Kress» Meyer und Max Streib vom Abstinententurnverein und Rolf Faes von Rotweiss.

2 Ruedi Wirz, Olympiadeteilnehmer und Mitglied der Schweizer Mannschaft, die 1938 zum Vize-Weltmeister ausgerufen wurde.

3 «Baschi» Willy Hufschmid (im Zentrum des Bildes) zeichnete sich auch als begabter Tennisspieler aus.

4 Werner Presser (zweiter v.l.) im Team der siegreichen Schweizer Mannschaft, die 1947 in Zürich Österreich besiegte.

5 Karl Steiger dirigiert im Nachkriegsländerspiel gegen Holland die Abwehr. Links aussen der heutige Regierungsrat Arnold Schneider (BTV).

6 «Möpsli» Baumgartner, achtfacher Internationaler über 800 m und 1500 m, an den Olympischen Spielen 1952 in Helsinki.

7 Karl Steiger (vierter v.l.), Paul Legler (sechster v.l.) und Werner Presser (siebenter v.l.) anlässlich des Länderspiels gegen Frankreich in Paris, 1946.

8 «Fätze» Fritz Bernhard, auch als Diskuswerfer mehrfacher Internationaler.

Handball-Internationale	Jahrgang	Spiele/Tore	Zeitraum
Fritz Bernhard	1928	12/32	1956–61
Roger Brennwald	1946	5/3	1968
Gusti Ebi	1940	12/6	1961–65
Werner Ebi	1943	17/29	1964–67
Niklaus Fricker	1937	39/30	1959–66
Ernst Hufschmid	1910	8/7	1935–37
Willy Hufschmid	1918	4/1	1936–43
Fritz Karlin	1935	13/T	1960–63
Dieter Knöri	1945	41/56	1966–73
Christian Kühner	1937	27/33	1958–64
Hansruedi Meier	1945	35/39	1967–71
Kurt Nuber	1921	1/0	1949
Werner Presser	1921	7/10	1946–50
Werner Rihm	1930	2/0	1952–53
Alex Salathé	1941	3/3	1963
Jörg Schild	1946	24/20	1968–71
Karl Steiger	1922	5/0	1946
Walter Strohmeier	1930	31/25	1949–56
Michael Theurillat	1923	1/0	1947
Jean-Pierre Tschachtli	1946	6/9	1967–68
Rudolf Wirz	1918	7/12	1936–38
Karin Flad	1954	29/26	1973–79
Brigitte Gränacher	1956	31/88	1973–79
Christine Günthardt	1956	5/T	1977–78
Elfriede Leu	1959	8/7	1976–77

108

9   Mathias Werren, 25facher Schweizer Tennismeister mit über 100 internationalen Einsätzen.

10 Werner Rihm (stehend, dritter v.r.) im Länderspiel gegen Frankreich, das die Schweiz 1952 vor 3000 Zuschauern in der Basler Halle mit 14:6 für sich entschied.

11 Buddy Elias, heute international bekannter Schauspieler, bereiste als gefeierter Starkomiker mit der Eisrevue «Holiday on Ice» während 14 Jahren die ganze Welt.

12 In der 1963 von Karl Weiss betreuten Nationalmannschaft standen nicht weniger als vier RTVer: Fritz Karlin, Niggi Fricker, Alex Salathé und Christi Kühner (v.l.).

13 Werner Ebi stellte selbst erfahrene und kampferprobte Skandinavier oft vor unlösbare Probleme.

14 Wem gehören die Punkte beim «Spiel der Reflexe» zwischen dem Meisterphotographen Kurt Baumli und dem Klassetorhüter Fritz Karlin?

15 Niggi Fricker bewährt sich einmal mehr im Länderspiel gegen Finnland in Basel, 1962.

16 Nicht nur Christi Kühners «Albertli» lösten jeweils Begeisterung aus, sondern auch dessen berühmte Fallwürfe.

17 Gusti Ebi «überwindet das österreichische Bollwerk und sendet ein»!

18 Roger Brennwald erzielt sein drittes Tor gegen Deutschland B, 1965.

19 «Jögge» Jörg Schild versucht, den Italienern trotz Behinderung ein Schnippchen zu schlagen, 1972.

20 Nationaltrainer Olivio Felber verfolgt gespannt die Aktionen seiner Spielerinnen. Im Vordergrund die Rekordinternationale Brigitte Gränacher und Veronika Bärtschi.

21 Karin Flad konzentriert sich auf einen Siebenmeterwurf.

22 Christine Günthardt behändigt elegant und sicher einen raffinierten Lobball.

23 Brigitte Gränacher erzielt gegen Deutschland ihr obligates Tor, 1974.

24 Mit 31 internationalen Einsätzen Rekordhalterin im Damenhandball, ziert Brigitte Gränacher den Gabentempel für die Teilnehmerinnen des G + K-Cups 1978. Beim ersten gemeinsamen Länderspiel mit der Herren-Nationalmannschaft holte sich die charmante RTVerin beim Schweizer Topskorer Ernst Züllig den Rat: «Wenn du nicht mehr weisst, was mit dem Ball geschehen soll, dann wirf ihn einfach ins Tor!» Rechts das Porträt von Karin Flad.

25 Elfie Leu hat die Verteidigung ausmanövriert und appliziert einen gefährlichen Aufsetzer.

110

RTV Damen

Am 15. Oktober 1943 liess Alfred Buss den Vorstand des RTV 1879 wissen, dass auf Initiative von Hans Stuker eine ‹Damenriege des RTV› in Gründung begriffen sei. Die 13 eingegangenen Anmeldungen würden die probeweise Durchführung eines Turnbetriebs erlauben. Ein solcher wurde dann auch bereits wenige Wochen später in der Turnhalle der Freien Evangelischen Schule aufgenommen. Die konstituierende Sitzung der Damenriege fand dagegen erst im Frühjar 1944 statt und bestimmte Heidi Buss zur Präsidentin, während Renée Glauser mit dem Kassieramt und Helen Liechti mit der Technischen Leitung betraut wurden. Die Erwartungen der bewegungsfreudigen Damen, deren Kreis sich bald auf 29 Mitglieder ausdehnte, erfüllten sich schon im ersten Vereinsjahr, wie dem entsprechenden Rechenschaftsbericht des Präsidiums zu entnehmen ist: «Bekanntlich ist es eine Eigentümlichkeit unseres Vaterlandes, dass die Tatsache, dass zwei seiner Bürger im Garten dieselben Vogelhäuslein aufgehängt haben, diesen schon als Grund genügt, einen Verein zu gründen. Es wäre deshalb sicher nicht angezeigt, bei jedem Verein danach forschen zu wollen, ob ein Bedürfnis für seine Gründung wirklich bestand. Wenn wir auch nicht überheblich sein wollen, so glauben wir doch, ein solches Bedürfnis bejahen zu dürfen. Ganz abgesehen davon, dass wir nicht einen neuen Verein gegründet, sondern uns lediglich als neuer Zweig an etwas Bestehendes angeschlossen haben, so hat uns doch das verflossene Jahr gezeigt, dass die Gründung einer Damenriege im RTV weder sinnlos noch überflüssig war. Da ja der RTV nicht nur Verein, sondern darüber hinaus eine eigentliche Familie sein will, wäre es ein merkwürdiger Zustand gewesen, wenn die weiblichen Verwandten und Bekannten der RTVer in einem fremden Verein körperliche Ausspannung und Ertüchtigung hätten suchen müssen. Dieser Gedanke war es, der recht eigentlich Veranlassung zur Gründung unserer Damenriege gegeben hat.»

Die Definition Heidi Buss', der RTV wolle Familie sein und diese solle ihren weiblichen Angehörigen Möglichkeit zu körperlicher Ausspannung und Ertüchtigung bieten, erwies sich in der Entwicklung der Damenriege als Fährte, die keiner Korrektur bedurfte. ‹Familie› zu sein und zu bleiben bedeutete, nicht durch ‹Fremdkörper› ein grossformatiges Gebilde erstehen zu lassen, das enge persönliche Kontakte in direkter Beziehung zur Mitgliedschaft des RTV in ihrer Entfaltung gestört hätte. Und ‹Ausspannung und Ertüchtigung› wollte nicht fanatischer Wettkampftätigkeit dienen, sondern bekömmlicher Gesundheitsgymnastik und natürlichem Spielbedürfnis. So pendelte sich der Mitgliederbestand bei rund 20 bis 30 Turnerinnen ein, und die Turnstunden teilten sich in beschwingte Körperschule und fröhliche Ballspiele. Die Turnhalle des Mädchengymnasiums bzw. die Rasenplätze zu St.Jakob boten geeignete Voraussetzungen dazu, bis auf der Luftmatt eine vom Wetter unabhängige Sportstätte bezogen werden konnte (seit 1961 finden die Turnstunden in der Frauenarbeitsschule statt). Unter der kompetenten Leitung von Hans Stuker, der seit 1944 seine vielseitige Erfahrung auf die RTV-Damen

Die Vorliebe der Turnerinnen der Damenriege galt bis Ende der 1950er Jahre dem Korbballspiel, das mit viel Eifer und Geschick gepflegt wurde. Auf dem Stadion St.Jakob, um 1952.

Wer «glücklicher Umstände wegen» an den Turnstunden nicht teilnehmen konnte, beehrte die Kolleginnen mit einem freudig aufgenommenen Besüchlein. So blieb der enge Kontakt unter den Turnerinnen ungebrochen. Um 1952.

einwirken lässt, konnte es natürlich nicht ausbleiben, dass gesteigerte Beweglichkeit und erlernte Spieltechnik auch im ‹Ernstfall› erprobt werden wollten!
Anscheinend vom unbändigen Ehrgeiz des ‹starken Geschlechts› etwas geblendet, wollten die Damen denn auch gelegentlich beweisen, ‹was in ihnen steckt›. 1956 zeigten die RTVerinnen an einem kantonalen Hallenkorbballturnier ‹ein auffallend schönes Zusammenspiel, begeisterten Einsatz und gute Treffsicherheit›, wie Präsidentin Elsi Winkler in ihrem Jahresrückblick festhielt. Die Lust am Korbballspiel aber hielt nicht lange an, denn schon 1959 wurde, trotz ehrenvoller Einstufung an einer Veranstaltung des SALV, beschlossen, ‹in Zukunft auf die Teilnahme an diesem Turnier zu verzichten und den Platz den jüngeren Generationen zu überlassen. Unser Planen für die Zukunft richtet sich nun vermehrt nach dem Volleyball-Spiel, an welchem wir immer mehr Gefallen finden. Bereits ging auch der Wunsch, mit einer andern Damenriege ein Freundschaftsspiel auszutragen, in Erfüllung. Am 21. März 1960 wurden wir von der Damenriege des Tennisclub Old Boys zu einem Volleyballabend eingeladen.› Schon im folgenden Jahr wurde unsern Damen die Möglichkeit geboten, ‹mit den Damen des Basler Turnerinnenvereins ein etwas schärferes Volleyballspiel kennen zu lernen. Wir genossen die Spiele auf der Pruntrutermatte, obschon wir mit unserm Können den gut trainierten Turnerinnen nicht die Waage halten konnten. Später im Herbst, nachdem wir einige Fortschritte erzielt hatten, fielen unsere Spiele in der Halle, gegen die gleichen Gegnerinnen, schon bedeutend befriedigender aus. Wir sind alle begeisterte Volleyballspielerinnen und wir hoffen, noch oft und tüchtig mit andern Mannschaften kämpfen zu können›. Der Spass an diesem Spiel kannte denn manchmal auch keine Grenzen. Aber ‹nach den grossen Anstrengungen waren unsere Kehlen so ausgetrocknet, dass wir uns ins Rest. Exil zu einem gemütlichen Hock begaben›. Als nach einem mässigen Spiel gegen OB-Damen etwelche Niedergeschlagenheit Oberhand gewann, wurde ‹der feste Entschluss gefasst, besser und härter zu trainieren›. Und der Erfolg stellte sich umgehend ein: «Im Herbst 1968 wagten wir, einer Einladung des Turnvereins Kaufleute zu einem Turnier Folge zu leisten. Unser Team kämpfte wie noch nie. Der Einsatz lohnte sich, konnte doch der alle Erwartungen übertreffende ehrenvolle zweite Rang erreicht werden.»
Gewisse sportliche Ambitionen machen sich auch während des Schlussturnens bemerkbar, das jeweils das Ende des Winterturnens markiert. Im Korbball, Jägerball, Schleuderball, Ballstafette, im Klettern, Hindernislauf, Schätzen, Slalom, Balleinwurf oder im Zielwurf lassen sich in friedlichem Kräftemessen die notwendigen Punkte für den Wanderpreis sammeln. Zur Vielfalt körperlicher Betätigung sind auch Tischtennis und Kegeln zu zählen. Auch diese Disziplinen erfreuen sich grosser Beliebtheit unter den Damen. Nicht zuletzt auch deswegen, weil dabei Nützliches mit Angenehmem verbunden werden kann. Schon 1957 fanden ‹sich zwölf Damen, teils in Begleitung ihrer Haushaltungsvorstände, in einer Kegelbahn in Binningen ein. Mit mehr oder weniger Geschick, Berechnung und Eleganz wurden die schweren Holzkugeln von sich geschoben, in der Hoffnung, diese mögen viele der stolz dastehenden Kegel zu Fall bringen. Dass bei diesem Sport nicht Übung allein den Meister macht, bewiesen einige Damen, die, obwohl sie noch nie zuvor eine Kegelkugel in der Hand hielten, Kränze und Babeli fertig brachten!› Wie jedes der traditionellen Kegelturniere in aufgeräumter Stimmung mündet, so begegnen sich auch beim jährlichen

25 Jahre Damenriege RTV

Was b'haltet schlank, schön und jung?
Was git aim wieder neue Schwung?
Es weiss es jede Ma, e jedi Frau:
s'isch d'Dameriegi RTV.
        Werner Winkler, 1968

Neben dem eigentlichen Turnen widmen sich die RTV-Damen auch dem Wandern und dem Skifahren. 1948 «wurde auf der Frutt von 6 standhaften RTVerinnen das erste Damenskilager durchgeführt und dabei alles nur mögliche genossen: Schnee, Sturm, Regen – Essen, Singen, Tanzen – es war ein lustiger Betrieb auf den Skiern und après!»

Ausflug zur Schneetrotterhütte sportliche Leistung und Fröhlichkeit. Auf den Höhen des Trogbergs oberhalb von Erschwil gelegen, bietet das gastliche Berghaus eine reizvolle Atmosphäre zur Pflege von Geselligkeit und Freundschaft, so dass ‹die Hütte vielen RTVerinnen ans Herz gewachsen ist›. Und hier, auf sommerfrischer Bergwiese, befindet sich auch die Stätte, wo 1960 eine weitere RTV-Pionierleistung von zumindest regionaler Bedeutung Geschichte machte: Unsere zartbesaiteten Damen huldigten dem Fussballspiel!

Zum 75-Jahr-Jubiläum des Stammvereins begründete alt Präsidentin Erika Schwob-Hartmann die Existenz der Damenriege aus modifizierter Sicht: «Unsere Einstellung zum Verein ist, verglichen mit derjenigen der männlichen RTVer, wohl in vielem verschieden und andersartig. Doch haben wir im Grunde dasselbe Ziel, nämlich neben der körperlichen Ertüchtigung und der Pflege der Kameradschaft uns wohl zu fühlen im Kreise der RTV-Familie. Die Turnabende sind für uns vor allem ein Ausgleich zum Berufsleben, denn die meisten von uns kommen darin wenig zu körperlicher Betätigung, sondern verrichten mehr geistige Arbeit. Oft braucht es sehr viel Überwindung, sich nach einem strengen Arbeitstag zum Turnen aufzuschwingen. Deshalb ist für uns neben dem eigentlichen Turnen das Spiel vor allem wichtig. Wir freuen uns aber auch, wenn eine einzelne Übung, ein Speer- oder ein Schleuderballwurf zum Beispiel, gut gelingt, oder wenn eine Bewegung korrekt und möglichst schön ausgeführt werden kann. Was aber mit Wettkampf und ehrgeizigem Wetteifern zu tun hat, ist uns Mädchen zuwider, und wir sträuben uns dagegen. Wir sind trotz der heutigen modernen Zeit und trotz dem Frauenstimmrecht (!) der Ansicht, dass dies dem Wesen der Frau ganz und gar nicht entspricht. Wir sind vom täglichen Leben so stark in Anspruch genommen, dass wir in unserer Freizeit nicht wieder Kampf und Anstrengung suchen. Im Gegenteil – wir sehnen uns nach Ausspannung und Erholung. Warum sollten wir zu dieser Einstellung nicht offen stehen dürfen? Muss unbedingt das oberste Ziel einer Damenriege der Wettkampf sein? Bestimmt nicht! Ich wage sogar zu behaupten, dass unsere Einstellung zu diesem Problem das ist, was unserer Damenriege ihr besonderes Gepräge gibt.»

Die unmissverständliche Absage seitens der Damenriege an jegliche Form von Leistungssport liess sich auf die Dauer mit der gegensätzlichen Tendenz im Stammverein nicht vereinbaren. Da indessen im RTV jede vertretbare Meinung ihren Stellenwert hat und respektiert wird, bewirkte die Gegenströmung in diesem ‹Glaubenskrieg› einerseits ein gewisses Eigenleben der Damenriege und andrerseits die Gründung einer leistungsbezogenen *Damenabteilung*. Promotor dieser Neuorientierung im Frauensport war Olivio Felber. Ihm gelang im Herbst 1967 eine Übereinkunft mit dem ‹taufrischen› Basler Damenhandball-Club um Beatrice ab Egg, wonach dessen Mitglieder ihr Einverständnis bekundeten, fortan eine ‹Damen-Handball-Abteilung› des RTV 1879 zu bilden. Und schon am 25. März des nächsten Jahres billigte der Vorstand des Stammvereins – trotz heftigen Widerständen ‹aus dem Lager der Konservativen› – die Aufnahme von 27 ‹beinahe ange-

«Wenn Grazien Handball spielen» ... geschieht dies mit bestechender Eleganz oder mit respektablem Einsatz. Immer aber ist beeindruckende Ernsthaftigkeit mit von der Partie, denn «unsere Handballmädchen wollen nicht mit dem Aussehen die Herzen des starken Geschlechts erobern, sondern mit Leistungen, die zeigen, dass auch Frauen Handball spielen können.» Photos Kurt Baumli.

fressenen Handball-Girls›, in der Absicht, das von Zürich, St. Gallen und der Westschweiz ausgehende grosse Interesse am Damenhandball in der Nordwestecke des Landes weiterzuentwickeln. Dass Basel dazu erfolgversprechende Aussichten bot, prognostizierte das Beispiel Mädchenoberschule, ‹ist dort doch ein wahrer Handballenthusiasmus kaum zu übersehen›. In die ‹hohe Schule des RTV aufgenommen, mussten die kleinen ABC-Schützen zuerst einmal das Einmaleins erlernen, nämlich allgemeine Körperbeherrschung, Beweglichkeit und Vertrautsein mit dem Ball. Nach und nach wurde das Trainingstempo verschärft, musste man Kondition doch bitter verdienen›. Ein ‹Probespiel› gegen eine Schülermannschaft hatte ‹eher den Charakter einer komischen Nummer›, dann aber ‹verblüffte schon anfangs der Meisterschaft das erstmalige Auftreten in der Klingentalturnhalle manch alten Fuchs des Handballsports!› Nach ermunternden Resultaten während der inoffiziellen Schweizermeisterschaft 1968/69, an der Kleinfeldmeisterschaft und an Turnieren in Zürich, Mülhausen und Pforzheim, folgte 1970 anlässlich der erstmals offiziell ausgetragenen Schweizer Frauenhandballmeisterschaft ein prächtiger Gruppensieg. Auch wenn die Erfolgsserie in der Finalrunde gegen DHC Zürich und LS Brühl St. Gallen nicht auf der ganzen Linie fortgesetzt werden konnte, reichte es zu einem höchst beachtenswerten Schlussrang, figurierten die RTVerinnen doch auf Platz 3 von insgesamt 32 Mannschaften. Der Erfolg unserer ‹Mannschaft› vermochte den Damenhandball mit einem Schlag in die ‹Bannmeile› des Basler Sportpublikums zu liften: «Nicht nur der Umstand, dass 14 Mädchen sich um den Ball und um Tore streiten, hatte Aufsehen erregt, sondern auch das schon beachtliche Niveau, das die Girls zu entwickeln wussten. So machte sich ein Sport unter Mädchen salonfähig, der bis anhin in der Schweiz ‹harte Männersach› war, und deshalb gezwungenermassen den Herren der Schöpfung vorbehalten

Mag das Training unter Olivio Felber noch so hart sein, die Mädchen fügen sich gewissenhaft seinen Anordnungen und geben bei der Körperschulung wie beim Spiel ihr Letztes her.

Im Sommer 1969 stellten sich die RTV-Handballerinnen auf der Rollschuhbahn couragiert dem Team der Sportjournalisten. «Eine ausser Rand und Band geratene Zuschauermenge verfolgte das spannende und äusserst faire Spiel», das mit 9:6 zugunsten unserer Damen endete! Photo Kurt Baumli.

blieb. Natürlich ist auch das Spiel der Mädchen beileibe keine sanfte Sache. Aber im Gegensatz zu den groben Sitten, die vor allem in Deutschland Einzug hielten, ist ihr Kampf eher ein ‹Tanz in begrenztem Rahmen›, bei dem das Tor den Mittelpunkt zu bilden hat.»

Die Tatsache, dass Damenhandball eigentlich von Mädchen, und, hinsichtlich des RTV, vornehmlich von Gymnastiastinnen, gespielt wird, brachte schon bald eine dauernde Fluktuation des Mitgliederbestandes mit sich. Obwohl die Saison 1970/71 mit einem Kader von 56 Spielerinnen in Angriff genommen werden konnte, musste wegen ausbildungsbedingter Wegzüge ein spürbarer Leistungsabfall verkraftet werden. Und weil auch Ruth Pedersen, eine Spielerinnenpersönlichkeit erster Klasse, wieder nach Dänemark zurückkehrte, waren grösste Anstrengungen zu einem weitern Verbleiben in der 1. Liga notwendig. Der zusätzliche Aufwand lohnte sich nicht nur durch die geglückte Wahrung der Zugehörigkeit zur obersten Damenliga, sondern auch im Hinblick auf eine Verfeinerung der Spielkultur. So war es möglich, nun auch eine Mannschaft für die Meisterschaft der 2. Liga zu melden. Beide Teams schlugen sich mit Bravour und belegten in den Schlussranglisten 1972 den vierten bzw. zweiten Platz. Olivio Felber, zum Trainer der Damennationalmannschaft berufen, hatte ‹seinen› Mädchen ausgefeilte Technik und belastbare Kondition vermittelt und konnte sie nun bedenkenlos seinen Nachfolgern, Hans S. Brütsch und Felix Forster, anvertrauen. Doch der ‹Übergang› sollte sich nicht problemlos vollziehen. ‹Der Exodus von über der Hälfte der ersten Mannschaft› konnte nicht rechtzeitig aufgefangen werden, so dass 1973 die Relegation aus der Nationalliga in Kauf genommen werden musste. Und auch ‹bei einem internationalen Frauenhandball-Turnier in Stuttgart ging das Eins erwartungsgemäss ein›.

Trotz dem sportlichen Misserfolg des ‹Paradeteams› der Damen durfte sich die Abteilung eines steten Zuwachses erfreuen. Im Winter 1973 liess der Mitgliederbestand die Teilnahme einer aus Juniorinnen gebildeten vierten Mannschaft am Meisterschaftsbetrieb verantworten. Zur Vertiefung unentbehrlicher theoretischer Kenntnisse fand es die Leitung angezeigt, viermal pro Jahr Weiterbildungskurse zu veranstalten, während zur Förderung von Kameradschaft und Wettkampftüchtigkeit in Montana-Crans ein eigentliches Trainingslager zur Durchführung gelangte. Der Präsident des Stammvereins wusste denn auch im Jahresbericht 1974 über die Damenabteilung nur Erfreuliches zu berichten: «Die systematische und mit viel Umsicht getätigte Aufbauarbeit bringt auf der ganzen Linie Erfolg. So haben wir bereits vier Mannschaften, wo andere Vereine mit Mühe und Not ein zweites Team auf die Beine bringen, die zudem noch in der Meisterschaft durchwegs nur gute Ränge belegen. Der angestrebte Wiederaufstieg in die oberste Spielklasse wurde durch unsere erste Mannschaft ganz knapp verpasst. Eine Abteilung beginnt sich hier als Ganzes zu bilden. Von den Juniorinnen über die Plauschhandballerinnen bald auch zu den Seniorinnen. Für den RTV ein Aushängeschild, das für unseren Verein nur allerbeste Werbung betreibt. Besonders erfreulich ist es, dass zwei RTV-Spielerinnen, Karin Flad und Brigitte Gränacher, durch Olivio Felber in die Damen-Nationalmannschaft berufen worden sind und sich bereits zu tragenden Elementen emporgeschafft haben.»

Einen weitern vielfach applaudierten Höhenflug gelang den mittlerweile von über 100 Mitgliedern formierten RTV-Damen auch im folgenden Jahr. Die erste Mannschaft, durch ein 10tägiges Trainingslager in Jugoslawien hervorragend vorbereitet, errang nach einem Gruppensieg mit 20 Punkten aus 10 Spielen und einem Torverhältnis von 134:32 und Finalrundensiegen gegen Emmenstrand und Yellow Winterthur den Titel eines Schweizer Meisters der 1. Liga und schaffte den Aufstieg in die Nationalliga. Zur Vizemeisterschaft der 2. Liga reichte es der zweiten Mannschaft wie den Juniorinnen in ihrer Klasse, während sich die dritte Mannschaft als ‹Drittligameister› feiern lassen konnte. Einen glänzenden Erfolg gab es auch durch die Organisation eines internationalen Damenhandball-Turniers zu verzeichnen. Mit Olimpija Ljubljana, Post Karlsruhe und DHC Zürich folgten führende Mannschaften des Damenhandballs einer Einladung in die Bäumlihofhalle nach Basel und demonstrierten mit den besten Vertreterinnen unseres Vereins vorzügliche Propaganda für den immer mehr allgemeine Anerkennung findenden Frauensport. Als ‹G+K-Cup› weitergeführt, konnten in den folgenden Jahren auch Grünweiss Frankfurt und ASPTT Strasbourg für eine Teilnahme an dem bereits traditionellen Turnier gewonnen werden.

Die Promovierung der ersten Damenmannschaft zum Schweizer Kleinfeldmeister der 1. Liga und der Wiederaufstieg in die Nationalliga leitete 1976 eine bis heute anhaltende Phase gedeihlicher Entfaltung ein. Mit Brühl St. Gallen und DHC Zürich nun zu den ‹grossen Drei› des Schweizer Damenhandballs aufgelistet und mit vier Aktivmannschaften und zwei Juniorinnenmannschaften an den Titelkämpfen an allen ausgeschriebenen Konkurrenzen beteiligt, geniessen die RTV-Damen im nationalen Sportgeschehen eine ausgezeichnete Presse. Die jährliche Durchführung des Theurillat-Cups, eines internationalen Turniers für Juniorinnen, wird als wirkungsvoller Beitrag der in der Abteilung intensiv betriebenen Nachwuchsförderung verstanden. Bewusst werden regelmässig auswärtige Veranstaltungen, wie das Turnier in Lausanne, beschickt, damit auch Kameradschaft und Geselligkeit immer wieder zum Tragen kommen. Und was an zusätzlichen materiellen Aufwendungen für den Leistungssport eingebracht werden muss, ist durch einen Sponsorvertrag mit der Heuwaage-Sauna abgedeckt. So sind es der günstigen Voraussetzungen genug, die auch für die ansehnliche Schar begeisterter Handballerinnen im RTV eine Zukunft hoffnungsfroher Perspektiven erwarten lassen dürfen.

Das Ferienheim Morgenholz

Vor 25 Jahren hat Rektor Dr. Max Meier das Ferienheim Morgenholz als den ‹schönsten Edelstein in der Jubiläumskrone› des RTV verherrlicht. Wenn wir dem Wachstum dieses Edelsteins nachgehen, dann stossen wir – selbstverständlich – auf Papa Glatz. Er hat diesen Edelstein nach Jahren beharrlichen Suchens gefunden, und er hat ihn mit der geübten Hand des erfahrenen Meisters in unendlicher Geduld zum Juwel geschliffen, der Generationen ein leuchtendes Beispiel des natürlichen Zurechtfindens in der menschlichen Gemeinschaft sein sollte.

Der Weg, welcher schliesslich Adolf Glatz und seine Getreuen auf die Alp Morgenholz führte, war auch im übertragenen Sinne steil und steinig. Denn die Vorstellungen, die der Pionier der Jugenderziehung sich und seiner Umgebung von einem ständigen Feriensitz vor Augen hielt, waren anspruchsvoll genug und liessen keine Konzessionen zu. So konnte das Hochruck-Haus auf der Alp Schrina ob Walenstadt, der Aufenthaltsort von fünf Ferienkolonien während der Jahre 1884 bis 1893, nur Durchgangsstation und Hort der Erfahrungen sein. Ermuntert von zahlreichen Persönlichkeiten aus dem öffentlichen Leben, entschloss sich Papa Glatz 1894 zum Bau eines eigenen Ferienheims, das ‹in erster Linie dem Basler Realschülerturnverein zugutekommen soll, dann auch den Turnvereinen von Gymnasium und Universität›. Zum Standort hatte sich der profunde Kenner der Schweizer Landschaft das Glarner Land auserwählt, nachdem er anfänglich auch die Alp Klingen oberhalb von Kerns ernsthaft in Betracht gezogen hatte. Eine ausgedehnte Wanderung ins reizvolle Hochtal der Alpenwelt im Gemeindebann von Niederurnen liess keinen Zweifel mehr offen, dass hoch über dem Walensee, auf der Alp Morgenholz, das erste Basler Ferienheim erstehen musste. Denn diese Gegend schien Papa Glatz als Ausgangspunkt für erholsame Alpenwanderungen der Stadtjugend besonders geeignet. Getragen vom ‹Verein Ferienheim› (vormals Basler Alpcommission), der am 15. September 1894 von Adolf Glatz (Präsident), Dr. Rudolf Kündig (Vizepräsident), Hans Christ-Merian (Kassier), Prof. Dr. Rudolf Burckhardt (Aktuar), Dr. Max Bider (Beisitzer), Dr. Rudolf Weth, Dr. Aimé Bienz und Dr. Oskar Dill ins Leben gerufen worden war, erfolgte bereits am 20. November desselben Jahres eine zweckentsprechende Vertragsunterzeichnung mit der Gemeinde Niederurnen. Dass die Kontrahenten zu selben Teilen an der Errichtung eines Ferienhauses im Antlitz der Churfirstenkette interessiert waren, zeigt die grosszügige Abfassung der

▷ Von Adolf Glatz und Hans Christ unterzeichneter Anteilschein zugunsten des Ferienheims Morgenholz, der nach weniger als zwei Jahren bereits wieder zur Rückzahlung gelangte, 1895.

sen die Glarner den Baslern unentgeltlich einen im ‹Waidzopf› gelegenen Bauplatz im Ausmass von 250 m², den Felsen ‹Baslerstein›, das notwendige Baumaterial an Sand und Steinen. ‹Ebenso werden in der Mättmen und der Blankenalp eine Anzahl Holzstämme, mitinbegriffen die Schindelbäume, angezeichnet, die zum Rohbau und zur Bedachung des Gebäudes erforderlich sind. Der Verein hat auch hiefür keinen Entgeld zu leisten. Ferner sichert die Gemeinde Niederurnen dem Verein den Bezug des nöthigen Wassers aus der sog. Sevlenquelle zu und verpflichtet sich im weitern für den Fall, dass die sog. Kirschbaumquelle von Niederurnen gefasst und abgeleitet würde, einen Brunnen (Sparsystem) abzugeben.› Auch das Wegrecht fand, ‹immerhin mit möglichster Schonung des Landes›, eine problemlose Regelung, während die Zusicherung der Gemeinde, ohne Einwilligung des Vereins keine Bäume in unmittelbarer Umgebung der Liegenschaft zu fällen, sich als ausnehmend fortschrittlich erwies.

War das fundamentale Vertragswerk mit der Gemeinde Niederurnen das Ergebnis von klug geführten Verhandlungen durch einzelne Exponenten des Vereins, so lag das Bereitstellen der finanziellen Mittel in der Opferbereitschaft der ganzen RTV-Familie und ihrer Sympathisanten veran-

Waren die Ferientage nicht durch ausgedehnte Wanderungen belegt, dann sorgten Papa Glatz und seine Mitleiter für abwechslungsreiche Spiele und Wettkämpfe im Freien, bei denen sich die Kolonisten, wie hier beim Tauziehen, so richtig austoben konnten. Um 1910.

Vereinbarung. Gegen die Verpflichtung, ein Gebäude für etwa 50 Personen zu bauen und für dieses das Vorkaufsrecht einzuräumen, das Besitztum jeweils während der Sommermonate zu bewohnen und den Bedarf an Milch und Milchprodukten beim Pächter der Alp Morgenholz ‹zu currenten Tagespreisen› zu beziehen sowie die weitern Lebensmittel nach Möglichkeit im Einzugsgebiet der Gemeinde einzukaufen, überlies-

Ehe sich Papa Glatz zum Bau eines Ferienheims auf der Alp Morgenholz entschloss, verfügten die Realschulturner über kein Standquartier während ihrer statutarisch vorgesehenen Turnfahrten. Trotzdem erschienen die Buben auch während mehrtägigen beschwerlichen Wanderungen immer in sauberem, «gut bürgerlichem Anzug»: Dem Papet bedeutete ein tadelloses Auftreten seiner Schützlinge eine Herzensangelegenheit. 1887.

118

Mit geladenem Räf dem Morgenholz entgegen, um 1910. «Man ging mit der Postgruppe ins Tal in den Ochsen, um das Räf abzustellen und ein erstes grosses Bier zu genehmigen, dann in die Krone, um auf diesem Weg in die Post zu kommen. Vom Spezereilädeli neben der Post, wo es viel urchigeres Birnenbrot gab als bei Romer, gings wieder zurück in den Ochsen zum Beladen der Räfe. Dann gings hinunter in den Baumgarten zum Gemeindepräsident, wo Dr. Weidmann, der Kurpfuscher, der Schmied Hertach und der Metzger warteten auf den üblichen Morgenschoppen-Jass im Garten bei einem herrlichen Glas Burgwegler aus den Reben des Präsidenten Schlittler, den uns die immer so liebe Frau Präsi servierte und noch mehr die Leviten las. Dann eilte man im Schnellschritt wieder zur Alp hinauf von wegen dem Mittagessen. Auf dem Brückli stiess man einen Juchzer aus, welcher den Papet von den Fleischtöpfen Aegyptens hinweglockte auf den von uns selbst gebauten Weg vor den Baslerstein, wo er uns mit einem herzlichen ‹Ei, ei› begrüsste und zur Eile mahnte, damit wir nicht zu spät zum Essen kämen.»

kert. Zunächst erbrachte 1894 eine öffentliche Sammlung den erstaunlichen Betrag von Fr. 10 197.60. Die Dankbarkeit gegenüber den Gabenspendern wurde sogleich durch einen Unterhaltungsabend in einer bekannten Gaststätte an der Freien Strasse bezeugt: «Der Realschülerturnverein hatte seine Freunde und Gönner zu einem einfachen Feste in den Kardinal eingeladen, um ihnen seine Freude darüber auszudrücken, dass das Projekt, ein eigenes Ferienheim zu gründen, ziemlich gesichert ist. Zur Deckung des Bau- und Einrichtungsmaterials fehlen noch einige Tausend Franken, welche wohl in Anbetracht des guten Werkes aufgebracht werden können. Gleichzeitig wünscht der Verein allen denen gegenüber seine Gefühle des Dankes auszudrücken, die mit Rat oder That zur Verwirklichung jenes Projektes beigetragen haben. Ein volles Haus, Jung und Alt, Väter und Mütter, Knaben und Mädchen, harrte ungeduldig des Gnoms, der unter Blitz und Donnerrollen dem Bergesschoss entstieg, um zu schauen, wer bis anhin in den Gefilden der Morgenholzalp ungestörte Stille unterbricht. Rüstige junge Turner sind's, die früher unter Papa Glatz' Führung schon Leistkamm, Hinterruck und Mürtschenstock erklommen und sich jetzt in stolzem Bau im Niederurner-Bann niederlassen um – so berichtet weit ausholend der beherzte Gnom in seinem mit gespanntem Interesse angehörten ausführlichen Prolog, der aus der beschwingten Feder eines hochverehrten Freundes unserer Jungmannschaft entstammt –

Sich hier oben vom Bleigewicht
Der schweren Arbeit zu entladen
Und an Bergesluft sich wegzubaden
Der Staub der Stadt, der ihnen in Lungen,
Ins Herz und ins Gehirn gedrungen.
Sie kehren dann wieder mit frohem Mut,
Mit leichten Gliedern und frischem Blut
Zurück an den gewohnten Platz.

Er vermeldet dem Führer der jungen Schar seinen Respekt und verspricht ihm, sein Haus zu schützen und zu bewahren. Gleich rückte singend und jubilierend ein Trupp Basler Schüler auf die Scene, und seinen fröhlichen Weisen antworteten frohe Älpler mit frischen Jodeln. Mögen die jungen Freunde in ihrem künftigen zweiten Heim recht frohe Tage verbringen! Was sie uns vorgestern vor Augen führten, legte uns gutes Zeugnis ab von eifrigem Arbeiten während ihres Zusammenseins nach den Stunden aufmerksamen Studierens auf der Schulbank. Die schönen Übungen an Barren und Pferd am Turnfest in Arlesheim, der exakt ausgeführte Stabreigen und namentlich die mit grösster Sicherheit dargestellten Pyramiden mussten jeden noch so philiströs angehauchten Herrn Müller oder Schulze für die gesunde Turnerei, wie sie im Realschülerturnverein betrieben wird (eifrig und doch nicht übertrieben), gewinnen, namentlich wenn sie gewürzt ist mit Gesang, Musik und gelungener Komik. Vergessen wir in letzter Hinsicht besonders nicht des Zirkus Foletti Erwähnung zu thun, die Leistungen des Jongleurs Gax und seines kleinen August hätten manchem Künstler von Beruf Ehre gemacht. Alle verliessen befriedigt das hübsche Festchen und werden erfreut sein, kommenden Sommer vom Morgenholz gute Nachrichten zu erhalten.»
Der Korrespondent der ‹Allgemeine Schweizerzeitung› war mit seiner optimistischen Annahme nicht fehl gegangen: Der Einladung zur Zeichnung von Anteilscheinen à Fr. 50.–, verzinsbar zu 3%, war ein schöner Erfolg beschieden. 8000 Franken flossen auf diese Weise dem Fonds zu, so dass die erste Bauetappe des Ferienheims schon wenige Monate später in Angriff genommen werden konnte. Schon am 27. Februar 1895 konnte Papa Glatz der Kommission mitteilen, dass in Basel Bettwerk und Möbel mit Unterstützung von Tapezierer Brenner und Herrn Bruckner-Weber ‹zu sehr billigem Preise konnten hergestellt werden›.

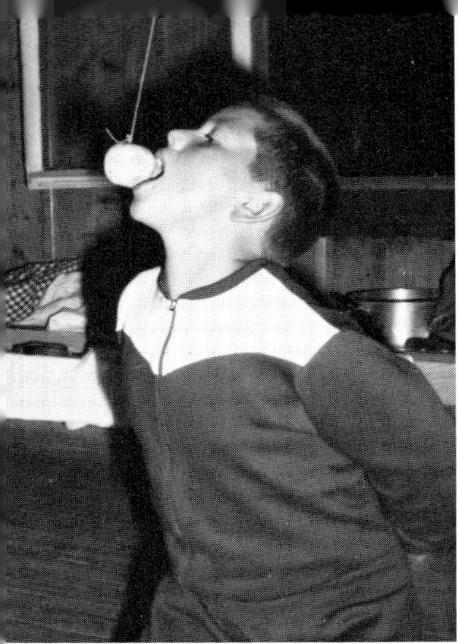
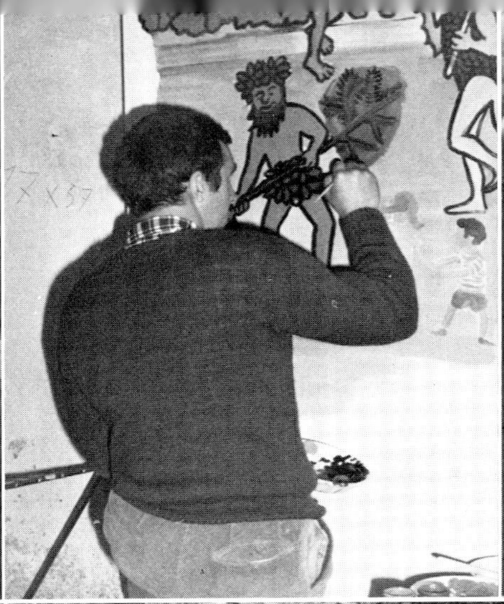
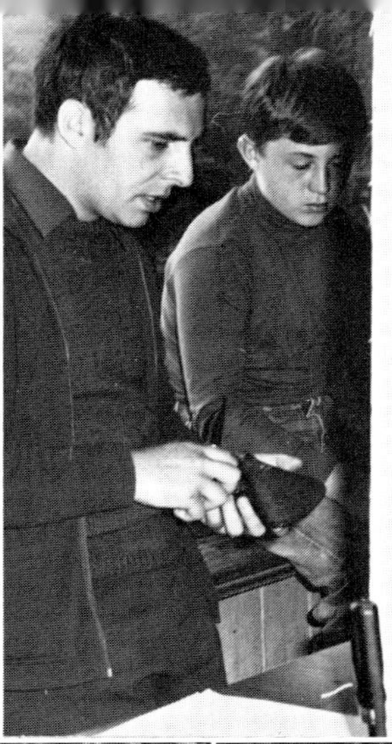
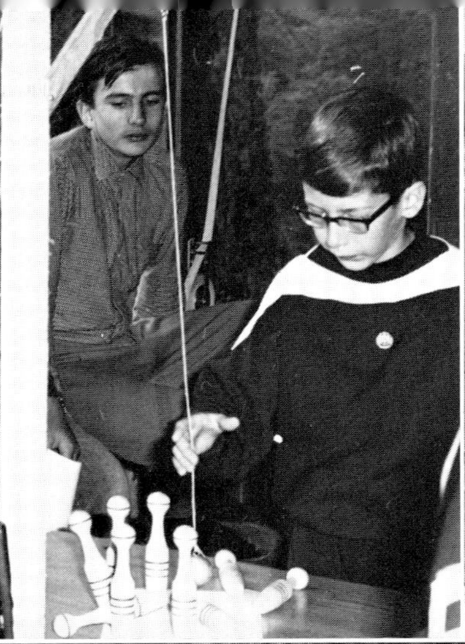
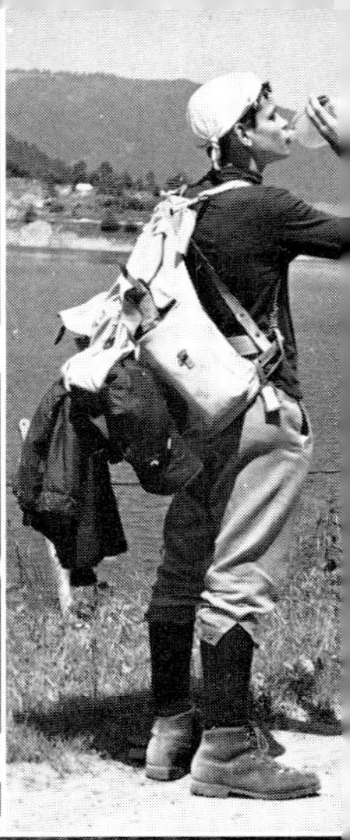
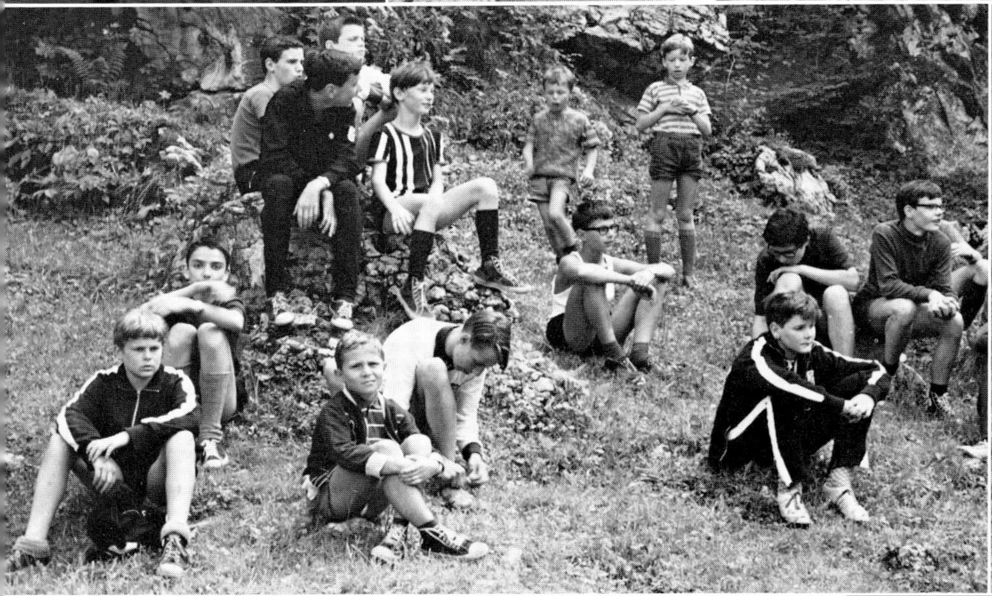
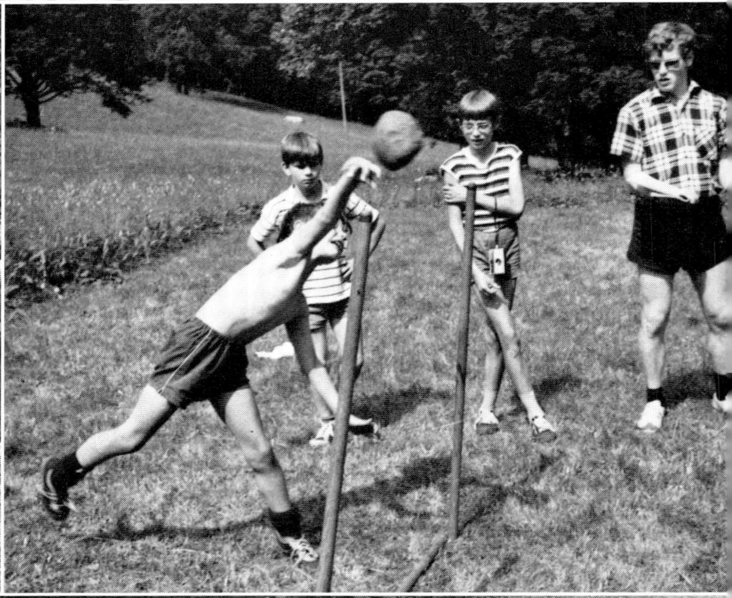
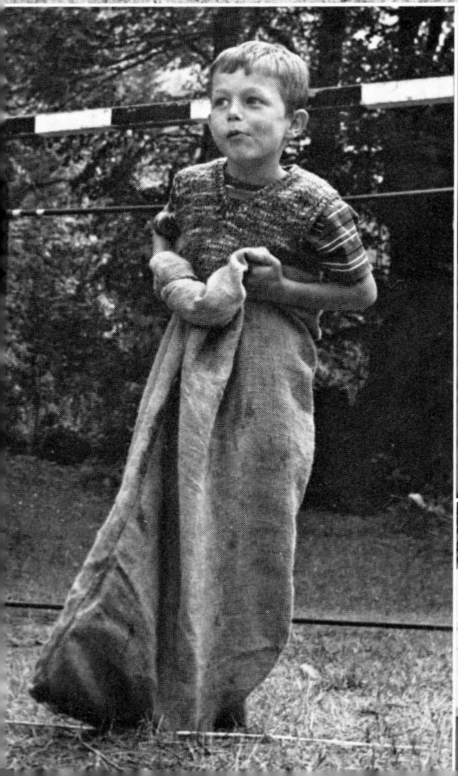
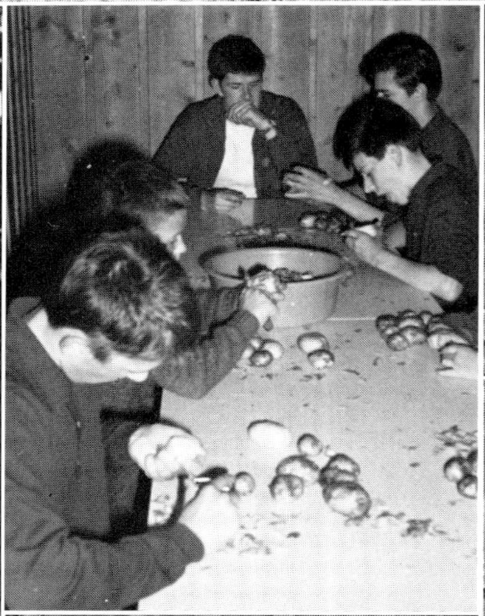
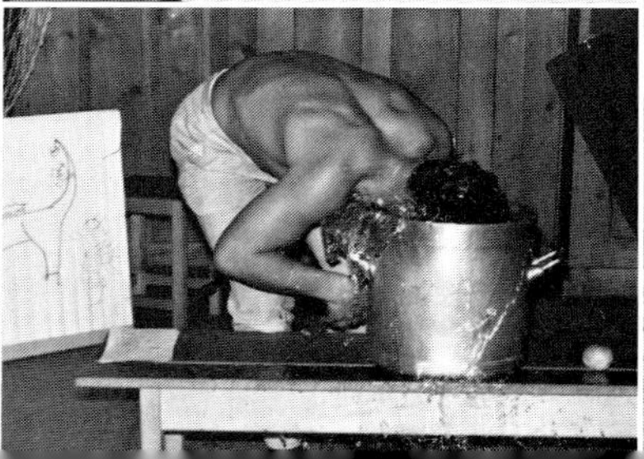
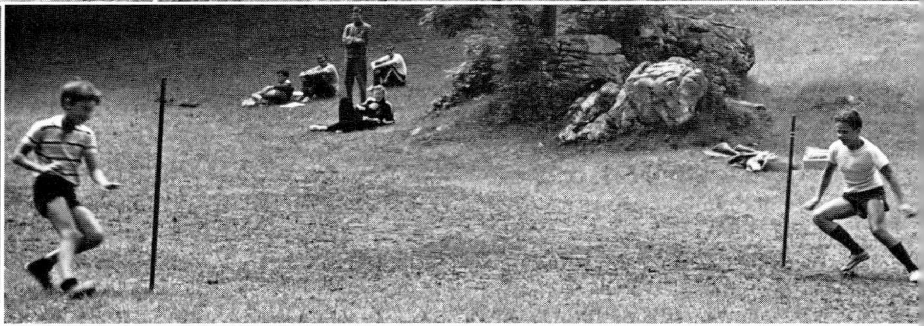
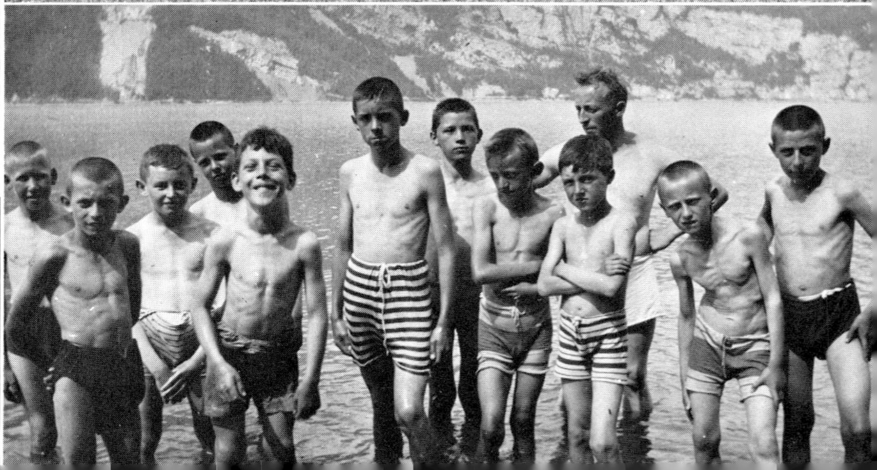

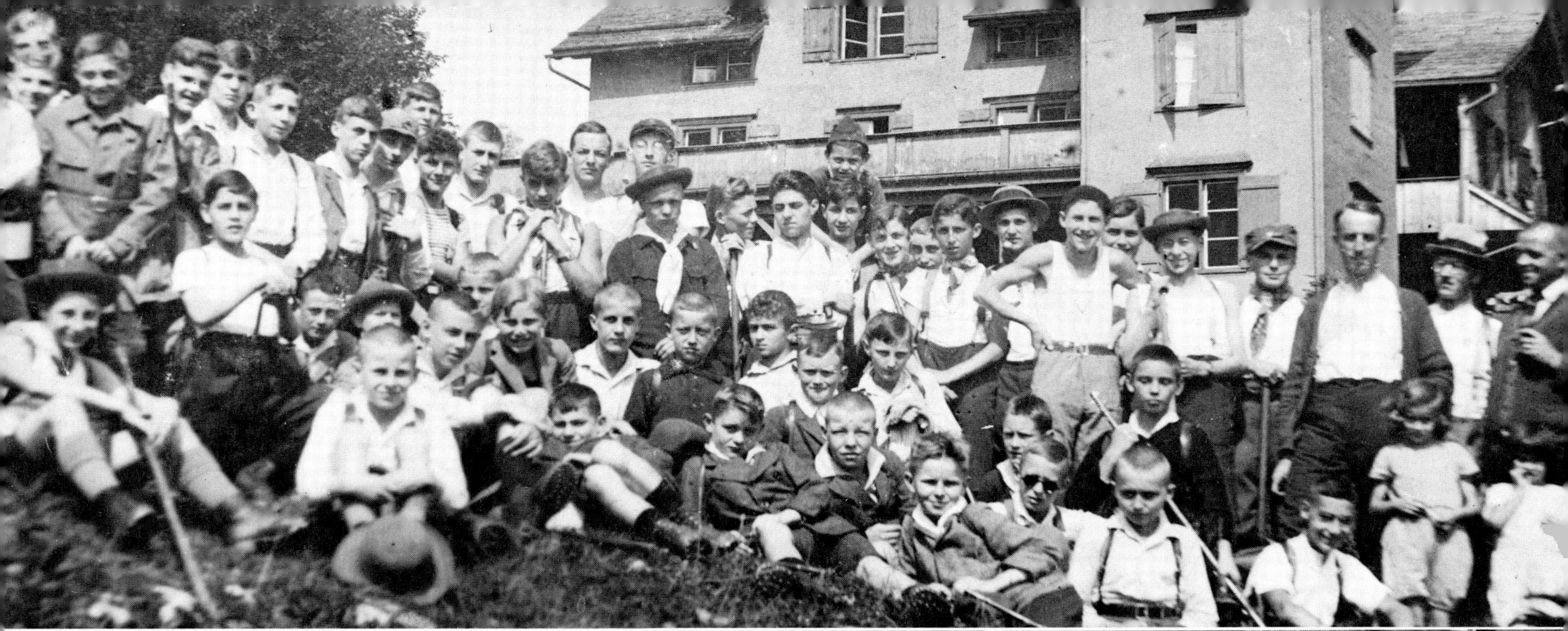

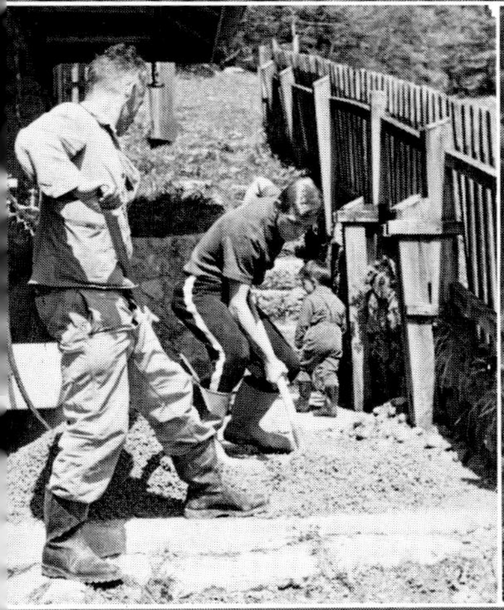

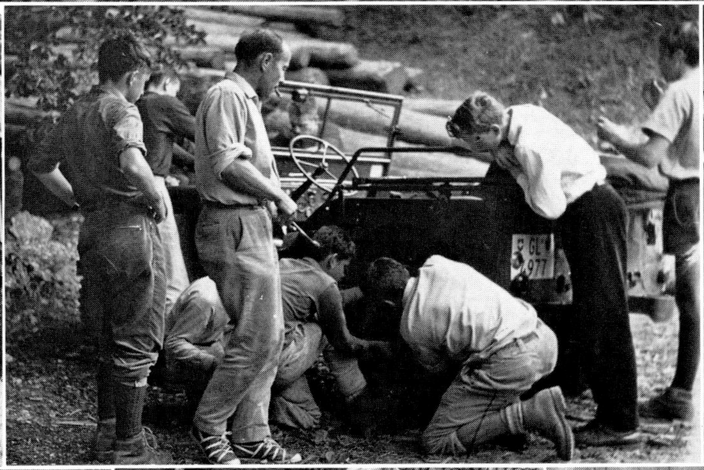

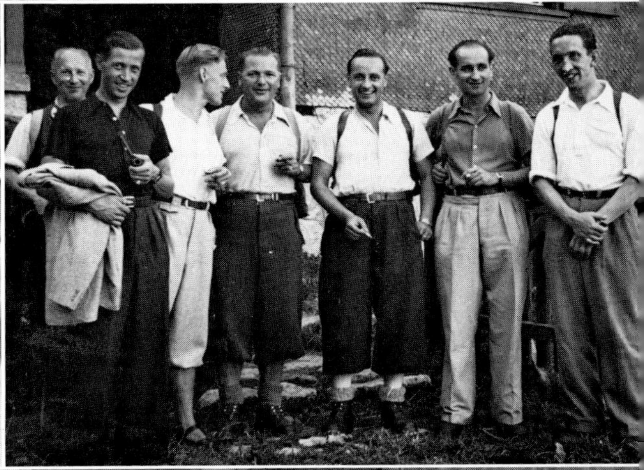

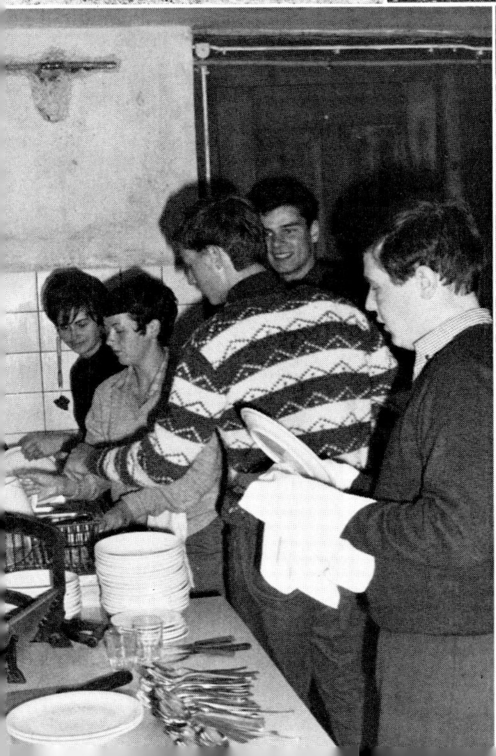

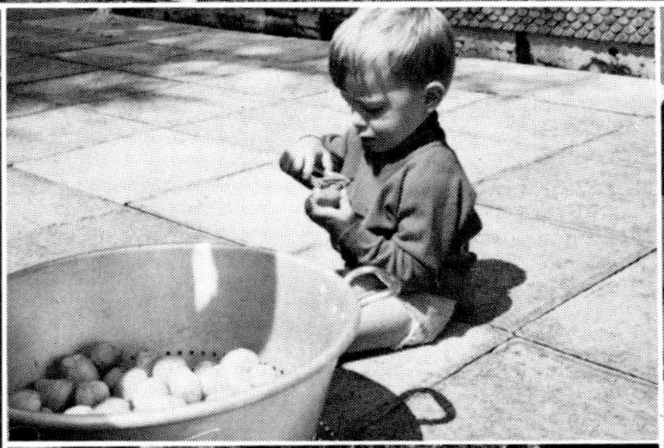

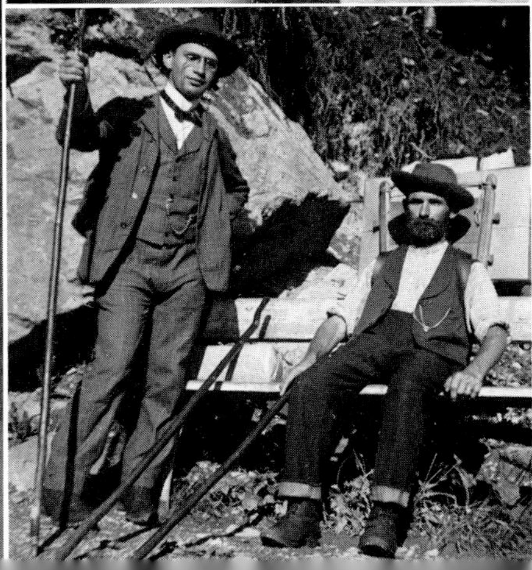

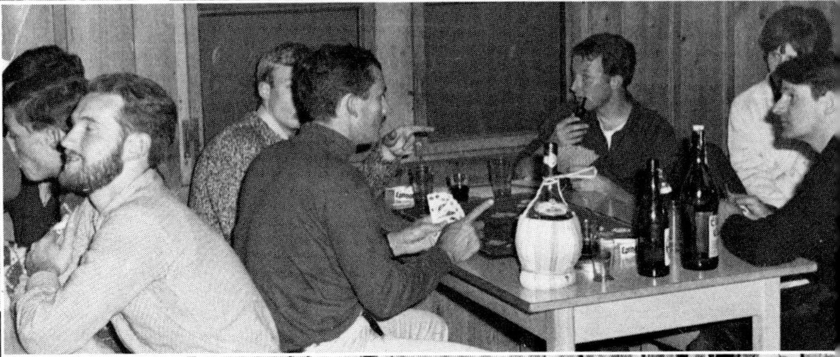

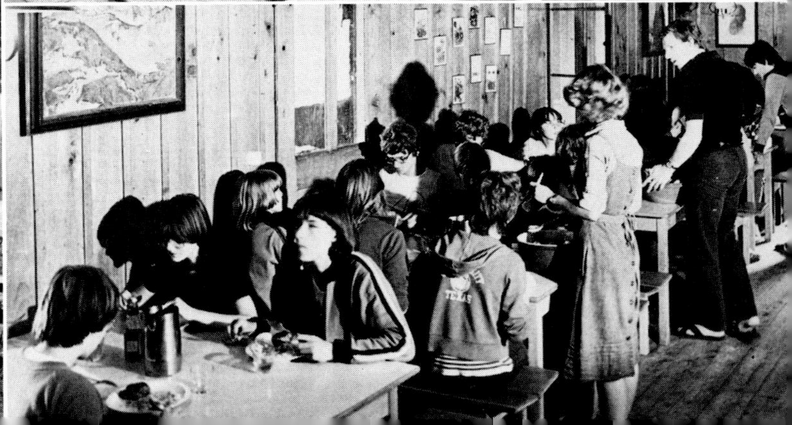

Die Konzeption des Ferienheims entsprach ganz der Zweckmässigkeit. 14 Meter in der Länge, 9 Meter in der Breite und 11,5 Meter in der Höhe, zeigte sich das einfache Berghaus in massiver Holzkonstruktion, das in seiner Frühzeit noch auf eine Verkleidung mit schmuckem Schindelwerk zu verzichten hatte. Mit der Küche und dem ‹Känsterli› für die Vorräte bildete eine geräumige Wohn- und Eßstube das Parterre. Im ersten Stock waren zwei grosse Schlafsäle mit je 22 Kopfkissen untergebracht, während der zweite Stock Platz für weitere elf Schlafzellen bot. Für den Hausvater und das Küchenpersonal stand an der Rückseite des Hauses ein Anbau zur Verfügung. Für die sanitären Anlagen musste eine schmale ‹Bretterbude› herhalten. Eine grosse Terrasse aus Zement, die durch ein ‹prosaisches› Eisengeländer gegen das abfallende Gelände geschützt war, schien den ‹Architekten› des Koloniegebäudes für lange Zeit wichtiger zu sein! Am 22. Juli 1895 konnte das ‹Morgenholz› feierlich bezogen werden. Und die Freude war doppelt gross, weil die Gesamtkosten von Fr. 18 376.– die vorhandenen Mittel kaum überstiegen hatten. 1897 konnten bereits drei Kolonien Ferienlager auf dem Morgenholz durchführen. Veranstalter waren die Obere Realschule mit 41, die Untere Realschule mit 46 und das Gymnasium mit 26 Teilnehmern.

Obwohl der Bach hinter dem Haus der Kolonisten einzige Wasch- und Badegelegenheit war, fühlten sich die jungen ‹Morgenhölzler› in der angebotenen Unterkunft wohl. Erst nach einem Jahrzehnt reger Benützung erwies sich ein Ausbau der Lokalitäten als notwendig, berichtete Papa Glatz doch 1904, dass er auch in diesem Jahr wegen Platzmangels wieder viele Schüler habe abweisen müssen. Zudem war eine rege Nachfrage von ‹Fremdmietern› zu verzeichnen, die es besonders aus Deutschland zu berücksichtigen galt. In Anbetracht der Gemeinnützigkeit der Institution erachtete es die Kommission als angemessen, um einen Staatsbeitrag zu bitten. Doch die Behörden empfanden 1905 noch keine Veranlassung, ein Ferienheim, das erst noch privater Leitung unterstand, zu unterstützen! Dass Papa Glatz sich von diesem engherzigen Entscheid nicht abbringen liess, bauliche Verbesserungen auf dem Morgenholz vorzunehmen und dafür wieder an Freunde und Gönner heranzutreten, war für ihn eine klare Sache. Die Finanzierung erfolgte wie bei der ersten Beschaffung auf zwei Wegen. Zum einen durch Kollektieren in der Öffentlichkeit, was Fr. 3188.50 einbrachte, und zum andern durch die Auflage von Anteilscheinen zum Zinssatz von 4% à Fr. 50.–, von denen 160 Nummern gezeichnet wurden. Der geplante ‹Veranda- und Turmanbau konnte am 29. Juli 1908 eingeweiht werden und bot einenteils auf das glücklichste Raum für den Aufenthalt der Kolonisten bei Regenwetter, ohne dass der Speisesaal allein dazu benützt werden musste. Andernteils konnten ein Milchkeller, eine Handfertigkeits- und Schreinerwerkstätte sowie ein Duschenraum im Erdgeschoss, ein Schlafraum für den Hausvater im 1. Stock, ein Krankenzimmer im 2. Stock und ein Gästezimmer im 3. Stock im Turm geschaffen und zugleich eine Verbreiterung des Treppenhauses und der Abortanlagen samt Trockenraum ermöglicht werden. Und an der Nordseite wurde ein Waschbrunnen im Freien erstellt.› Weil der Aufwand von Fr. 13 450.– aus eigener Kraft nicht ganz abzudecken war, wurde der 1903 durch ein Elitekonzert der Realschule und des RTV angelegte ‹Spielhalle-Fonds› von Fr. 2700.– beansprucht. Der Ausbau des Ferienheims war nun im wesentlichen abgeschlossen. Eine Erweiterung der Veranda an der Nordseite des Hauses, welche der Überdachung des Waschbrunnens und der Erstellung eines Trockenraums diente, stillte 1917 in dieser Beziehung die letzten Bedürfnisse. Die Neubedachung musste ‹in Eternit vorgenommen werden, da es nun an Schindelbäumen mangelt›. An der Innenausstattung dagegen wurden laufend weiterhin Verbesserungen vorgenommen, besonders im Jahre 1950, als mit der Elektrifizierung des Hauses die erste Liegenschaft im Niederurner Hochtal mit der in unserm Land seit Ende des letzten Jahrhunderts üblichen Energieversorgung ausgerüstet worden war. Petroleum, Primagas und Glühstrümpfe, die während Jahrzehnten gemütliche Ambiance spendeten, ständig aber auch einen Herd der Brandgefahr bildeten, gehörten, wie grünspaniges Kupfergeschirr, auch auf dem Morgenholz der Vergangenheit an. Die Annehmlichkeiten der Neuzeit wurden wacker genutzt, wobei die Installation einer elektrischen ‹Hotelküche› gar die Zubereitung kulinarischer Leckerbissen erlaubte. Nur auf einen Telefonanschluss wurde bis 1970 standhaft verzichtet. Namhafte Beiträge aus dem Baselstädtischen Lotteriefonds und dem Fundus des Arbeits-

Schweizerkreuz und Baselstab, der Heilige Fridolin der Glarner, das Wappen der Blumers und die Farben des RTV flattern über dem Morgenholz, 1966.

Die guten Geister einer Morgenholz-Kolonie beim wohlverdienten schwarzen Kaffee in der Glatzlistube, um 1910. Von Freizeitbekleidung ist noch nicht die Rede. Krawatte und weisses Hemd oder gestärkte Bluse sind auch während den Ferien zu tragen!

«Gepäcktransport mit Ox- und Pferde-PS», um 1920.

rappens ermöglichten gleichzeitig die Ersetzung der aus dem Jahre 1895 stammenden 65 Seegrasmatratzen durch modernen Bettinhalt, später auch die Anschaffung von neuem Mobiliar. Viele nützliche Gegenstände des täglichen Gebrauchs, die sich vom einfachen Kleiderhaken über die geräumige Tiefkühltruhe bis zum geländegängigen Fahrzeug «Bebbeli» auflisten liessen, verdankte das Morgenholz mitunter der beispielhaften Munifizenz von Hans Kubli.

Trotz unentwegten Unterhaltsarbeiten, die auch von Kolonisten und Ehemaligen immer wieder

Fremde Gäste auf dem Morgenholz

Bereits im Sommer 1895 erlaubte Papa Glatz die Durchführung von sogenannten Fremdkolonien auf dem Morgenholz: Der Drang, aufwärts und vorwärts zu kommen, hat die hiesige Sekundarschule, sowie eine schöne Anzahl Gäste ins Morgenholz geführt, wo sie von den Kölnern im Basler Ferienheim sehr gastfreundlich empfangen wurden. Herr Turnlehrer Weidner von Köln hat eine 38 Köpfe starke Ferienkolonie aus den Rheinlanden in die Alpen geführt; hochgewachsene, feste Jünglinge von 12 bis 18 Jahren wollen die Luft und die Schönheit unserer Berge geniessen. Köln, Aachen, Elberfeld, Düsseldorf u.s.w. haben diese Gymnasiasten zu ihrer Heimat. Nach einem herzlichen Begrüssungsworte des Herrn Weidner und einer willkommenen Erfrischung im Ferienheim zog die ganze Mannschaft auf den grossen Spielplatz beim Bodenberg, wo etwa 3 Stunden lang Spiele, Reigen, dramatische Aufführungen und Kraftübungen in bunter Abwechslung sich folgten. Es war eine Freude, diese Jünglinge beim Seilziehen im zähen Kampfe oder beim Wettlaufe sich den Rang streitig machen zu sehen; es war ein hoher Genuss, die körperstählenden Übungen in dieser frischen Alpenluft und prächtigen Landschaft zu verfolgen. Dass auch die Fröhlichkeit nicht zu kurz kam, dafür sorgten die Sennenlieder, die ein flotter Tenor in die Luft hinausschmetterte. In gemütlicher Stimmung ward der Rückweg zum Ferienheim angetreten, wo es galt, Abschied zu nehmen. Der letzte Sonnenstrahl war an den Felsmassen des Mürtschenstock erloschen, als wir Niederurner aufbrachen und dem heimatlichen Herde zueilten, gehoben von dem Hochgefühl in der Brust: Wir haben einen schönen, unvergesslichen Tag hinter uns.

selbstlos geleistet wurden, nagte der Zahn der Zeit mit boshafter Konstanz am wetterfesten Gebälk des Blockhauses. Kleinere und grössere Schäden waren nicht mehr einfach ‹so von Hand› zu beheben. Es musste eine Totalrestauration ins Auge gefasst werden. Als ‹Institution von öffentlichem Interesse› längst etabliert, liessen sich auf Initiative von Dr. Eduard Frei die kantonalen Behörden 1967 durch Erziehungsdirektor Arnold Schneider und Baudirektor Max Wullschleger, wie durch die Rechnungskommission des Grossen Rates, an Ort und Stelle von der Notwendigkeit einer durchgreifenden baulichen Sanierung des

Ferienheims überzeugen. Die Regierung sprach denn auch am 7. März 1969 einen Kredit von Fr. 35000.– an die budgetierten Gesamtkosten der Renovation von Fr. 65000.–, der vom Grossen Rat ohne ernsthaften Einwand genehmigt wurde. Dank zusätzlicher Unterstützung durch den Morgenholz-Baufonds von Fr. 23000.–, der von Gönnern geäufnet worden war, einem Beitrag von Fr. 5000.– aus dem Vermögen des Vereins Ferienheim Morgenholz und einer persönlichen Spende von Dr. Rolf Frei konnte das umfangreiche Bauvorhaben schliesslich realisiert werden, dessen äussere Merkmale namentlich aus dem Umdekken der ausgelaugten Schindeln durch chaletbraunen Eternitschiefer, aus dem Einwanden der offenen Waschanlage und des Trockenraums und aus der Modernisierung des zweiten Stocks bestanden. Die in allen Teilen wohlgelungene Renovation konnte termingerecht zur Feier des 75-Jahr-Jubiläums beendet werden.

Ein bauliches Problem im weitern Sinne hatte der Verein im Zusammenhang mit der Erschliessung des Niederurner Alpentales zu lösen. Dabei stellte sich die Frage, ob dies durch den Bau einer Strasse oder durch die Errichtung einer Seilbahn zu geschehen habe. Mit den zuständigen eidgenössischen und kantonalen Ämtern vertrat die Leitung die Ansicht, dass eine Strasse für die Alpwirtschaft und Forstwirtschaft vorteilhafter sei, auch wenn die Aufwendungen im Moment etwas stärker ins Gewicht fallen würden. Doch die Mitglieder der Tagwen und der Ortsgemeinde Niederurnen entschieden sich am 22. Juli 1964 mit grossem Mehr für eine Luftseilbahn mit einer Nutzlast von 700 kg. Das ‹Morgenholz› akzeptierte in freundnachbarlicher Verbundenheit den Beschluss der Talschaft und liess sich umgehend als Genossenschafter aufnehmen, wusste aber zu verhindern, dass die Bergstation auf der Wiese unmittelbar vor dem Ferienheim erbaut wurde.

De jure eine vom ehemaligen Realschülerturnverein unabhängige Organisation, ist der ‹Verein Ferienheim Morgenholz› de facto aber bis heute ein legitimes und anhängliches Kind des RTV geblieben. Von Papa Glatz gegründet und während zwanzig Jahren in Personalunion als Präsident des Turnvereins geführt und forciert, unterstanden die Morgenholzkolonien eindeutig der Eigenart und den Gewohnheiten des RTV, auch wenn der jeweilige Rektor der Realschule, der ex offizio dem Vereinsvorstand angehörte, Selbständigkeit und Neutralität des Vereins verkörpern sollte. Das Ausscheiden von Papa Glatz aus Schuldienst und Vereinstätigkeit brachte die Stellung des RTV auf der Alp Morgenholz denn auch nicht im geringsten ins Wanken. Immerhin schien es sinnvoll, die Rechte, die sich aus der Praxis ergeben hatten, zu verankern. Eine am 9. Juni 1915 zwischen dem Turnverein und dem Verein Ferienheim abgeschlossene Vereinbarung hielt den Vorrang der Realschulturner auf der Alp Morgenholz, wie dieser immer der Usanz des Gründers entsprochen hatte, fest. Dazu gehörten u.a. eine Bevorzugung bei der Aufnahme in die Teilnehmerliste und eine Vergünstigung hinsichtlich der Entrichtung des Kostgeldes.

Welche Bedeutung diesen Bestimmungen zukommen konnte, galt es 1938 zu klären. Es stellte sich nämlich die Frage, ob neben den Mitgliedern des Realschülerturnvereins auch denjenigen des Sportclubs Rotweiss eine Preisvergünstigung auf dem Morgenholz zu gewähren sei, denn ihre Präsenz unter den Kolonisten war beträchtlich angestiegen. Das Problem bot selbstredend Gesprächs-

OK-Präsident Dr. Edi Frei begrüsst mit einem dreifachen «Horrido», dem traditionellen Willkommgruss der Kolonisten, die Festgemeinde zum 75-Jahr-Jubiläum des Stammvereins, 1954. «Er gedachte des Gründers des Ferienheims, Papa Glatz, sowie aller Hauseltern, die in selbstloser Hingabe im Laufe von fast 60 Jahren Hunderten von Basler Buben erholsame und erlebnisreiche Ferien ermöglicht haben. Er überreichte dem Ferienheim eine wunderbare schmiedeiserne Lampe und den anwesenden ehemaligen Hausvätern Arnold Tschopp, Franz Metzger, Hans Rupprecht sowie dem jetzigen Hauselternpaar Schrank im Namen des RTV kleine Andenken. Besondern Beifall aller rief die Ehrung der beiden ältesten Teilnehmer, Oberst Joachim Rapp (Jahrgang 1870) und Willi Bachofen (1879) sowie des treuesten Leiters, Dr. Albert Huber, hervor, der in stiller aber echter Liebe zur Jugend für unsere Freuden und Nöte immer Verständnis und Rat hatte.»

morgenholz 1965

Durchschnittsalter der Morgenholz-Kolonisten			
1895	15,5	1960	13,6
1900	15,1	1962	14,0
1905	14,5	1963	14,6
1910	14,4	1964	13,8
1915	14,7	1965	14,0
1925	14,1	1966	13,68
1935	13,9	1968	13,4
1945	13,5	1970	12,7
1950	14,1	1973	13,7
1955	13,5	1975	13,5
1958	13,6	1978	12,1

stoff genug zu lebhaft geführten Grundsatzdiskussionen. Wie die Möglichkeit, die Leitung der Kolonien zu gleichen Teilen je einem Vertreter des RTV und des SCR anzuvertrauen, abgelehnt wurde, so konnte sich der Verein Ferienheim auch nicht entschliessen, dem SC Rotweiss eine dem RTV gegenüber adäquate Sonderstellung einzuräumen. Vereinspolitische Auseinandersetzungen gefährdeten denn auch nie das schöne kameradschaftliche Verhältnis unter den Kolonisten, das durch eine gesunde Rivalität zwischen RTVern und Rotweisslern im sportlichen Bereich täglich neu gestählt wurde. Dass die Verantwortlichkeit für Haus- und Lagerbetrieb in einer Hand gewahrt blieb, erwies sich zu Beginn der 1960er Jahre als richtig und bedeutsam, als der Verein Ferienheim nicht mehr in der Lage war, Schulkolonien durchzuführen. Denn nun war es auch formell am RTV, sich der moralischen Verpflichtungen gegenüber dem ‹Morgenholz› zu erinnern. Und er liess keine Zweifel offen, dass das Werk von Papa Glatz der Basler Jugend um jeden Preis erhalten bleiben musste: Auf Antrag von Dr. Eduard Frei verfügten die Vereinsorgane am 14. Februar 1963 die Vermietung der Lokalitäten auf der Alp Morgenholz an den RTV. Der Entschluss, dass auch in seinen baulichen Vesten brüchig gewordene Ferienheim wieder flott zu machen, bedurfte einer gesicherten materiellen Grundlage, und diese liessen sich die Initianten noch im selben Monat durch die Gründung der ‹Vereinigung von Gönnern des RTV und des Ferienheims Morgenholz› verbürgen. Inbezug auf das Morgenholz will die Vereinigung beitragen, dass Stadtkinder weiterhin erholsame Ferien in alpiner Luft verbringen können. Es ist besonders den beiden bisherigen Präsidenten, Hans Uhlmann und Max Benz, zu danken, dass bei einem jährlichen Minimalbeitrag von Fr. 10.– ansehnliche Mittel zusammengetragen wurden, die sowohl eine reibungslose Betriebsführung erlauben wie notwendige Investitionen erleichtern. Als 1973 die Kücheneinrichtungen und die Duschenanlagen einer vollständigen Erneuerung bedurften, waren Freunde und Gönner des RTV und des Morgenholzes nicht nur in der Lage, Fr. 20000.– à fonds perdu zur Verfügung zu stellen, sondern auch noch ein zinsloses Darlehen von Fr. 15000.– zu gewähren. Damit erinnerten die grossherzigen Gönner an beispielhafte Spendefreudigkeit im RTV, die 1913 durch ein Legat von Fr. 3000.– aus der Hinterlassenschaft des Ehepaars Weitnauer-Kehl begründet worden war und 1916 durch A. Merian-Thurneysen (Fr. 500.–), 1922 durch Adolf Glatz (Fr. 3000.–), 1949 durch Dr. F. Kägi (Fr. 500.–), 1953 durch Dr. Hans Burckhardt (Fr. 2000.–), 1958 durch Oberst Joachim Rapp (Fr. 2000.–) 1972 durch Dr. Albert Huber (Fr. 5000.–) und 1976 durch Franz Metzger (Fr. 500.–) eine Fortsetzung fand. Die Basis der Gönnervereinigung liegt zur Hauptsache im Kreis der ‹Ehemaligen› verankert. Seit 1964 treffen sich auf Einladung von Max Benz und Dr. Walter Pfister jeden Sommer zahlreiche ‹Morgenhölzler› an der altvertrauten Stätte, die ihnen in ihrer Jugendzeit so viel bedeutete. Im Dutzend werden Erlebnisse von Anno dazumal bei Speis und Trank wieder lebendig und pathetisch nacherzählt, mit den Jahren angepasstem Elan wird dem Sport und dem Spiel nachgeeifert und, was wohl das Wichtigste ist, alte Freundschaften werden erneuert und vertieft. Aber auch die innere Verpflichtung, der Basler Jugend das einzigartige Ferienheim zu erhalten, bleibt nicht ungehört, wird

Basler Ferienkolonien auf der Alp ‹Morgenholz› (Glarus)

1. Verproviantierung.
Vor der Ankunft der Schüler auf der Alp wird das Ferienheim versehen mit Brot, Käse, Kartoffeln, gedörrtem Obst, Maccaroni, Kastanien, Mehl, Gries, Maggi-Suppenrollen, Zucker, Salz, Chokolade u.a.m. Milch und Butter liefert der Senn auf Morgenholz je nach Bedarf. Keller, Küche und Vorratskasten werden mit Lebensmitteln so reichlich versehen, dass die Kolonisten in den ersten Tagen ihres Alpaufenthaltes zum Proviantholen nicht in Anspruch genommen werden müssen. Die Kolonisten sind in gleichgrosse Gruppen eingeteilt, die der Reihe nach in Niederurnen die Lebensmittel einzukaufen und auf die Alp zu tragen haben. Hiezu dienen ihnen einige Rücken-Traggestelle, sogen. Meissen und Kräzen.
Das zu tragende Gewicht ist für die ältern Schüler auf zwanzig Pfund, für die jüngern auf fünfzehn Pfund festgesetzt, d.h. für je eine solche Last sind zwei Schüler bestimmt, die sie abwechslungsweise zu tragen haben.
Das Verproviantierungs-Geschäft ist so geordnet, dass der einzelne Schüler während seines vierzehntägigen Alpaufenthaltes ein- bis zweimal in Niederurnen Lebensmittel zu holen hat. Der einzige Übelstand, der damit verbunden ist, ist der, dass einzelne Gruppen sich im Dorfe zu lange aufhalten und sich im Wirtshaus mehr als nötig gütlich thun, und dass manche Schüler dadurch in Versuchung kommen, unnötigerweise Geld auszugeben. Dieser Übelstand hat mir schon den Gedanken nahe gelegt, den Trägerdienst den Schülern ganz abzunehmen und dafür Leute aus dem Dorfe anzustellen. Ich habe mich jedoch bis dahin nicht entschliessen können, diesen Gedanken in Ausführung zu bringen, weil die Schüler bei diesem Geschäfte etwas lernen können und sollen. Sie sind dabei für einige Stunden selbständig, ohne Überwachung und Leitung eines Lehrers. Da sollen sie den richtigen Gebrauch von ihrer Freiheit machen lernen; sie sollen auch lernen, Geld in der Tasche zu tragen, ohne es unnötigerweise auszugeben. Nach meinen Beobachtungen und Erfahrungen darf ich zuversichtlich hoffen, dass diese Angelegenheit mehr und mehr in das richtige Geleise kommen und unsern Schülern zur Förderung dienen werde.

2. Beköstigung.
Unsere Ferienkolonisten erhalten täglich neben den drei Hauptmahlzeiten, dem Morgen- Mittag- und Nachtessen, vormittags 9½ Brot und abends 4 Uhr Brot zu einer Tasse Milch.
Das Morgenessen besteht aus Milch, Brot und Käse.
Das Menu für das Mittagessen lautet wie folgt:
Sonntag: Suppe, gebratenes Ochsenfleisch und Kartoffelsalat.
Montag: Suppe, Maccaroni und Dampfäpfel.
Dienstag: Suppe, sogen. grüne Kartoffeln und gesottenes Ochsenfleisch.
Mittwoch: Suppe, Mais- und Griesknöpfli und gedörrte Birnen.
Donnerstag: Suppe, Schüblinge (Glarnerwurst) und Kastanien.
Freitag: Suppe, Milchreis mit Zucker und Zimmet.
Samstag: Suppe, Fleisch an einer Sauce und gesottene Kartoffeln.
Das Menu der zweiten Woche ist mit wenigen Abänderungen dem der ersten gleich.
Das Nachtessen besteht aus Milch, Brot und Butter.
Bei Ausmärschen nehmen die Schüler an Proviant mit: Brot, Fleisch (Wurst, Landjäger, Diegen-Fleisch) und Chokolade; Milch bekommen sie unterwegs in Sennhütten.

3. Ausmärsche, Wanderungen.
In den ersten Tagen werden mit den Kolonisten kleinere Touren im Niederurner Alpgebiet und dessen nächster Umgebung unternommen, und zwar in Abteilungen, um die Schüler und deren Marschfähigkeit besser kennen zu lernen. Wird ein Ausmarsch für einen ganzen Tag oder für zwei Tage in Aussicht genommen, so bestimmen die Lehrer, vereint mit den Gruppenführern, wer sich dabei beteiligen darf. Schwächere oder jüngere Schüler bleiben zu Hause oder machen unter der Leitung eines Lehrers eine kleinere Tour. Zur Teilnahme an einer grössern Wanderung sind in der Regel mit Ausnahme der schwächsten alle bereit; denn die Gelegenheit, einen hohen Berg zu ersteigen, eine ferne Alp zu besuchen, oder eine ihrer Schönheit wegen rümlichst bekannte Gegend zu durchwandern, will sich keiner entgehen lassen.
Nach jedem grössern Marsch folgt ein Ruhetag.
Soll zu einer kleinern, weniger interessanten oder bereits bekannten Tour angetreten werden, so kommt es oft vor, dass einzelne sich hiezu weigern; triftige Gründe werden berücksichtigt, nicht aber faule Ausreden und Vorwände.
Es giebt Knaben, die der Ansicht sind, die Ferien seien nur dazu bestimmt, ihrer Trägheit und ihren besondern Neigungen zu dienen, zu thun und zu lassen, was ihnen beliebt: Knaben, welche sich gerne absondern, ihre eigenen Wege gehen und sich der Aufsicht entziehen wollen. Dass die Absichten solcher Burschen durchkreuzt werden, ist selbstverständlich.

4. Arbeiten, Beschäftigungen.
Bei schönem Wetter, das fleissig zum Spiel im Freien benützt wird, können unsere Kolonisten die Arbeit gut entbehren, sie wissen sich selbst auf allerlei Weise zu bethätigen. Werden sie aber auf der Alp so eingeregnet, dass wir während zwei, drei oder gar vier Tagen keinen Ausmarsch unternehmen und draussen auf der Alpwiese keine Bewegungsspiele betreiben können, dann sollten die Knaben einen gedeckten Spielraum und im Hause zu allerlei Beschäftigungen Gelegenheit haben. Viel besser ist es, die Knaben vor Mutwillen und Übermut bewahren, als sie stetsfort zu mahnen, zu tadeln oder gar zu strafen. Deshalb ist schon bei Erstellung des Ferienheims darauf hingewiesen worden, dass wir noch eine Spielhalle und mit derselben einen Raum zur Pflege der Handfertigkeit haben sollten. Dem Verein ‹Ferienheim› haben jedoch die hiezu nötigen Geldmittel nicht zur Verfügung gestanden, er hat

die weitere Ausgestaltung des Heimes auf spätere Zeiten verschieben müssen. Einstweilen besitzen wir auf der Alp verschiedene Werkzeuge: Säge, Beil, Hammer, Zange, Bohrer, Stemmeisen, Pfahleisen, Bickel, Schaufeln, Karst, Rechen, Tragbahren u.s.w., die jedes Jahr zur Verwendung kommen. Es ist dies ein kleiner Anfang, der uns immer wieder die Wünschbarkeit nach ‹mehr› nahe legt.

5. Verhalten der Schüler.

Wir haben jedes Jahr unter unsern Kolonisten gut erzogene, liebe Knaben, die an Folgsamkeit gewöhnt sind und aus deren Mund nie ein böses oder wüstes Wort gehört wird, Knaben, die zu keinerlei Tadel Anlass geben. Ich bin den Eltern derselben sehr dankbar für das grosse Zutrauen, das sie der Führung unserer Kolonien entgegenbringen. Dann werden uns aber auch Knaben zugewiesen, die allerlei Unarten an sich haben und deshalb imstande wären, einen schlimmen Einfluss auf andere auszuüben.

Unliebsame Erfahrungen haben mich genötigt, alle diejenigen Schüler, von denen ich annehmen muss, dass sie von bösem Einfluss sein könnten, von vornherein abzuweisen. Da heisst es für mich auch: «Landgraf, werde hart!» um trotz guter Versprechungen und Thränen unerbittlich bleiben zu können; denn die Knaben wollen sich in den Ferien, droben auf der freien Alp, auch frei gehen und ihren Gewohnheiten und Neigungen die Zügel schiessen lassen. Sogar Schüler, die unter den Augen ihrer Lehrer ordentlich und brav erscheinen mögen, entpuppen sich oft in freiem Verkehr mit ihren Kameraden als solche, die mit verschiedenen Unarten behaftet sind.

Einen beständigen Kampf habe ich zu führen gegen rohe Worte und Ausdrücke, gegen den Missbrauch des Namens Gottes, sowie gegen das Singen unpassender Lieder. Es hat oft den Anschein, als hätte die Jugend jegliche Lust und Freudigkeit an einem schönen Gesang verloren.

6. Strafen.

Es ist selbstverständlich, dass wir auf dem Morgenholz ohne Strafen nicht auskommen, und dass bei einzelnen Schülern das strafende Wort nicht genügt und deshalb eine Steigerung der Strafe eintreten muss.

Die nicht an bestimmtem Ort versorgten Gegenstände werden konfisziert und müssen vom Eigentümer Stück für Stück mit 5 Cts. Busse ausgelöst werden. – Wer zu spät zum Essen kommt, riskiert an verschlossene Thüren zu gelangen, und die sich während des Essens nicht anständig benehmen, werden auf kurze Zeit vor die Thüre gestellt. – Wer nachts im Schlafsaal nach Lichterlöschen vorsätzlich Störung verursacht, erhält am folgenden Tag eine Strafarbeit (Wasser oder Holz in die Küche tragen, Zimmer wischen etc.), und im Wiederholungsfalle muss er sofort den Schlafsaal verlassen und wird mit seiner Matraze auf die Laube oder auf den Estrich, auf das dortige Heulager verwiesen.

Rohheiten gegen Kameraden oder Frechheiten gegenüber erwachsenen Personen werden mit Internierung bestraft, d.h. der Schuldige muss auf bestimmte Zeit im Lehrerzimmer verbleiben oder in der Küche zu allerlei Dienstleistungen zur Verfügung stehen.

In der Regel haben die Gruppenchefs täglich vor den versammelten Lehrern Rapport zu erstatten, und beide zusammen, Lehrer und Gruppenchefs, bilden das Gericht, wenn schwerere Straffälle vorliegen. Eine empfindliche, aber wirksame Strafe ist der zeitweilige Ausschluss von der Kolonie in dem Sinne, dass der davon Betroffene ein- oder zweimal 24 Stunden auf dem Estrich zubringen muss; nebst Wasser und Brot wird ihm das Essen von seinem Gruppenchef zugetragen.

Der gänzliche Ausschluss aus der Kolonie, der Heimtransport, ist die höchste und letzte Strafe; sie ist, wenn auch nicht jedes Jahr, doch schon zweimal angewendet worden und zwar wegen wiederholter Lüge und Entwendung.

7. Tagesordnung.

Das Aufstehen am Morgen geschieht nicht immer zu gleicher Zeit; diese wird festgesetzt je nach dem Wetter oder den Umständen. Es kann vorkommen, dass wir schon um 4 Uhr oder noch früher aufstehen müssen; dagegen ist den Schülern nach einer grössern Wanderung gestattet, bis 8 Uhr im Bett zu bleiben, insofern sie sich darin ruhig verhalten.

Ist kein frühzeitiger Ausmarsch angesetzt und auch kein besonderes Bedürfnis nach verlängertem Schlaf vorhanden, so ergeht der Ruf zum Aufstehen in der Regel um 6 Uhr. Gleich nach dem Ankleiden werden die Betten geordnet, die Schuhe gereinigt und Toilette gemacht.

Um 7 Uhr wird die grosse Familie zum Morgenessen zusammengerufen. Nachdem der Hausvater einen Psalm oder ein Lied aus dem Kirchengesangbuche vorgelesen und das übliche Tischgebet gesprochen, wird das Essen aufgetragen. Nachher werden sämtliche Räumlichkeiten, Speisesaal, Schlafsäle, Treppen und Lauben gereinigt.

Die Ruhetage verbringen die Kolonisten mit Zeichnen, Schreiben, Lesen, Spielen u.a. Bei trockener, warmer Witterung spielen sie auf der Terasse oder auf dem Rasen unter schattigen Bäumen. Die angenehmste Unterhaltung bieten die Bewegungsspiele, an denen sich auch jeweilen die Lehrer beteiligen. Nachmittags geht eine Gruppe nach Niederurnen, um Proviant zu holen und die Post zu besorgen; andere machen kleinere Exkursionen, während wieder andere vorziehen zu Hause oder in deren nächster Umgebung zu bleiben, um ihre durch das Mittagessen unterbrochenen Beschäftigungen wieder aufzunehmen. Hie und da werden auch Vorbereitungen zu einer Abendunterhaltung getroffen.

Um 7 Uhr abends erfolgt das Nachtessen, nachdem wie am Morgen, etwas gelesen oder ein kurzes Abendgebet gesprochen worden ist. Nach dem Nachtessen entwickelt sich wieder ein fröhliches Leben, besonders wenn im Laufe des Tages ein Holzhaufen zu einem Freudenfeuer zusammengetragen worden ist oder ein Feuerwerk in Aussicht steht.

Bannt der Regen die lebhafte Schar ins Haus, so geht es erst recht laut und bunt her, so dass es oft nötig wird, Ordnung und Regel in das Chaos zu bringen, was durch gemeinsamen Gesang oder durch musikalische und deklamatorischen Vorträge einzelner geschieht. Um 10 Uhr werden die Laternen herbeigebracht und damit das Zeichen zum Schlafengehen gegeben.

Basel, im Mai 1899.

A. Glatz.

«Ehemalige» im Eßsaal, 1964: Im Hintergrund Schäublin, Niethammer, Brunner, Blumer, Dalcher, M. Wintsch, L. Frei, Grafe, R. Schwarz, Hartmann, Apel, Frau Stucki, Luigi, Ritter, HR Goepfert, Jenne, Friedegret, P. Goepfert, Benz, T. Frey, Christoffel, Buser, Bader, Kubli, Lüchinger, R. Weibel. Im Vordergrund sitzend: Horlacher, Weder, Eckinger, Widmer, Schmuckli, A. Stucki, Angst, Diesler, E. Frei. Photo Dr. Walter Pfister.

▷
Gletscherwanderung wagemutiger RTVer, um 1895. «Ein prachtvolles Rudel Gemsen, es mochten gegen 20 Stück sein, überstiegen behende einen Felsgrat, um sich, in rascher Bewegung mehrere steile Schneefelder überquerend, in den Felsen des Tierbergs zu verlieren. Ah, wenn wir so behende in den Felsen klettern und die Schneefelder durchqueren könnten. Die Schneedecke über dem Eise wurde dünner und dünner, und bald durften wir wieder auf dem blanken Eise marschieren. Wir waren alle froh, das Ende des Gletschers in Sicht zu haben.»

doch bei jedem Besuch das Fondsvermögen kräftig aufgestockt!
Ob der eigentliche Lagerbetrieb von Lust und Freude geprägt ist und den hochgespannten Erwartungen der Kolonisten entspricht, liegt zunächst an der Persönlichkeit des Hausvaters bzw. der Hauseltern. Bis 1914 stieg Papa Glatz Jahr für Jahr auf die Alp hinauf. Selbst nach einem Unfall, der keine Wanderungen in den Bergen mehr zuliess, war ‹Papet› persönlich um das Wohl seiner Schützlinge besorgt. Dann oblag die Leitung, nach Ernst Ruppli, für 16 Jahre dem Ehepaar Arnold Tschopp, dem Hans Küng, Franz Metzger und Hans Rupprecht mit ihren einsatzfreudigen Frauen folgten; 1938 gelang es der Kommission, Walter und Frieda Schrank für das anspruchsvolle Amt der Hauseltern zu gewinnen. Ihnen bedeutete die Betreuung und der Umgang einer begeisterungsfähigen Bubenschar eine wahre Herzensangelegenheit, sonst hätten sie es kaum bis 1954 auf der Alp Morgenholz ‹ausgehalten›. Was Walter Schrank unter dem ‹Morgenholz› verstand, hat er 1945 geäussert: «Es gibt bei uns seit langem so etwas, allerdings nicht in dem Stile eines unpersönlichen, von kommerziellem Geiste erfüllten Hotelbetriebes, sondern in der Form eines schlichten Jugendheimes, das für viele schon beinahe zur zweiten Heimat geworden ist: Es ist das Morgenholz. Dort werden die Schüler unserer Basler Mittelschulen – heute sind es vor allem die Realgymnasiasten – während der Sommerferien von ihren Lehrern betreut. Dieselben, die während langer Schulwochen vor ihren Schülern gestanden haben und unter Beachtung der geforderten Disziplin Wissen und Können gemehrt und die Bildung vertieft haben, sitzen dort unter ihnen beim gemütlichen Kartenspiel, lassen sich bei Denk- und Geschicklichkeitsspielen gern von diesen besiegen, tummeln sich mit ihnen auf der weiten Alpweide oder im nahen Bergwald, sorgen bei Tisch, dass die hungrigen Mägen zu ihrem Recht kommen, singen mit ihnen zum beschaulichen Ausklang des Tages unter den ehrwürdigen Tannen des Baslerfelsens Ernstes und Heiteres und führen sie als Krönung der heiteren und sorglosen Ferientage hinauf in die wildreichen Höhen der Kärpfstöcke, in die weite Firnwelt des Claridenmassivs oder hinunter an die zum Bade ladenden Gestade des Walensees, der die Rundsicht des Heimes so eindrücklich beherrscht. Dieses Zusammenleben, abseits vom Lärm des Alltages und fern von dem Betrieb geschäftstüchtiger Fremdenzentren, frei von den Hemmnissen, die sich im einseitig intellektuell eingestellten Schulbetrieb so leicht einstellen, schafft einen Geist, der ebenso selbstverständlich zur Tradition des ehrwürdigen Heimes gehört wie das Horn, das seit einem halben Jahrhundert die hungrige Schar zum Essen ruft. – Nicht umsonst soll von den Hausvätern Sommer für Sommer die zum geflügelten Worte gewordene Wendung zu hören sein: Das sei doch die schönste Kolonie gewesen.» Mit Schranks schloss sich der Kreis langjähriger Hauseltern. Dies aber will nicht heissen, dass sich im RTV keine kompetenten Leiter mehr hätten finden lassen, die bereit waren, ihre Freizeit in grösserem Ausmass dem Nachwuchs zu widmen. Nur die Umstände der Zeit bewirkten eine rascher folgende Rotation in der ‹Schlüsselgewalt›, die in chronologischem Ablauf von Willi Schneider, Willi Tschopp, Prof. Dr. Hans Schaub, Werner Nyffeler, Hans Kubli, Hansruedi Herrmann, Dr. Werner Blumer, René Müller, Freddy Fretz und Max Gautschi verwaltet wurde.
Das Lagerleben entsprach anfänglich ganz der Absicht ‹Papets›, der Alp Morgenholz die Funktion eines Standquartiers für ein- und mehrtägige Bergwanderungen zuzuweisen, das für die ausgestandenen Strapazen dann aber auch als Erholungszentrum dienen konnte. Deshalb wurden die

Morgenholzlied

Nagelschuh und heitrer Sinn,
Das gehört zum Wandern,
Großstadtdunst und Geldgewinn
Lassen wir den andern.

Uns gehört die weite Welt
Mit den blauen Fernen,
Und das hohe Himmelszelt
Mit den vielen Sternen.

Drum immer lustig Blut und heitrer Sinn,
Hei futsch ist futsch und hin ist hin.

Ziehn wir aus zu froher Fahrt
Über Fels und Firnen,
Pfeifen wir nach Burschenart
Über lose Dirnen.

Höhensonne, Gletscherwind
Röten Brust und Wangen,
Kommt ein hübsches Sennenkind
Wird's uns auch nicht bangen.

Stehn wir dann nach hartem Strauss
Über Zeit und Sorgen,
Schallern wir ein Lied hinaus
In den jungen Morgen.

Grüssen Dich, Du Heimatland,
Deine lichten Höhen,
Deiner Gletscher Silberband,
Deine blauen Seen.

Horrido tönt's abends stolz
Kehrn wir müd' nach Hause,
Schon winkt uns das Morgenholz
Ladet uns zum Schmause.

Ob es blitzt und ob es kracht,
Wir sind wohl geborgen,
Denn nach einer Wetternacht
Folgt ein heller Morgen.

---

misslungenen Versuche, für eine geeignete Spielwiese das notwendige Land zu erwerben, während Jahren nicht ernsthaft weiterverfolgt. Auch die Errichtung einer sogenannten Spielhalle, welche für die ausgesprochen zahlreichen Schlechtwettertage als wünschenswert erschien, liess bis zur Überdeckung der Terrasse Anno 1908 auf sich warten. Nachdem schon 1904, anlässlich des 25-Jahr-Jubiläums, von ‹den Alten dem verehrten Papa Glatz die ansehnliche Summe von Fr. 1550.– zum Bau einer Spielhalle beim Ferienheim Morgenholz überwiesen worden war›. Allerdings hatte Papa Glatz bereits im Mai 1900 ‹Mitteilung über die Schritte gemacht, die er getan, um auf dem

Die mit einer Subvention der Baselstädtischen Turn- und Sportkommission von Fr. 25000.– reizvoll und zweckmässig angelegte Kleinsportanlage vor dem Ferienheim Morgenholz, welche den Kolonisten eine vielfältige sportliche Betätigung erlaubt, 1978. Photo Kurt Baumli.

Morgenholz ein Stück Land von ca. 20 Aren käuflich zu erwerben, auf dem die schon seit Jahren in Aussicht genommene Spiel- und Arbeitshalle hätte errichtet werden können. Von unserm Nachbar Stucki ‹In der Bränden› sei ein unserm Ferienheim nahe und günstig gelegenes Stück Land erhältlich gewesen, aber der hiefür gestellte Preis sei so hoch, dass von einem Kaufe keine Rede sein könne. Ein Stück von der Alp Morgenholz sei auch nicht erhältlich, indem Herr Präsident Schlittler erklärt habe, Niederurnen verkaufe nichts von seinem Alpenterritorium.› Erst 1927 wurden die Hausväter erneut beauftragt, nach einer geeigneten Spielwiese in der Nähe des Ferienheims Ausschau zu halten, lag das der Gemeinde gehörende Mettmenried, welches die Kolonisten gelegentlich zum Spielen benützten, doch fast eine ganze Wegstunde vom Heim entfernt. Ein flaches Areal in der Gemarkung des Bodenbergs bei der Wirtschaft zum Hirzli entsprach dem Spielbedürfnis eher, bis 1970 das unmittelbar vor der Hauptfront des Ferienhauses liegende abfallende Gelände, welches die Gemeinde Niederurnen den ‹Morgenhölzlern› als Jubiläumsgabe zur Nutzung überlassen hatte, mit namhafter Unterstützung der Baselstädtischen Turn- und Sportkommission zu einer idyllischen Kleinsportanlage hergerichtet werden konnte.

Bergtouren also waren es, die Körper, Geist und Seele der Jugendlichen aus der Stadt in freier

Natur entwickeln und stärken sollte. Ausgerüstet mit breitkrämpigem Filzhut, langem Bergstock und gutgenagelten Schuhen, marschierten die Morgenhölzler durch die prächtige Glarner Alpenwelt. Unter dem Diktat berggewohnter Lehrer der ehemaligen Realschule, bei gewagteren Hochtouren auch von patentierten Bergführern, wurden nicht nur die Höhen des Hirzli, des Planggenstock, des Wageten und des Köpfler in der nähern Umgebung erreicht, sondern auch Frohnalpstock, Schild, Rautispitz, Kärpf, Glärnisch, Ortstock, Gemsfayren und Claridenstock mussten sich von den durchtrainierten jugendlichen Gipfelstürmern jeweils bezwingen lassen. Einfache Alphütten boten den Wandergruppen Unterkunft in duftendem Heu, nachdem die Berggänger, in ihren typischen schwarzen Pelerinen Wärme suchend und mit den runden Löffeln der Sennen ihre Brotbrocken aus der frischen Milch fischend, den Hunger vertrieben hatten. Bald waren nach Einkehr und Verpflegung ‹Lied und Scherz verstummt. Der Klang der Glocken der Weidetiere wirkte als Schlummerlied. Und ein schöner Tag hatte schön geendet. Anderntags liess das Vorgefühl der zu erwartenden Genüsse und das etwas unbehagliche Lager die Morgenhölzler früher als gewohnt wach werden. Nach dem einfachen Frühstück begann das Wandern aufs neue, bergauf, bergab, dem erquikkenden Bad im See entgegen. Der Aufstieg ins Ferienheim war für viele nochmals eine harte Nuss. Langsam und sichtlich müde rückten auch die schwächeren Buben an. Unter ihnen befinden sich die Knirpse. Noch immer thronte die Schneebrille auf ihrem Hut. Aber ihre Augen schauten demütig unter dem Hutrand hervor, als sie der Hausvater begrüsste. Sie sind befriedigt von den zwei Wandertagen. Früher als gewöhnlich ging's zu Bett. Mancher hatte es, obwohl es härter war als zu Hause, im Heu schätzen gelernt. Der folgende Tag war als Ruhetag allen willkommen. Die zweitägige Tour bot Gesprächsstoff in Fülle, Jeder wollte die rassigste Tour gemacht haben. Postkarten trugen die Kunde von dem schönen Ereignis in die Welt hinaus, und mancher durfte als Lohn seiner Leistung ein süsses Päckli in Empfang nehmen. Dann gingen die beiden Wandertage in die Erinnerung ein, als ein schönes Bild, das wohl verblasste, aber nicht erlosch.›

Eindrücke zu vermitteln, welche die Jugendlichen – seit 1975 steht das Ferienheim auch der Koedukation offen – wegweisend ein Leben lang begleiten, ist heute noch oberstes Ziel der Vereinsleitung. Gegen 8000 junge Basler, und mit ihnen Kolonisten aus der Glarner Talschaft, aus dem Züribiet und aus Nachbarländern, haben im Laufe der Jahrzehnte auf dem Morgenholz mit aller Intensität erfahren, was direkte Konfrontation mit dem Mitmenschen in Wirklichkeit bedeutet, haben die Stationen des Wohlbefindens wie der Entbehrungen abgesteckt, haben die Natur in ihrer Pracht und in ihrer Gewalt geschaut und verspürt. Ihnen konnte jetzt die Weisheit des römischen Satirikers Juvenal (um 47 bis um 130), der da von einem gesunden Geist in einem gesunden Körper sprach, verständlich erscheinen und deshalb Auftrag und Vorsatz sein. Wir wollen hoffen, dass die segensreiche gemeinnützige Institution im Glarner Alpenland weiterhin der Obhut des RTV anvertraut bleibe und dass auch in Zukunft Generationen von Söhnen und Töchtern, welche sich seinen Prinzipien verpflichtet fühlen, die vielfach bewährte beglückende Gastfreundschaft rund um den Baslerstein annehmen und weitergeben.

Persiflage auf eine Jagd nach Siebenschläfern, die, von furchtsamen Leitern ausgelöst, die jugendlichen Kolonieteilnehmer unendlich ergötzte! 1952.

Anekdoten und Reminiszenzen

1884: Abends ging es zu Safran wie gewohnt fröhlich her. Das allgemeine Gaudium aber erreichte seinen Höhepunkt, als in einem Lustspiele die Coulissen plötzlich in die Brüche gingen und vor Ermüdung zu Boden sanken.

1885: Es wurde von Herrn Glatz gerügt, dass von einigen Mitgliedern oft gleich nach Beendigung des Turnens das Wirthshaus besucht werde. Es darf und soll das in unserm Vereine nicht vorkommen. Wenn die Ältern etwa das Bedürfnis haben, sich mit 1 Glas Bier zu stärken, so sollen sie dies nicht vor den Augen der Jüngern thun, die leicht dazu verführt werden könnten.

1886: Da Flüglistaller Bernhard wegen eines Unfalls beim Turnen sich an unserm Wett- und Preisturnen nicht betheiligen konnte, schenkte ihm die Commission als Andenken ein Album.

1887: Für die Ordnung am Schlussturnen in der Halle wird ein 4gliedriges Polizeicomité besorgt sein, bestehend aus Schär, Flüglistaller, Bider und Bienz. Selbst knarrend, soll es den Knurrenden, Murrenden zur Stille verweisen und sowohl unter den Turnern als auch jenem jungen Volke aus den Steinen die nöthige Ordnung und Ruhe herstellen. Überhaupt wird Herrn Glatz die Competenz verliehen, in Zukunft stramm und strenge sein Regiment zu führen.

1887: Ich zeige Ihnen hiemit meinen Austritt aus Ihrem Vereine an wegen der unlängst vorgekommenen Titul ‹Lusbueb› und wegen der Hausaufgaben. Achtungsvoll W. Speich.

1887: Ferienkolonie. Eine Anfrage betreffend Rauchen wurde mit nein beantwortet. Wer absolut nicht ohne Rauchen sein kann, soll zu Hause bleiben.

1887: Der Bierconsum vom letzten Schulfest hat uns ein bedenkliches Loch in die Cassa gerissen. Um dieses aufzufüllen, gelangte man mit einem Extrabeitrag im Minimum von 30 Cts. an jedes Mitglied.

Max Benz
Morgenholz-Geist

Die Welt ist von drohenden Kriegswolken umgeben. Wir schreiben das Jahr 1937. Unsere nördlichen Nachbarn rüsten und haben in den verflossenen Jahren einer Politik Türen und Tore zur nicht mehr abwendbaren Katastrophe geöffnet. Sogar in unserem freien Land ist selbst in Jugendkreisen eine vermehrte Aktivität zur ‹nötigen Anpassung› zu verspüren. Die Sommerferien rücken näher. Im RTV werben unsere Leiter, vorab natürlich Thuri Fretz, ebenfalls Kolonieleiter auf dem Morgenholz, in den Trainings bei bereits angefressenen Morgenhölzlern und solchen, die es noch werden sollen, für einen Ferienaufenthalt auf Alp Morgenholz. Die RTV-Sektion ist wieder stark diesen Sommer. Aber auch unsere Freunde und Antipoden vom SC Rotweiss sind gut vertreten. Das wird wieder rassige und unterhaltsame Auseinandersetzungen auf dem Bodenberg, beim Terrassenhokey und auf dem Jassteppich absetzen. Wir erwarten den Reisetag recht ungeduldig.

Dann gilt es ernst, der 24. Juli 1937 ist angebrochen. Leichtfüssig wird der steile Weg zur Alp erklommen. Das Hauselternpaar Rupprecht erwartet ferienhungrige Stadtbuben. Notabene, Hausvater Rupprecht war ja in meiner Gymnasialzeit mein Lehrer in Deutsch und Geschichte. Ein ausgezeichneter Methodiker, ein Lehrer von altem Schrot und Korn. Ein vergifteter FCB-Anhänger übrigens. Bei rot-blauen Niederlagen hatten wir es montags stets mit einem eher grimmigen Deutsch- oder Geschichtslehrer zu tun. Aber heute strahlte er übers ganze Gesicht, als es gilt, die 2. Kolonie 1937, welche bis zu meinem Geburtstag am 14. August dauert, hochoffiziell zu eröffnen. Es sind die uns vertrauten Anweisungen für einen geordneten Koloniebetrieb, die verlautbart werden. Jeder Morgenhölzler weiss, was sich gehört. Und doch, es versteht sich, wir sind ja Buben, manchmal richtige Lausbuben, die sich hier auf dieser herrlichen Alp tummeln.

Ein grosser Tag ist der heutige Bundesfeiertag! Während des ganzen Tages wird emsig Material, vorwiegend Holz, in der Nähe des Bachbettes zur Wegkreuzung Richtung Hirzli-Beiz getragen. Dort wird der legendäre ‹Funke› – so benamsten wir den Stock fürs 1.-August-Feuer – aufgebaut. Wir können den Moment kaum erwarten, bis die Kolonie in ‹lockerer Formation› vom Heim gegen das Wahrzeichen unseres Vaterlandgeburtstages zu schlendern beginnt. Die Nacht ist bereits hereingebrochen. Im Tal gekaufte Kracher, Frösche, Luftheuler usw. werden trotz Hausvaterverbots abgebrannt. Da passiert's. Irgendeiner aus unserer Gruppe – hatte ich wohl die Finger oder das Zündholz auch noch im Spiel? – wirft einen Luftheuler in eine vorausmarschierende Gruppe. Prompt verfängt sich das zischende Ding in den nigel-nagelneuen Trainerhosen des Lieblingsschülers von Dr. Huber. Das Brandloch degradiert die schöne Trainerhose zum wegwerffertigen Artikel. Aufregung in der betroffenen Gruppe, Konsternation bei den Lausbuben. Die nachfolgende Untersuchung musste mangels Beweises eingestellt werden. Wir solidarisieren, es wird keiner verrätscht. Allein, das schlechte Gewissen ist intus. In den restlichen 14 Tagen Sommerferien erleben Hausvater und Leiter etwas Aussergewöhnliches. Die Lausbubengruppe meldet sich unaufgefordert Tag für Tag freiwillig für die Zimmertour, den Küchendienst oder für irgendeine Handreiche, die zum morgenhölzlerischen Treiben gehören. ‹Das gute Gewissen muss wieder her›, sagt sich wohl jeder. Es ist mir heute noch nicht gewiss, ob wohl die Kolonieleitung nun auf der richtigen Spur der ‹Täterschaft› der 1.-August-Tragödie war. Uns war es jedenfalls wieder etwas leichter ums Herz, doch die beschädigte Hose haben wir natürlich mit unserer Geste nicht einfach ersetzen können, was uns leid tat.

1887: Brief von Salvisberg aus der Rekrutenschule: Das Riegenturnen war beendet, als das Präsidium die grosse Menge der Turner zum Turnstande zusammenrief. Balde ward ein Kreis um unsern Turnvater gebildet und ein Brief Salvisbergs kam zur Verlesung. Unser erstes Vizepräsidium weilt zur Stunde als Trainrekrut zu Bierre in der Kaserne. Er schreibt mit Begeisterung, dass das Turnen die beste Vorschule für die Soldaten sei; man werde dadurch an stramme Disciplin, an Schaffen und Arbeiten gewöhnt.

1888: Ein bedauernswerter und für unsern Verein höchst unangenehmer Fall hatte sich vor einigen Tagen ereignet, indem E. H., unser bisheriger Kassier, urplötzlich und ganz unvermutet aus unserem Kreise verschwunden war. E. H. war nun seit ¾ Jahren Kassier unseres Vereins, ohne jedoch auf verschiedene Mahnungen hin Bericht über den eigentlichen Stand der Kasse zu erstatten. Es stellte sich nun heraus, dass derselbe seit November des letzten Jahres die Kasse auf ganz unverantwortliche Art und Weise total vernachlässigt und uns, nach den ersten Berechnungen ein Defizit von etwa Frs. 100.– hinterlassen hatte. Der Vater unseres bedauernswerten Mitgliedes hat sich nun bereit erklärt, den allfälligen Schaden zu ersetzen. Sämtliche Commissionsmitglieder waren aber darüber einig, dass auch wir, der ganze Verein, einigermassen Schuld an der Sache tragen, und dass es angemessen wäre, wenn derselbe die Hälfte des entstandenen Defizites auf sich nehmen würde. Uns ist es ja weniger um den materiellen Verlust, wir bedauern vielmehr den moralischen.

1889: Schoch als Vorturner der III. Riege klagt über das Verhalten seiner Turner, besonders sei Honegger dem Trüllmeister der IV. Riege in Dressur zu geben.

Mag wohl diese für mich unvergessliche Jugendepisode dazu beigetragen haben, dass meine Bindung zu unserem geliebten Heim bis heute erhalten geblieben ist? Gewiss nicht nur, denn das bedeutete ja Weltrekord für ein schlechtes Gewissen. Nicht nur für den Schreibenden, nein für eine Vielzahl ehemaliger Morgenhölzler bedeutet dieser stolze Turmbau auf dieser markanten Alpwiese, zusammen mit dem Basler Stein, erholungsreicher Aufenthalt für den Austausch alter Erinnerungen und Aufnahme neuer unvergesslicher Erlebnisse. Für die dritte und vierte Generation ist das Kolonieleben in eine Phase getreten, die wohl für den Nichteingeweihten etwas Ungewöhnliches ist. Den Grundstein für die Weiterführung echter Morgenholztradition legte wohl die unter der Ägide von Edi Frei im RTV-Jubiläumsjahr 1954 durchgeführte einmalige Monsterkolonie. Allerdings dauerte es nach diesem grossartigen Fest volle 10 Jahre, bis Walter Pfister, zusammen mit dem Schreibenden, das erste offizielle Ehemaligenlager organisierte. Diese Lager haben sich nun in einem zweijährigen Turnus eingespielt. Sie werden wohl, solange das Heim steht, nicht mehr wegzudenken sein. Immerhin sollte sich in den nächsten Lagern die nachrückende Generation noch vermehrt unter die Teilnehmer mischen, damit nicht ein mögliches Vakuum plötzlich das Nichtzustandekommen wegen mangelnder Beteiligung bewirkt.

Alfred Buss
Erinnerungen an eine
elfjährige Handballzeit

Mit 14 Jahren, d.h. um 1934, bin ich in den RTV eingetreten, wobei sofort meine Schwäche oder Eignung (wie man's nimmt) für den Posten eines Torhüters in der Schülermannschaft entdeckt worden ist. Da auch die damaligen Leiter Dr. Albert Bieber und Arthur Fretz in mir den Nachwuchstorhüter erblickten, erklomm der begeisterte Goali Stufe um Stufe bis er schliesslich zusammen mit einem Grossteil seiner ehemaligen Kollegen aus der Schülermannschaft die erste Handballelf des RTV in den städtischen und schweizerischen Meisterschaften vertrat. Einen äusseren Höhepunkt bildeten ohne Zweifel die 1941 eingeführten Baselstädtischen Meisterschaften im Hallenhandball, bei denen unsere erste Mannschaft fünf Jahre hintereinander den Meistertitel errang. Wenn ich mich recht erinnere, so brachte unser alter Freund und Trainer ‹Migger› Horle den Hallenhandball in der Schweiz ins Rollen. Auf dessen Initiative fand im Hallenstadion Oerlikon vor Kriegsbeginn ein erstes Hallenhandballtreffen zwischen zwei Auswahlmannschaften aus Basel und Zürich statt. Die Begeisterung bei den Teilnehmern für diese neue Spielart war enorm. Einen weiteren Höhepunkt bildete für mich die Mitwirkung in zahlreichen Trainingslagern der schweizerischen Nationalmannschaft.

Meine Erinnerungen an die aktive Zeit als Handballer werden jedoch überstrahlt von menschlichen Werten: Kameradschaft, Pflichtgefühl, Einsatz und Ausdauer wurden schon in der Schülermannschaft grossgeschrieben. Ohne freiwilligen Verzicht auf zahlreiche sogenannte Annehmlichkeiten des Lebens hätte unsere damalige ‹Erste› keine derartigen Erfolge erzielen können. Eine wertvolle Unterstützung für den Mannschaftsgeist bildete auch die positive Einstellung des Elternhauses zur sportfreudigen Jungmannschaft. Die freundschaftliche Verbundenheit mit unserem Spielertrainer Thuri Fretz und dessen Fähigkeit, uns immer wieder zu begeistertem Einsatz anzuspornen, trugen entscheidend dazu bei, aus elf bis dreizehn Individualisten und Freunden eine gut funktionierende Mannschaft zusammenzuschweissen. Gleichzeitig war es für die meisten selbstverständlich, dem Club ihre Dienste in einer administrativen Charge zur Verfügung zu stellen. Es war eine schöne Zeit, die sicher keiner der Damaligen vermissen möchte. Ich möchte deshalb diese Rückschau auf die Zeit als aktiver Handballer nicht beenden, ohne den ehemaligen Kameraden meinen aufrichtigen Dank dafür auszusprechen, dass ich mit ihnen zusammen in freundschaftlicher Verbundenheit diesen Zeitabschnitt zwischen dem 14. und dem 25. Altersjahr erleben und sinnvoll gestalten durfte. Freude am Wettkampf und sportliche Fairness haben uns auch auf dem weiteren Lebensweg begleitet.

133

1889: Leider hat sich schon seit einigen Stunden Theiler Hans an den Turnstunden des Gewerbeschülerturnvereins beteiligt. Herr Glatz, welcher den Betreffenden zur Rede gestellt, bekam zur Antwort, dass er gesinnt sei, auszutreten, da viel zu viele Leute in unserem Verein seien und man darum nichts rechtes lernen könne. Auch hat leider dieser Untreue, wie er von Herrn Glatz mit Recht genannt wird, gesucht, noch andere aus unserer Mitte abspenstig zu machen. An diesen Punkt schloss sich noch eine längere Diskussion und es wurde einfach beschlossen, diesen Theiler aus unserer Mitgliederliste zu streichen, in der Hoffnung, dass der Betreffende seine Dummheit bald einsehen und bereuen werde, wenn es leider zu spät ist.

1896: Nun folgt eine längere Discussion über das Tragen von Stöcken einzelner Mitglieder des R.S.T.V. in der Schule und auf dem Turnplatz. Von neuem wird wieder der alte Satz aufgestellt, der im R.S.T.V. von jeher galt: «Wir wollen uns durch Einfachheit auszeichnen», und dazu brauchen wir keinen Stock, was überhaupt ein Turner von unserem Alter auch notwendig hat, was natürlich ausser Betracht fällt auf einer Turnfahrt. Kurz. Diese Discussion endet damit: Jedes anwesende Mitglied verspricht Herrn Glatz in die Hand, nie mit einem Stecken in der Schule oder auf dem Turnplatz zu erscheinen.

1896: Ich (Franz Metzger) traf unsren ‹Papa› an der Binningerstrasse. Wahrscheinlich trug ich den steifen Strohhut einmal etwas kecker auf dem Ohr? ‹Papa Glatz› jedenfalls setzte mir das Ding zurecht, indem er trocken bemerkte: «Franz, trag mir den Hut gerade!»

1898: Herr Dr. Bider hält es in Anbetracht der guten und kräftigenden Alpenluft nicht für notwendig, den Schülern auf dem Morgenholz jeden Tag frisches Fleisch zu verabfolgen. Wenn die Kost auch nicht gar so reichhaltig sei, wie im Thale, so sehe er hierin keinen nennenswerten Übelstand

Stefan Cornaz
OL: Der Weltmeister im Zelt!

Die Bevölkerung von Möhlin wird sie nicht so schnell vergessen: die Schwedeninvasion vom Sommer 1977. 2500 Schweden und 3000 Sportlerinnen und Sportler aus 29 weiteren Nationen sind damals mit Auto, Bahn und Flugzeug aus allen Himmelsrichtungen angereist und haben die Einwohnerzahl Möhlins für eine Woche verdoppelt. Sie alle kamen zum zweitgrössten Orientierungslauf der Welt, zum Internationalen Schweizer 5-Tage-OL vom 27. bis 31. Juli 1977, dessen Läuferzentrum bei Möhlin lag. Von hier aus ging es zu den fünf Etappen bei Liestal, Deitingen (SO), Malleray (BE), Karsau (BRD) und Möhlin. Rund 800 Funktionäre sorgten für einen reibungslosen Ablauf, und 125 Journalisten berichteten über den Grossanlass in alle Welt. Dabei war auch der RTV 1879: Er erinnerte sich seiner alten Liebe zum OL, und einige RTVer in der Organisation verhalfen nicht nur dem 5-Tage-OL zum Erfolg, sondern auch der RTV-Kasse zu einem Zustupf aus dem ‹Reingewinn› des Riesenunternehmens.

Einen Eindruck von der bevorstehenden Schwedeninvasion, welche die Dreiländerregio am Rheinknie damals für einige Tage ins Zentrum der OL-Interessierten auf der ganzen Welt rückte, vermittelte schon die Startliste, die ein stattliches Buch füllte: 136 Johanssons, 85 Karlssons, 31 Carlssons, 77 Anderssons, 63 Larssons und 48 Erikssons konnten da gezählt werden, ganz abgesehen von den ähnlich lautenden Nebenformen etwa der Erikssons, denn da starteten noch die Erixons, die Eriksens, die Ericssons, die Ericsons, die Erickssons und die Ericksens. Die 136 Johanssons widerspiegelten im kleinen, was den 5-Tage-OL als Ganzes und den OL-Sport überhaupt auszeichnet: dass es ein sportlicher Wettkampf für Teilnehmer beider Geschlechter und jeder Altersstufe ist. Da startete Ulrika Johansson aus Husqvarna in der Kategorie D-12 (was soviel heisst wie: Damen, bis 12jährig) neben Olle Johansson aus Klippan in der Kategorie H-56 (Herren, 56jährig und älter). Vom Mädchen bis zum Opa konnte also jeder mitlaufen. In den drei ‹Superklassen› Herren Elite, Damen Elite und Junioren Elite durfte allerdings nur starten, wer von seinem Landesverband selektioniert worden war. Und hier fand sich auch der berühmteste Johansson, der allerdings ein Johansen und erst noch ein Norweger ist: Egil Johansen, Einzel-OL-Weltmeister 1976 und 1978. Das Siegen überliess er grosszügig den Einheimischen, die mit Dieter Hulliger, dem Exriehemer, und Willi Müller bei den Herren einen Doppelsieg landeten und dank Annelies Meier-Dütsch auch die Damenkonkurrenz dominierten. Das ‹Aushängeschild› der Mammutveranstaltung zeichnete sich durch Bescheidenheit aus, auch punkto Unterkunft: Auf das angebotene Hotelzimmer verzichtete er, weil er mitten unter dem OL-Volk in der Möhliner Zeltstadt wohnen wollte. Der Weltmeister im Zelt: Auch das gehört zum 5-Tage-OL.

Edi Frei
11 × 12 im 3-Takt

Was hat es für eine Bewandtnis mit dieser Zahlenzauberformel? Dahinter steckt ein im RTV während 10 Jahren leidenschaftlich diskutiertes turnerisches Thema: das Sektionsturnen. Es gab in unserer Vereinsgeschichte nämlich einen Abschnitt, in welchem der RTV sich wohl oder übel mit dem Sektionsturnen befassen und auseinandersetzen musste. Es war jenes Dezennium von 1937 bis 1946, in welchem der RTV dem Kantonalturnverband Basel-Stadt (KTV) angehörte und in diesen Jahren verpflichtet war, das Sektionsturnen zu pflegen und dieses an den Turnfesten vorzuführen.

Am Beispiel des Kantonalturnfestes Basel-Stadt vom 27./28.Juni 1942 auf der Schützenmatte möchte ich kurz aufzeigen, was das Sektionsturnen beinhaltete. Ich hatte damals die Ehre und das Vergnügen, als Oberturner zu amten und die RTV-Sektion in den Wettkampf zu führen. Das

1898: Bei Besprechung der Abtritt- und Löschverhältnisse auf dem Morgenholz drückt Herr Dr. Kündig den Wunsch aus, es sollen 3 Rettungsseile angeschafft werden. Endlich wünscht Herr Glatz eine Tragbahre.

1901: Nachdem Herr Glatz uns mitgeteilt hatte, dass das Morgenholz zur Zeit einer Kolonie von 30 Niederurner Schulkindern zur Verfügung gestellt sei, sangen wir noch einige frohe Lieder und – was gewiss noch nie in einer Turnvereinssitzung vorgekommen ist – tanzten vergnügt einige Male um Stühle und Tische herum, wobei uns Freund Kehlstatt wacker aufspielte. In vergnügter Stimmung gingen wir nach 10 Uhr auseinander.

1902: Sehr erfreulich ist es, dass sich auch bei uns wieder immer mehr die Sitte einbürgert, im 2. Akt des Geselligen etwas zur Unterhaltung beizutragen. Klingelfuss hat damit den Anfang gemacht, indem er uns einen kurzen Vortrag über einen besonders bei ihm gut ausgebildeten Körperteil hielt: Über die Nase!

1904: Der Schulrat in Niederurnen bemerkt hinsichtlich der gegenüber den Ferienkindern aus der Gemeinde erhobenen Vorwürfe, dass es keineswegs ausgeschlossen erscheine, dass die Bettnässereien auf dem Morgenholz teilweise auch von Basler Kolonisten verursacht worden seien.

1908: Ein Gesuch der ‹Historia› um Beteiligung an unseren Turnabenden wurde verworfen, denn studentische Sitten können im R.T.V. nicht geduldet werden.

1909: Jakob Wüthrich, unser Alt-Mitglied, übt mit einigen Mitgliedern Barren-Pyramiden. Dem Zuschauer grusselt es, wenn er sieht, wie sich ein Stockwerk auf das andere baut. Auch Papa Glatz mahnt, vorsichtig zu sein.

Sektionsturnen setzte sich aus 3 Teilen zusammen: obligatorische Marsch- und Freiübungen, obligatorische Hindernis-Pendelstafette, zwei freigewählte messbare Leichtathletik-Disziplinen oder zwei freigewählte schätzbare Geräteturnübungen. Der RTV entschied sich für die messbaren Übungen Kugelstossen und Weitsprung. Für jeden dieser 3 Teile konnte man maximal 50 Punkte, also total 150 Punkte erhalten. Bewertet wurde die Leistung mit 10 Punkte, Haltung und Ordnung mit 10 Punkte und die Übung selbst mit 30 Punkte.

Am Sonntag früh um 08.00 Uhr marschierte die 32 Mann starke RTV-Truppe vor dem Kampfgericht auf – in geschlossener Ordnung, das heisst bereits numeriert und ausgerichtet auf 2 Glieder. Die Kommandos waren vorgeschrieben. Als Oberturner mit 20 Meter Abstand zur Sektion musste ich kommandieren: «Achtung-steht!» und dann den beiden Kampfrichtern melden: «Sektion RTV 1879 Basel mit 32 Mann in Stärkeklasse IV zur Arbeit bereit, Oberturner Frei Eduard, Jahrgang 1917.» Nun begannen die kombinierten Marsch- und Freiübungen. Wie im Militär gab es Marsch- und Sammelübungen, die Reaktion, Tempo und Präzision erforderten. Am schwierigsten war die Sammlung der 32 Mann in Linie mit anschliessendem Frontmarsch (!) auf eine Distanz von 15 Meter. Da durfte es keine Ziehharmonika geben. Unsere diesbezüglichen Befürchtungen waren glücklicherweise unbegründet. Die anschliessenden Freiübungen gliederten sich in zwei Vorführungsteile, die im Dreitakt auszuführen waren. Dabei musste ich als Oberturner von 1 bis 12 zählen und das im ersten Part 6mal und im zweiten Part 5mal, was zusammen 11×12 Zeiten ergab, also 132 Zeiten – es schien mir eine Ewigkeit zu dauern. Während diesen 132 Zeiten mussten meine 32 RTVer selbstverständlich gleichzeitig Armschwingen, Kniewippen, Rumpfbeugen und was der Übungsteile mehr waren. Auch dies klappte überraschend gut. Jedenfalls kreiste keiner mit den Armen oben, während die andern in der Kniebeuge waren! Die Hindernis-Pendelstafette bot für uns RTVer keine Probleme und machte zudem Spass. Jeder RTVer musste 2mal 80 m laufen und dazwischen eine Hechtrolle über eine 80 cm hohe Latte und einen Sprung über einen 3 m breiten Graben produzieren. Wir schafften einen Durchschnitt von 26,3 Sekunden pro Läufer (24 Sekunden ergaben die Maximalpunktezahl von 30). Im freigewählten Teil, dem Kugelstossen und dem Weitsprung, blieben die Leistungen weit unter den Erwartungen. Im Kugelstossen (5 kg) brachten wir es nur auf einen Durchschnitt von 9,61 m (14 m = 30 Punkte) und im Weitsprung auf 4,61 m (6,80 m = 30 Punkte). Gleichzeitig mussten wir uns einige unnötige Abzüge in Haltung und Ordnung gefallen lassen, denn auch im leichtathletischen Teil galt es stramm zu stehen, und da bekundeten die RTVer etwelche Mühe.

Trotz allem durften wir mit dem Gesamtergebnis hochzufrieden sein. Wir holten uns den nie erwarteten Lorbeerkranz I. Klasse mit 141,5 Punkten (Marsch- und Freiübungen 46,75 P., Hindernislauf 47,95 P., Kugel/Weit 46,81 P.). Das beste Resultat der 22 am Turnfest beteiligten Sektionen schaffte übrigens der Turnverein St. Johann mit 144,45 Punkte. Wir waren also ganz nahe bei den Besten und haben somit bewiesen, dass der RTV auch das ungeliebte Sektionsturnen einigermassen beherrschte. Jedenfalls haben wir bei den zahlreichen Zuschauern sowie bei den Kennern des Sektionsturnen einen guten Eindruck hinterlassen und verschiedentlich verdienten Applaus geerntet.

Thury Fretz
Ein halbes Jahrhundert Handball

Mit meiner Übersiedlung von Bern nach Basel im Frühjahr 1927 und dem Eintritt in die damalige ‹Untere Realschule› im Schulhaus an der Rittergasse war meine Mitgliedschaft beim Realschülerturnverein eigentlich schon vorprogrammiert. Der ‹Berner› war vor allem dem Fussball zugetan, ein Anhänger des BSC Young Boys, spielte auch gerne Korbball und trieb etwas Leichtathletik. Kaum war er in der neuen Klasse, wurde er gefragt, ob er auch Handball spielen könne. Es war damals üblich, dass morgens vor Schulbeginn zwischen 7 und 8 h im Hof, wo 2 Tore aufgestellt waren, Handballspiele zwischen Klassenmannschaften ausgetragen wurden. Obwohl ich bekennen musste, noch nie Handball gespielt zu haben, stellten mich meine Kameraden gleich im näch-

1917: Da der Tag, an welchem wir unser Stiftungsfest abhalten wollten, gerade in die Zeit fiel, während der in Basel die schweizerische Mustermesse stattfand und die Theaterturnhalle davon auch in Besitz genommen worden war, konnten wir unser Stiftungsfest unmöglich an dem bestimmten Tag in dieser Turnhalle abhalten.

1917: Während der Rede Kreis hatte sich aber auch sein Gegner Grossmann tüchtig gewappnet mit Ausdrücken. Er behauptet, es habe sich in die Kommission eine Spaltung eingeschlichen, die durch Surianer und Antisurianer in Parteien gebildet sei. Diese Behauptung widerspricht aber jeder Wahrheit. Die Kommissionsmitglieder haben sich gegenseitig immer gut verstanden, von einer Parteisucht oder Spaltung gar nicht zu reden. Die Wimmlerei, bemerkt er ferner, übe auf die neuen Aktiven einen schlechten Eindruck aus. Die Mitglieder müssten sich zusammentun, um dem Übel endlich einmal zu steuern. Diese sollen sich von allem Einfluss frei machen und in Zukunft bessere Wege einschlagen. Nach dieser Rede, stellt der Präsident Binder die Unwahrheit der Spaltung in der Kommission fest, im Gegenteil, das Zusammengehörigkeitsgefühl hätte sich zu jetziger Zeit besser gestaltet als je. Es sei diese freche Behauptung eine Beleidigung für die Kommission. Daraufhin beteuert Kreis, er hätte nie Despotie im Verein einführen wollen, sondern im Gegenteil der Kommission als Stütze zu dienen. Nachdem sich die Aufregung etwas gelegt hatte, bemerkt Altmitglied Paul Kelterborn, es habe das ungewissen Hin und Her zu brechen und den gemütlichen Teil zu beginnen, da man mit Fluchen doch nichts erreiche. Trotzdem gingen die Verhandlungen weiter. Kelterborn versichert, dass Kreis es nicht schlecht meine und den Altmitgliedern bei ihren Sitzungen immer eine gute Stütze sei, trotzdem seine Massregeln des Vorgehens manchmal falsch seien. Die beiden Rivalen wollen sich nun wieder zu bekriegen suchen mit manchmal sehr giftigen Ausdrücken, aber der Präsident machte einen Strich unter die Rechnung und ging zum nächsten Traktandum über ...

sten Spiel als linken Flügel auf, und zu meiner eigenen Verblüffung gelangen mir auf Anhieb 7 Tore. Trotzdem es mich eigentlich mehr zum Fussball hinzog, war damit mein ‹Einstieg› in den Handball nicht mehr aufzuhalten, um so weniger, als ein naher Verwandter – das spätere Ehrenmitglied Walter Christen – mich im gleichen Jahr veranlasste, dem RTV beizutreten.

Der schmächtige ‹Unterstüfler› war gleich stark beeindruckt vom damaligen Schülerpräsidenten Helmuth von Bidder. Er imponierte mir – wie übrigens auch sein Bruder Heinz – schon von der mächtigen Gestalt her. Er leitete den Verein mit Tatkraft und Umsicht. Mein Hauptinteresse galt natürlich sofort dem Handball. Die erste Mannschaft war – schon damals – ein wenig ein exklusiver Club, in den man nicht so ohne weiteres aufgenommen wurde. Ich weiss noch, wie stolz ich war, als ich, noch relativ jung, für erste Einsätze als würdig befunden wurde. Wenige Jahre später – die ‹Kanonen› hatten unterdessen die Schule verlassen – war es dann mein Ehrgeiz, die Handballtradition aufrechtzuerhalten. Wir (die noch vorhandenen 12–13 Mitglieder bildeten auch gleich die Mannschaft) hatten mehr Misserfolge als Erfolge, vermochten uns aber immer um den Abstieg aus der Serie A (es wurde damals nur regional gespielt) herumzumogeln. 1932, als wir die Schule auch verliessen, hörte der Betrieb im RTV dann völlig auf.

Beinahe 50 Jahre RTV-Handball vermag ich heute zu überblicken. Immer gab es im RTV grosse Talente, am technischen Können fehlte es nie, auch die Kameradschaft war meist überdurchschnittlich gut, die Trainer gaben ihr Bestes – und doch zieht sich wie ein roter Faden durch die Jahrzehnte eine unübersehbare Leistungsunbeständigkeit. Auf Höhenflüge folgten immer wieder unerklärliche Tiefs. Selten nur konnten gute Leistungen über eine relativ längere Zeitdauer durchgezogen werden. Woran mag es liegen? Unterschätzt man zu oft die Gegner? Oder nimmt der RTVer einfach ‹seinen Sport› nicht so tierisch ernst, ist Handball für ihn mehr Hobby als Ziel? Eine Auffassung, die an sich durchaus sympathisch wäre. Aber sie passt nicht so ganz ins heutige sportliche Leistungsdenken, auch nicht so ganz zu einem Verein, dessen Hauptbetätigung der Handball ist. Aber auch ich weiss kein Rezept, wie dem Übel beizukommen ist.

Werner Rihm
RG-Morgenholz-RTV

Zufälle prägen Menschen, stellen Lebensweichen. Mein Primarlehrer, der Rotweissler Jules Degen, hielt mich für zu wenig nobel fürs HG und mathematisch zu schwerfällig fürs MNG; er empfahl mich fürs RG, wo ich bis heute sitzen geblieben bin. Als elfjähriger RGlemer besuchte ich im Mai 1941 zusammen mit meinen Eltern einen Lichtbildervortrag übers Morgenholz. Die Eltern beeindruckte die patriarchalische Wärme des referierenden Hausvaters Walter Schrank, mich bestachen die Schwarzweiss-Helgen vom Heim, von den Zweitägigen und von der Stuckimatte. Zwölf Sommerferien war ich oben, eine reiche, eine erfüllte Zeit voll unvergesslicher Erlebnisse und wichtiger Erfahrungen. Ich lernte auf der Alp enorm viel, vor allem auch schutten – und Fussballer wollte ich werden, kein Wunder, denn ich war ja an der Wettsteinallee aufgewachsen und verbrachte meine ganze Freizeit auf dem Ländi, wollte ein Centerhalf wie Vonthron oder ein Flügelflitzer wie Kappenberger werden. Aber mein Vater wollte etwas Rechtes aus mir machen, liess mich nicht den FCB-Junioren beitreten, vielmehr schrieb er an Herrn Reallehrer Arthur Fretz einen Brief, darin sich höflich erkundigend, ob sein Sohn dem RTV beitreten dürfe. Thury, der mich von der Stuckimatte her kannte, liess sich nicht zweimal bitten und schnappte mich dem Dito (meinem späteren verehrten Kollegen Dr. Erich Dietschi) und seinen Rotweissen, die mich schon an einem Stiftungsfest mit einer Gratiswurst hatten kirren wollen, vor der Nase weg. RG - Morgenholz - RTV: das war verschlauft, das war, damals in den vierziger Jahren, fast noch eine innere Einheit, personell und institutionell. RGlemer, Morgenhölzler und RTVer zu sein – das war ein Markenzeichen, das man stolz zur Schau trug. Von 1945 bis 1949 spielten wir uns, die Nase immer vorne, durch die verschiedenen Juniorenkategorien. Wir waren ein gutes Team, weil wir gute Trainer hatten: Thury Fretz und Ruedi

1919: Der Präsident erwähnte noch den Turnbetrieb im Winter und drückte die Hoffnung aus, dass die Turnhallen wieder geheizt würden und ein regelmässiger Turnbetrieb einsetzte. Denn dieser sei in den letzten zwei Jahren durch Kohlenmangel und Grippe empfindlich gestört worden.

1920: An den Kantonal-Turnverband Basel-Stadt: Sie haben uns geschrieben, dass das Faustballwettspiel Alemannia:RTV noch fällig sei und am kommenden Samstag beim Pumpwerk ausgetragen werden soll. Wir teilen Ihnen aber mit, dass dieses Spiel schon längst ausgetragen worden ist und dass es zugunsten des RTV ausgefallen ist ...

1925: Endlich kommt man überein, einen Tanzkurs mit eigenem Tanzlehrer zu veranstalten, d.h. es wird der Unterricht von tanzkundigen Kameraden durchgeführt. Die Musik soll auch von uns selbst besorgt werden. Die Frauenfrage bleibt allerdings problematisch, jedoch werden wohl Schwestern und andere Wesen verwandter Art in hoffentlich genügender Zahl zur Verfügung stehen.

1925: H.K. und W.T. werden infolge lästerlichen Gebarens kopfüber hinausgeworfen. B., der ebenfalls dazu reif wäre, soll bei der nächstbesten Gelegenheit ebenso einen Gratisflug erhalten!

1925: Die Produktionen sollen am Bunten Abend möglichst gerissen und möglichst kurz sein auf dass der Schwof um so länger und auch gerissener werde.

1926: Präsident Fessler orientiert an Hand reichen Belegmaterials über die unhaltbare Glunkerei im Turnbetrieb. Die Aktivitas ist vollständig mit dem Präsidenten einverstanden, dass gesäubert werden muss. Kaltblütig werden die Unheilbaren aus dem Verein hinausgeschmissen. Die kleinern Sünder werden auf die schwarze Liste gesetzt. Der Präses offenbart in seiner rücksichtslosen Handlungsweise geradezu diktatorische Energie und Rasse, um die ihn vielleicht sogar Mussolini beneiden könnte!

Schenkel, die uns glänzend zu motivieren verstanden, lange bevor dieses Modewort geboren war. Sie waren begeisternde Lehrer, unvergessliche echte Jugendführer, mit jenem Schuss Fanatismus, ohne den sich kaum etwas bewegt. Ruedi brachte einen Sack Boxhandschuhe mit ins Training, Thury zeigte uns die Geheimnisse der Fretzschen Abwehr und welche wichtige Rolle Knie und Beine beim Handball spielen. Kondition, Beweglichkeit und Schnelligkeit erarbeiteten wir im Leichtathletiktraining bei Hans Kubli und Peter Fäh, auch sie vorbildliche Sportler, an denen wir Mass nahmen, wie an den Buss, Steiger, Frei, Presser, Nuber, Theurillat, Rutishauser und so weiter und so fort, die wir bei ihren Einsätzen auf der Schützenmatte oder in der Basler Halle bestaunten und für die wir uns heiser schrien. Vorbilder, die für uns notwendig waren und an denen wir uns selbst überhöhten.

Unsere erfolgreiche Juniorenmannschaft wechselte 1949 fast vollzählig ins Eins, da wehte dann ein rauherer Wind, die Erfolge wurden spärlicher, und wir mussten uns am Ende eines Spiels, mehr als gewohnt, von Thury sagen lassen, am meisten zähle noch immer der Erfolg über sich selbst. Manch ein Spiel ging verloren, nicht aber der Spass am Spiel. Immerhin gab's in der ersten Hälfte der fünfziger Jahre auch diesen und jenen Lorbeer: wir waren in der Halle mehrmals Basler Meister, einmal schweizerischer Vizemeister, wir stellten oft die halbe Stadtmannschaft, besetzten auch den einen und andern Posten in der Nati. Mein schönstes Handballerlebnis: der Nationalliga-B-Finalsieg gegen MKG Baden auf dem holprigen und knöcheltiefen Gitterli in Liestal, mit anschliessendem Cordon Bleu und Pommes frites, von einem übermütigen Vereinskassier spendiert – meine einzige Prämie in meiner bisherigen sportlichen Karriere. Belohnungen anderer Art hat mir der Sport, hat besonders der RTV mir reichlich gegeben: ein wesentliches Stück menschliche Formation, die ich nicht missen möchte, das tiefe Erlebnis verschworener Kameradschaft im gemeinsamen sportlichen Tun, aus der tragfähige Freundschaften fürs Leben geworden sind. Und, als menschlicher Grundwert, das Erlebnis des Spiels, das Ideen entwickelt, Geschick fördert, das einen lehrt, sich in jeder Situation zu bewegen, Erfolg und Niederlage in ihrem Wechsel zu erleben und zu verkraften.

Marc Sieber
Morgenhölziges

Am 9. Juli 1945 bestand ich bei der militärischen Aushebung die Turnprüfung; dass ich im Dauerlauf als erster einlief, entschädigte mich moralisch für den schlechten Weitwurf. Jedenfalls drückte mir der Experte, Franz Metzger, sein väterliches Wohlwollen aus. Motiviert durch die neue Würde eines Infanterierekruten, startete ich zusammen mit einem Freund am nächsten Morgen um fünf Uhr zu einer Velotour Richtung Morgenholz, um am 50-Jahr-Jubiläumsfest mit dabei zu sein.

Schon am 28. Juni hatten wir im KV-Saal eine Morgenholz-Jubiläumsfeier mit einem eigenen Festspiel durchgeführt. Ich hatte den stolzen Titel eines Regisseurs und Inspizienten, wobei sich diese Funktion vor allem auf Lichtschalter-Drehen und Vorhang-Ziehen beschränkte.

Die vulkanisierten Pneus unserer Velos, von dem schweren Gepäck mit Bergpickel noch zusätzlich belastet, waren der Strapaze einer Glarner Fahrt nicht gewachsen. Allein zwischen Basel und Zürich hatte ich dreimal einen Platten. Immerhin langten wir gegen 9 Uhr abends, völlig durchnässt von einem Dauergewitter, auf der Alp an, wo wir als inoffizielle Hilfsleiter das Privileg hatten, in einem Heuschober schlafen zu dürfen.

Höhepunkt dieser Morgenholz-Woche war eine Tour auf den Vorab. Bei immer noch strahlendem Wetter folgte am Sonntag das offizielle Jubiläumsfest. Wir waren schon etwas enttäuscht, als wir erfuhren, dass wir zum offiziellen, im Freien stattfindenden Festbankett nicht eingeladen waren. Unsere Hilfsleiterfunktion war offensichtlich nicht gebührend gewürdigt worden. So setzten wir uns bei Beginn des Banketts aus demonstrativem Trotz auf eine gut getarnte Terrasse im 1. Stock des Hauses. Es war uns gelungen, einige jüngere Morgenhölzler, die für den Service der Ehrengäste eingesetzt waren, von der Ungerechtigkeit unserer Lage so drastisch zu überzeugen, dass sie es spontan übernahmen, von jedem Gang eine Platte abzuservieren und zu uns auf die Terrasse zu

1927: Sitzung ohne Traktandum: Der Präsident leistet sich zum glanzvollen Abschluss seiner Amtsperiode den Hauptspass, eine Sitzung ohne Traktanden einzuberufen. Überhaupt klappt verschiedenes nicht, die Kantusprügel sind wie durch Hexerei aus dem feuerfesten Schrank verschwunden. Nach Farbenkantus und Protokoll entsteht peinliche Stille: Wer findet ein Traktandum? Zwanzig weise, aber durch die Fastnacht mehr oder weniger hergenommene Häupter werden bedenklich geschüttelt und senken sich dann in stille Resignation. Wer findet ein Traktandum? In drei Teufelsnamen: ein Traktandum! Endlich bei der Schauermusik, die Walti Bertolf und Alex Martinaglia aus einer verstimmten Geige und einem ausrangierten Klavier loslassen, dämmert es zum Glück in einigen erleuchteten Kommissionsmitglieder-Schädeln!

1927: Die Sitzung wird nicht mit dem Farbenkantus eröffnet, denn der Präses und sein Stab möchten keine Produktion bieten, weil kein anderes Mitglied die Vereinshymne kennt. Missliche Zustände!

1927: Wir verdanken die Zusage zu einem Handballwettspiel. Wir gelangen nun mit der Bitte an Sie, Sie möchten nächsten Freitag ab 6½ Uhr abends 4 Mitglieder Ihres Vereins abordnen zwecks Markierung des Handballspielfeldes Leichtathleten-Turntag Beider Basel auf der Schützenmatte.

1929: Der Spielleiter des Kantonal-Turnverbandes an den RTV: Ich komme hiermit zurück auf die beiden Handballspiele Ihrer Mannschaft gegen Abstinenten I & Amicitia I und mache Sie darauf aufmerksam, dass Ihr Spieler Wächter durch grobes, gefährliches Spiel (Anspringen des Gegners mit angezogenen Knieen) 2 Unfälle verschuldete, die leicht schlimmere Folgen hätten haben können. Der eine Spieler musste sogar vom Platze getragen und per Auto heimgeführt werden, wo er 2 Tage das Bett hüten musste. Solche Vorkommnisse schaden unserer Spielbewegung und führen zur Verrohung des sonst schönen Spieles, dürfen daher keineswegs geduldet werden. Ich erteile daher Ihrem Spieler Wächter im Auftrage der Kant. Spielkommission, von der

tragen. Zwei, die sich dabei besonders auszeichneten, seien in dankbarer Erinnerung namentlich genannt, Ruedi Baumgartner und Werner Rihm. In der richtigen Erkenntnis, dass ein trockenes Essen nur halb so gut schmeckt, hatten wir rechtzeitig im Keller von den 50 l Festwein 2 bescheidene Liter in unsere Feldflaschen abgefüllt. Ein Verlust, der dem strengen Auge von Hausvater Schrank durch optisch geschickte Tarnung entging. Die Stimmung auf der Terrasse wurde immer fröhlicher, da sich unsere Servierboys nach jedem erfolgreichen Plattenattentat durch einen kräftigen Schluck aus der Feldflasche stärkten. Einen dieser Helfer fand ich später auf der Spielwiese. Er schnarchte seelig und ignorierte souverän die zahlreichen Ameisen, die ihm in Viererkolonne über das Gesicht liefen. Aber auch wir zwei Randfiguren hatten eine etwas unruhige Heunacht in unserem Schober. Nach 34 Jahren durch dieses Geständnis endlich seelisch entlastet, kann ich rückblickend feststellen: Es war ein herrliches und unvergessliches Morgenholz-Jubiläum.

Antoinette Suter
Luegit vo Bärge
und Tal

Neben unseren wöchentlichen Trainingsstunden, unternehmen wir Frauen von der Damenriege RTV an schönen Tagen auch kleinere und grössere Wanderungen. Unsere Kinder sind zum Teil schon ausgeflogen oder selbständig genug, so dass sie auch einmal ohne das Mami zurecht kommen. Oder es ist ein liebes Grossmami da, welches sich der ganz Kleinen annehmen kann. Die Ehemänner gönnen ihren sonst so pflichtbewussten Gattinnen das Vergnügen von Herzen. Auf der von uns schon viele Male besuchten, etwas über 1000 Meter hoch gelegenen Hütte des Basler Skiklubs Schneetrotter verbrachten wir schon manches schöne Wochenende. Oft mit den ganzen Familien, wobei sich die Kinder den ganzen Tag im Grünen vergnügen konnten. Bei klarer Sicht machten die Frühaufsteher schon öfters den drei-

stündigen Marsch auf die Hohe Winde. Beim Anblick der prächtigen Alpenkette schmeckten uns die feine Schokolade und die saftigen Äpfel noch einmal so gut. In die Hütte zurückgekehrt, wurden wir von den Langschläfern stets mit einem herrlichen Brunch empfangen. Eine urchige Abwechslung zum Alltagsleben bietet die Hütte auch durch das Fehlen jeglichen Komforts. Einmal, als wir schlaftrunken mit Seife und Frottiertuch den Berg hinunter zur etwa 200 Meter entfernten Waschgelegenheit, einem Weidbrunnen, stolperten, sorgten die Kühe vom nahe gelegenen Bauernhof Trogberg für allgemeine Erheiterung. Nachdem sie uns Frauen ganz unverständig beim Schrubben der Körper zugeschaut hatten, liessen sie sich in einem unbeobachteten Moment unsere Seife wohl schmecken. Ob man nachher der Milch wohl etwas angemerkt hat?

Seit einigen Jahren machen die nicht berufstätigen unter uns, die sogenannten ‹Nur›-Hausfrauen, jährlich eine Dreitagestour. Diese Ausflüge führen uns jeweils in die verschiedensten Gegenden der Schweiz. So wurden zum Beispiel das Appenzell, die Strada Alta im Tessin und das Gebiet des Faulhorns–Schynige Platte zum Ziel auserkoren. Ein selten schönes Erlebnis in diesem Rahmen war die Fünfseenwanderung im Pizolgebiet. In früher Morgenstunde verliessen wir mit Rucksack und Bergstock die Pizolhütte, um zu den herrlich gelegenen Seen zu wandern. Ein nicht programmgemässer Abstecher war für diejenigen, die den nötigen Mut dazu aufbrachten, die Besteigung des Pizolgipfels. Es war der Höhepunkt des Tages.

Wenn wir auf die erwähnten und auf die vielen anderen lustigen Erlebnisse ähnlicher Art zurückblicken, wird uns deutlich, wie wichtig für uns solche Aktivitäten ausserhalb der üblichen Trainingsstunden sind. Sie fördern neben der körperlichen Leistungsfähigkeit vor allem den Zusammenhalt und die freundschaftlichen Beziehungen unter den Mitgliedern der Damenriege.

Albert Wagner
Ungezählte
schöne Stunden

mehrere Mitglieder diese Vorkommnisse mitangesehen haben, für diesmal einen gebührenden Verweis unter Androhung der Disqualifikation dieses Spielers im Wiederholungsfall.

1929: Der Spielleiter des Kantonal-Turnverbandes an den RTV: Ich suche den Grund Ihres Wettspiel-Verschiebungsgesuches gegen Kaufleute I in der gleichzeitigen Zugehörigkeit eines Ihrer Spieler zu einem Fussballclub, der nächsten Sonntag einen Matsch hat. Es ist nicht möglich, auf solche Doppelspurigkeiten Rücksicht zu nehmen.

1935: Die Grossen absolvierten einen Frühlingswettkampf, bestehend in Hangeln, Weitsprung und Kugelstossen. Unser bester Leichtathlet des vergangenen Jahres, E. Wüthrich, steht an zweitletzter Stelle, dafür aber war er der einzige, der im RG in der Matur die Note I erreichte. Das war viel wichtiger, Ihm und den vielen RTVern, die durch das Neujahrsblatt für ihre Leistungen ausgezeichnet wurden, sei herzlich gratuliert. Es ist erfreulich, dass wir darunter unsere besten und zuverlässigsten Mitglieder finden.

1936: Der Altmitgliederverband dankt für die Bejahung, aus unserer Verbandskasse an die eidgenössische Wehranleihe mindestens Fr. 1000.– zu zeichnen, welche eine so äusserst berechtigte und solide Geldanlage darstellt.

1939: Der 10. Februar 1939, auf welchen die Generalversammlung angesetzt wurde, war leider nicht gerade glücklich gewählt, da an diesem Tag die Finalrunde der Eishockeyweltmeisterschaft begann, und unsere Aktiven da, begreiflicherweise, nicht kommen wollten. Es machte sich deshalb eine Verlegung notwendig.

1945: Jedes Jahr haben sich unsere Anfänger und Junioren an der Kantonalen Handballmeisterschaft beteiligt. Dieses Jahr aber wurden sie ausgeschlossen – zur Strafe für unsere Nichtbeteiligung am Kantonalturnfest! Deshalb wurde eine eigene kleine Meisterschaft aufgezogen mit Kath. Pfadfinderkorps, Pro Patria, Rheinbund, Zytröseli und Vorunterricht.

Wir kamen vom Thiersteinerschulhaus im Gundeli und waren damals – Anno 1921 – im Gimmeli oder in der Rölleli. Unsere souveränen Turnlehrer Frei, Gysin, Kreis, Küng u.a. führten uns, je nach ihrem Standort, auf ihre spontane, einfache Art in die Künste des Geräte-, National- oder volkstümlichen Turnens ein (der Begriff Leichtathletik war bei uns erst im Entstehen). Auch das Spiel steckte noch in den Anfängen – es gab am Schluss einer Turnstunde höchstens etwas Völkerball; Handball kannte man noch nicht, und Fussball war geradezu verboten. Dafür gab es schon immer Stiftungsfeste, und sie erfreuten sich einer allgemeinen Beliebtheit. Thedi Fessler war nach Werner Merz, dem Sohn des populären Pfarrers Merz, Präsident des RTV, und er organisierte mit Schneid ein solches Schlussturnen auf dem heute verschwundenen Turnplätzli unter dem Viadukt beim Zolli. Sieger in der Oberstufe wurde Max Baechlin, und in der Unterstufe kam es im 1. Rang zu einer Doppelrangierung. Mein leider vor zwei Jahren in den Bergen verunglückter Freund Fritz (Dixie) Uebersax war etwas stärker im Kugelstossen und ich etwas schneller im 80-m-Lauf; wir erzielten die gleiche Punktzahl. Ich erwähne dieses kleine Detail deshalb, weil mir in meiner ganzen späteren Laufbahn bei einem Wettkampf nie mehr ein ‹Sieg› – wenn auch nur ex aequo – geglückt war. Der Anlass wurde mit einem fröhlichen Abend im ‹Alten Warteck› beschlossen, bei dem wir Buben auch dabeisein durften. Bei der im Mittelpunkt stehenden Rangverkündung erhielt ich als ersten Preis eine Taschenlampe, mit der ich gegen Mitternacht, stolz und zufrieden, über die Wettsteinbrücke heimwärts zog. In diese Jahre fiel, nebenbei bemerkt, auch die Gründung der nachmals so berühmten Kapelle ‹Lanigiro Hot Players›, und wir erlebten und bestaunten auf der Galerie des Hans-Huber-Saales die ersten Auftritte dieser Vollmusiker, die sich zum Teil aus dem RTV rekrutierten. Und noch an etwas aus jener seligen RTV-Zeit erinnere ich mich mit Schmunzeln: die Ferien auf der Alp Morgenholz. Ferienlager waren damals noch nicht so selbstverständlich wie heute. Es galt noch als Sitte, dass man, mindestens bis zur Konfirmation, mit den Eltern die Ferien verbrachte, sofern sich diese überhaupt solche leisten konnten.

Die RTVer betrachteten das Morgenholz schon immer als eigene Domäne, in der wir, Jahre vor der Rekrutenschule, von gestrengen Hauseltern zu Ordnung und Rücksichtnahme angehalten wurden. Wir profitierten ein Leben lang davon. Es gab für gross und klein schöne Touren. Leistkamm, Speer, Kärpf u.a.m. wurden bezwungen und der Marsch von und nach Niederurnen war uns, nicht zuletzt wegen der Crèmeschnitten, nie zu beschwerlich. Die Spiele fanden wie eh und je auf holprigem Gelände statt, und irgendwo zwischen zwei Felsblöcken liess uns Lehrer Pauli – selbst der wildesten einer – mit umgekehrten Bergstöcken beim improvisierten Hockeyspiel austoben. Wenn man die Zweiminutenstrafe schon gekannt hätte, wären jeweils kaum mehr genügend Spieler auf dem Felde gewesen. Wir schliefen in Zweierkojen – die RTVer im privilegierten 1. Stock – und mich traf es zusammen mit Helmut von Bidder, dem späteren Europameister im Rudern. Er überragte mich um Hauptesländge und brachte ein respektables Gewicht auf die Tannenhölzer, aus denen die ‹Betten› geschnitzt waren. Sie hielten dem enormen Druck nicht stand, und als uns der Gigelimeyer, der immer spät abends noch übte, mit seinen feinen Tönen sanft in den Schlaf wiegte, gab es einen Mordsgrampool. Helmut und ich lagen auf dem Boden, zum Gaudi der ganzen Bande, zum Verdruss der Hauseltern und zur Freude des Schreiners im Dorfe, denn die Handwerker lebten schon damals, wenn auch nicht so gut wie heute, von dem was bei Spiel und Scherz kaputt ging. Und so vergingen die Jahre. Es war eine frohe, unbekümmerte Zeit. Wir waren nicht besser und schlechter wie die jetzige Jugend, nur waren wir, mangels noch nicht erfundener Dinge, weniger Verlockungen ausgesetzt, was der Pflege der Kameradschaft und der Knüpfung von festen Freundschaften fürs Leben zustatten kam.

Gegen Ende der zwanziger Jahre mussten wir den RTV verlassen, da dieser ein reiner Schülerverein war, der ein Aktivsein nur während der Schulzeit zuzulassen erlaubte.

1946: Bitte aus Holland: Lieber Sportfreund! Kann man in der Schweiz auch Fahrradreifen bekommen? Es ist unmöglich, diese hier zu erhalten, wenn man nicht spezielle Relationen hat. Ich würde es sehr schätzen, wenn Sie für mich zwei oder wenn möglich vier Schläuche und Decken mitnehmen könnten. Wenn Sie meine jetzigen Reifen sehen, werden Sie lachen. Mass der Reifen 28×1½. Herzlichen Dank: G. L. Weiss, Groningen.

1947: Der ‹Satus› frägt an, ob wir uns nach unserm Austritt aus dem ETV nicht ihm nähern möchten ...

1947: Nachdem für die Schiedsrichter ein einheitliches schwarzes Dress beschlossen worden ist, teilt der HBA mit, dass der RTV sein traditionelles schwarzes Dress zu ändern habe. Deshalb wird ein weisses Handballhemd angeschafft.

1948: In der ersten Handballmannschaft wurden nun die alten Staren ausgeschieden. Kassier Ernst Waldmeier stellt mit Missbehagen fest, dass bei der Autofahrt der ersten Mannschaft nach Schönenwerd den Autobesitzern in die Benzinvergütung einfach das Geld, welches für die Bahnbillette nötig gewesen wäre, zur Verteilung gegeben worden sei.

1959: Das grösste Erlebnis dieses Jahres war der Flug nach Zürich ans Schweiz. Junioren-Handballturnier. Durch Beziehungen war es möglich, mit zwei Mannschaften von Basel nach Zürich und zurück zu fliegen. Unsere Mannschaften klassierten sich ‹unter ferner liefen›, aber ein Erlebnis war es trotzdem.

1961: Quer durch Bern: Markus Rahmen, der am Bundeshaus gestartet war, wurde, an der Spitze laufend, durch einen Berner Polizeimann in die falsche Gasse gewiesen. Er musste zurück und büsste damit jegliche Ränge ein.

Hansjörg Weder
Die Köfferlilegende

Das herausragende Merkmal der ersten Mannschaft des RTV der 50er Jahre – sie folgte jener legendären ‹Equipe terrible› der Nachkriegszeit mit den Starspielern Fretz, Frei, Steiger, Hablützel, Presser, Schneider, Rutishauser, Schenkel, Stuker, Wirz, Lötscher, Wiesmann, Buss, Theurillat usw. – war, ihre Spiele lachend zu gewinnen. Im Kampf um den Ball tanzte sie unablässig auf den Wogen der Heiterkeit. Euphorie und Spielfreude gingen oft soweit, dass während der Partien Komik und Schabernack die Oberhand behielten – nicht selten zum Ärger der Unparteiischen – immer aber zu unserem eigenen Spass und oftmals auch zu dem der Zuschauer. Besondere Ereignisse bildeten jeweils die Hallenhandballturniere in Magglingen, die, weil Ulk und Witz ihr ständiger Begleiter waren, so etwas wie Jahreshöhepunkte bildeten. Zu jener Zeit geschah es, dass mir mein Bruder Schaggi – ich feierte das erste Vierteljahrhundert Erdenbürgerschaft – aus Hablützels reicher Gemischtwarenhandlung einen prachtvollen Lederkoffer schenkte, der zu diesem Hallenturnier seine Jungfernreise antrat. Leder von erlesenstem Material, braungelb sein unvergleichlicher Farbton, gülden-glänzend seine Schlösser und Knöpfe, voller Harmonie seine makellose Form und in seiner Bearbeitung eines Meisters würdig, mit einem Wort: ein Glanzstück der Gerberkunst. Es hätte gegen jeden guten Geschmack verstossen – ja wäre einer Entweihung gleichgekommen, ein solches Kleinod auf einen trostlos-schmutzigen Bahnsteig zu stellen. Aus dieser Erkenntnis breitete ich – Sorgfalt ist des Bürgers erste Pflicht – eine alte Zeitung aus, stellte mein Köfferli darauf, liess Passanten diesem Spitzenprodukt der Handwerkerkunst ausweichen und meine Mannschaftskameraden im Halbkreis antreten zur Begutachtung und Bewunderung dieses Ausbunds formaler Vollkommenheit.
Er hatte den Schalk dauernd im Nacken und die Bonmots zuvorderst auf der Zunge, jener liebenswürdige Freund, der trocken ausrief: «Köfferli, nimms Köfferli mer göhn.» Meine handballerischen Taten sind längst verblichen, der Name Köfferli aber blieb an mir haften. Er hat – honny soit qui mal y pense – auch gute Aussichten, noch Jahre zu überdauern. ‹Köfferli› wurde im Laufe der Zeit für mich zum Symbol für Freunde und Freude, Spiel und Sport, Spass und Gesellschaft, Morgenholz und Horrido, Ruhm und Glorie einer Mannschaft, unbeschwerte Heiterkeit. Erinnerung an eine Zeit, die, wenn auch längst Vergangenheit, dadurch noch immer liebenswerte Gegenwart ist. Habt Dank liebe RTV-Freunde für die Begleitung auf einem Stück unvergesslichen Weges durch diese Komödie, die da Leben heisst.

Karl Weiss
Kandidatenexamen

Es mögen wohl bald 30 Jahre her sein, als ich als Trainingsleiter der Handballer des TV Birsfelden zurücktrat, da ich mehr freie Zeit brauchte, um zusätzliche Ausbildungsvorhaben im Zusammenhang mit meinem Beruf realisieren zu können. Doch die als wohltuend empfundene Geruhsamkeit am Wochenende hielt nicht lange an. Da gab man mir an einem strahlenden Frühsommernachmittag – es mag Mitte der fünfziger Jahre gewesen sein – den Anruf eines Herrn Glasstetter durch. Es stellte sich gleich heraus, dass es sich beim Anrufenden um den in Basler Handballkreisen damals bekannten Spieler des ersten RTV-Teams, Hansjürg Glasstetter, genannt ‹Glatze›, handelte. Er bat mich um eine Unterredung. Aus seinen Fragen ergaben sich Gegenfragen, und als wir uns verabschiedeten, stellte ich fest, dass ich während fast drei Stunden über grosse und kleine Taktik, Raum- und Manndeckung wie auch über die Anwendungsbereiche von Einer- bis Fünferwechseln sowie das Sperren des Gegners referierte, wie dies etwa bei den von der TK/HBA zu jener Zeit organisierten Trainingsleiter-Kursen gemacht wurde. Ausserdem wusste ich von ‹Glatze›, dass seine

1965: In einer denkwürdigen Sitzung im November in Zürich versammeln sich auf Einladung des Schweizerischen Handballausschusses (HBA) die Handball-Nationalliga-Vereine ein letztes Mal, um sich über die Durchführung der Feldhandballmeisterschaft auszusprechen. An dieser Sitzung wird der Feldhandball ‹beerdigt›. Im nächsten Jahr beteiligen sich die reputierten Handballvereine Grasshoppers, BSV Bern, Pfadi-Winterthur und RTV 1879 Basel an einem Kleinfeldhandball-Versuchsbetrieb.

1970: RTV verliert sein letztes Nationalliga-A-Heimspiel vor 26 Zuschauern und muss absteigen ...

1972: Der Präsident des RTV organisiert mit einigen wenigen Getreuen und mit grossem Aufwand auf der Rollschuhbahn Morgarten ein polysportives Meeting als Benefizveranstaltung für den bevorstehenden teuren Morgarten-Cup mit der Beteiligung einer Weltklassemannschaft. Ausser den Organisatoren und den beteiligten Mannschaften kommen etwa 100 weitere interessierte Zuschauer ... aber keiner davon ist RTVer. Dies veranlasst den Präsidenten, dem ganzen Verein einen geharnischten Brief zu schreiben, der leider nicht überall gut ankommt und sogar einige Austritte zur Folge hat.

1977: Den Handball-Nationalliga-Vereinen wird von den Spitzen des Schweizerischen Handballverbandes der neue Trainer der National-Mannschaft vorgestellt: Pero Janjic. ‹Echt schweizerisch› verhält sich der Grossteil der anwesenden schweizerischen Handballfachwelt, nämlich kritisch und skeptisch. Noch weiter geht Janjics jugoslawischer Kollege, seines Zeichens Trainer vom Grasshoppers-Club. Er ‹zerreisst› Janjic nach Strich und Faden und insbesondere dessen ‹taktische Unzulänglichkeiten›, die im entscheidenden Spiel der B-Weltmeisterschaft gegen Bulgarien so drastisch zum Ausdruck gekommen seien und den neuen National-Trainer zu einer ‹unfähigen Figur› stempelten. Anstatt still und beschämt den Hut zu nehmen, hat Janjic im nachhinein bewiesen, wer etwas von dieser harten Sportart versteht!

Mannschaft am Tabellende stand, ohne Trainingsleiter war und etwas unternehmen wollte, um die Ligazugehörigkeit zu erhalten.

Welcher Zwiespalt für mich. Da geruhsames Verbringen der Wochenende im Kreise der Familie und dort eine Handballmannschaft der NL A, die sich ihres prekären Tabellenplatzes bewusst war, Opfer zur Rettung auf sich nehmen wollte und der Hilfe bedurfte. Kurzum, ich erklärte mich bereit, die Trainingsleitung bis zum Meisterschaftsende zu übernehmen: Wir ‹büffelten› sogleich mit höchster Intensität Kraft, Ausdauer, Schnelligkeit und Durchstehvermögen. Wie ich feststellte, bedurften besonders diese Elemente der körperlichen Leistungsbereitschaft noch einer wesentlichen Steigerung. Trotzdem reichte es nicht. Bei Schluss der Meisterschaft war das RTV-Team stets noch am Tabellenende, und das bedeutete Abstieg in die NL B. Das wurmte nicht nur die Spieler, sondern auch mich, hatte ‹Glatze› mir doch während der Herbstrunde ‹gestanden›, man habe mich wohl als Trainingsleiter gewünscht, sei indessen über meine Erfahrungen und Kenntnisse nicht orientiert gewesen, weshalb ihn einige Teamkollegen gebeten hätten, bei mir zunächst unter irgendeinem Vorwand zu sondieren, damit im Falle eines ‹Ja› eine zufriedenstellende Trainingsleitung gewährleistet sei. Der neue Trainingsleiter hatte sich also sozusagen einer Klausur zu unterziehen. Auf Grund meiner Bedingung, das Training höchstens bis zum Abschluss der Grossfeldmeisterschaft zu leiten, hätte ich mich eigentlich zurückziehen können. Doch nun begann mich die Aufgabe zu reizen. Im darauffolgenden Jahr reichte es leider nur zum zweiten Tabellenplatz. Aber bei der übernächsten Meisterschaft führte der Weg an die Tabellenspitze und damit zur Berechtigung, das Aufstiegsspiel gegen den Gruppenersten der Ostschweiz auszutragen. Es war ein denkwürdiges Spiel in Baden an einem unfreundlichen Sonntagvormittag. Durch ausgiebigen Landregen entstanden vor den Wurfkreisen grosse Wasserlachen, die Ballprellen und blitzschnelles Starten verunmöglichten. Die RTVer richteten sich deshalb im Angriff auf Torwürfe aus der zweiten Linie ein und hatten damit Erfolg. Der heiss ersehnte Wiederaufstieg in die Nationalliga A war erreicht, was den prächtigen Einsatz lohnte und bei allen Beteiligten grosse Befriedigung und helle Begeisterung auslöste.

Erinnerungen eines alten Basler Turners

Geburt: 24. Februar 1843. Schulen: Häfelischule, Gemeindeschule und Humanistisches Gymnasium von 1852 bis 1859. Jugendneigungen: zu allen losen Streichen aufgelegter Wildfang, daneben immerhin etwas gutmütig. Gebändigt im 14. Jahre durch den Typhus, nachher Leseratte und daneben den ungemein starken Bewegungstrieb durch systematische Leibesübungen bis zum Exzess befriedigend.

Die ersten Anregungen zum Turnen empfing ich dadurch, dass mich eine Freundin meiner Schwester in eine Mädchenturnstunde Spiessens auf den Petersplatz mitnahm, ich mag so etwa 5 Jahre alt gewesen sein. Dort sah ich Ordnungs- und Marschübungen, Turnen an Hangleiter und, wenn ich nicht irre, Sturmbrett. Ein solches Sturmbrett wurde in unserem Waschhaus errichtet und fleissig von meiner Schwester und mir benützt, daneben eine Schwebestange aus einem hölzernen Känel.

Später geriet ich einmal durch die alte Klingentalkaserne auf den alten Turnplatz des Turnvereins. Das dortige Treiben gefiel mir sehr gut und ich suchte diesen versteckten Platz eine Zeit lang, fand ihn jedoch lange nicht mehr, musste also noch sehr jung gewesen sein, bis ich dann einmal wieder bei einem Schlussturnen den Weg von der Reitschule her fand und nun begeisterter Turner wurde, d.h. begeisterter Zuschauer auf dem Turnplatz und Nachahmer zuhause, wo aus den Gerbergässlern und meinen Brüdern eine Art Turnerschaft gebildet wurde, die nolens volens turnen mussten. Die sogenannten Kraftübungen glaube ich übertrieben und dadurch mein Wachstum geschädigt zu haben. Ich pflegte z.B. meinen jüngern Bruder in dieser Zeit vom Sommerkasino bis nach St. Jakob zu krätzeln, im Knickstütz rücklings an einem kurzen Trapez 100 Mal hin und her zu schwingen, aus dem Hang bis zu 19 Mal Armbeugen und Strecken zu üben. Es war die Zeit der Indianergeschichten und der Nibelungen; Stärke, Ausdauer, Abhärtung die Tendenz.

Mein erster Turnlehrer war Riggenbach, in der ersten Klasse des Gymnasiums. Geturnt wurde auf dem Petersplatz im Sommer, Hinmarsch im Schritt, gesprochen durfte nicht werden. Im Winter im untern Saal zu Safran. Später im Sommer auf der Pfalz und im Kreuzgang, im Winter in der Kapelle. Das ging so etwa zwei Jahre, dann reiste Riggenbach nach Amerika, das Schulturnen hörte auf. Eine kurze Zeit kam dann Iselin, dann war wieder nichts, dann kam die Erstellung des Bischofshofes, in dem ich unter Iselin noch ca. zwei Jahre geturnt habe. Unter beiden Lehrern war ich begeisterter Turner und in allen Klassen der beste Schnellläufer ...   Heinrich Wäffler, 1920

RTV gestern

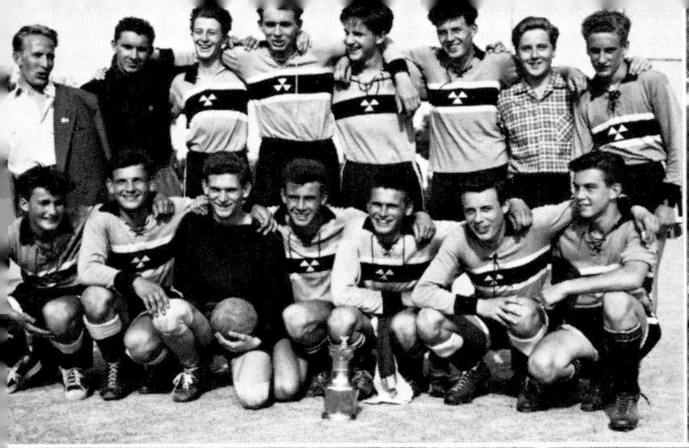

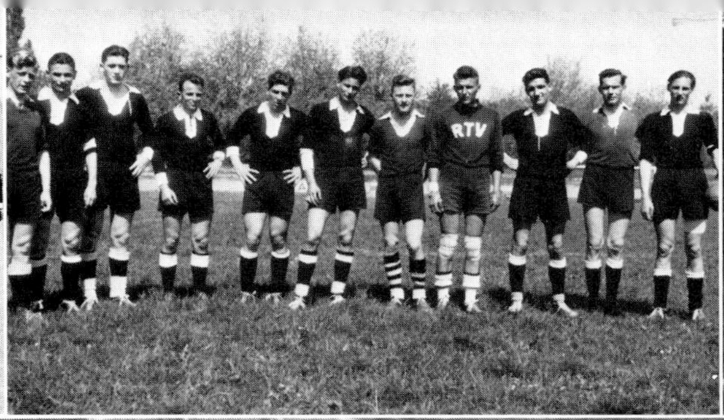
RTV

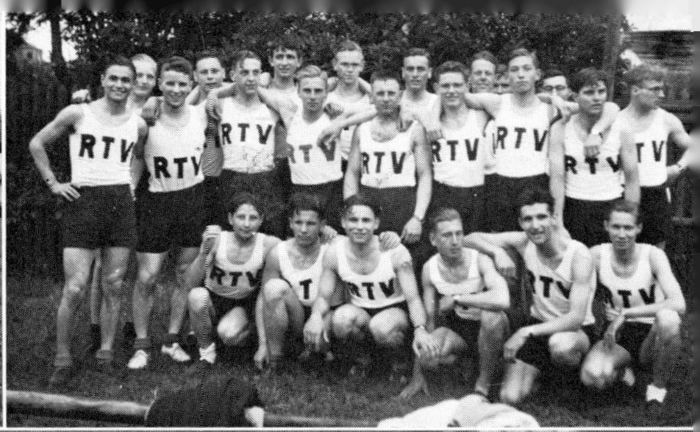
RTV

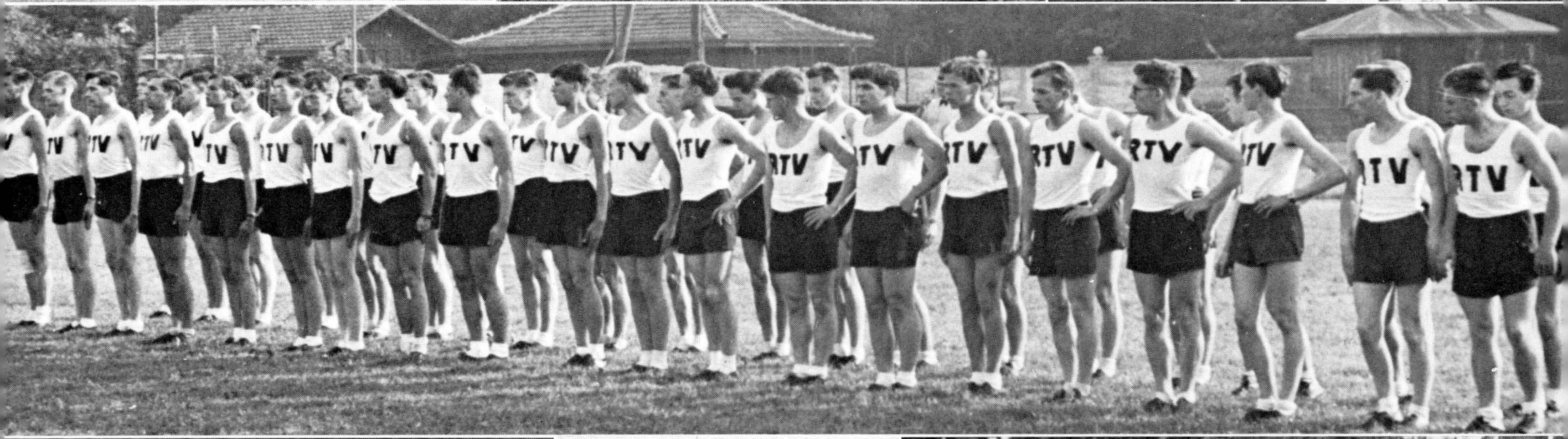
RTV

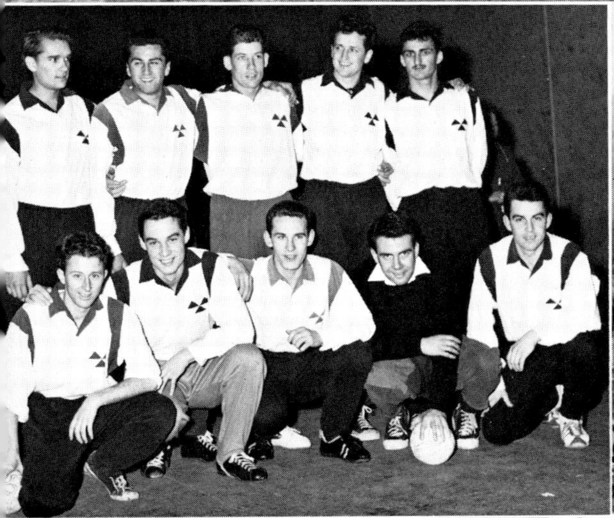

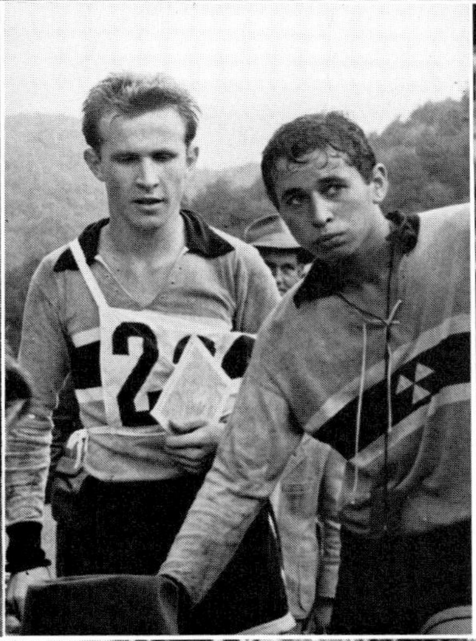

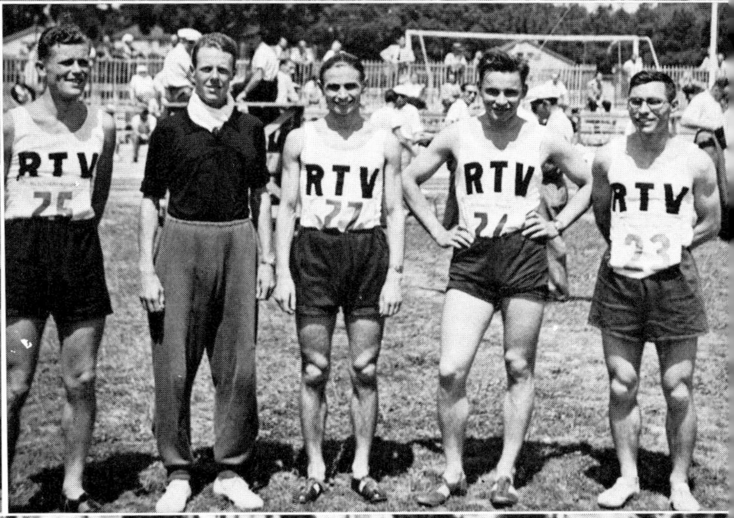
RTV

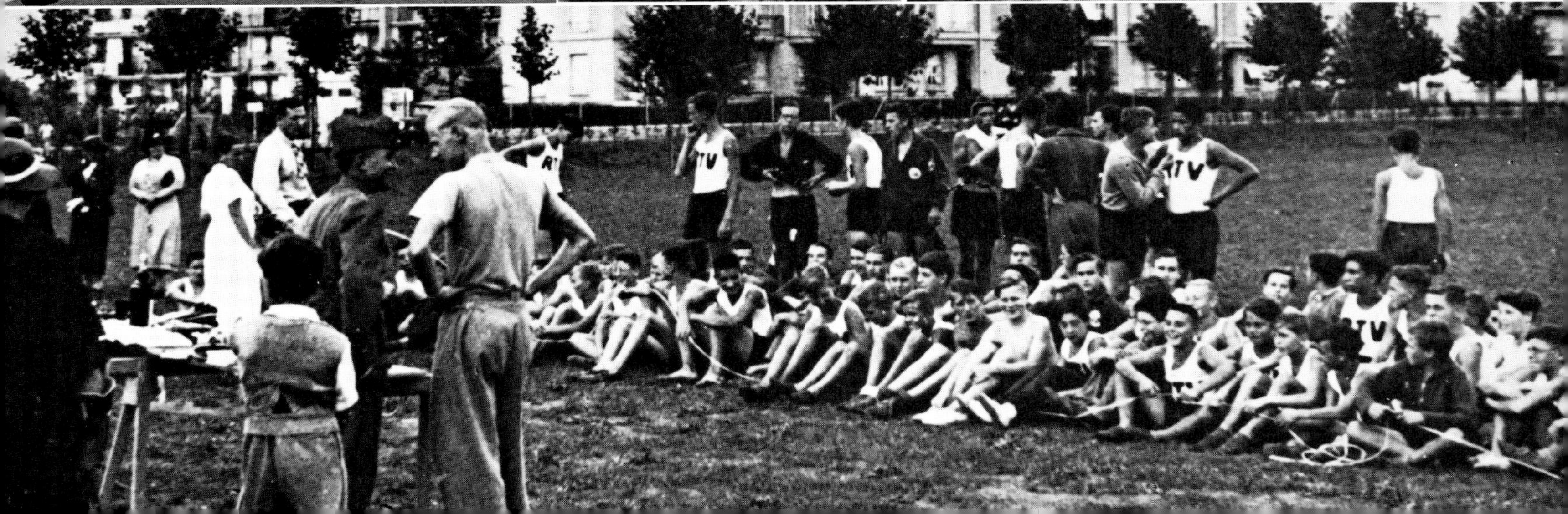
RTV

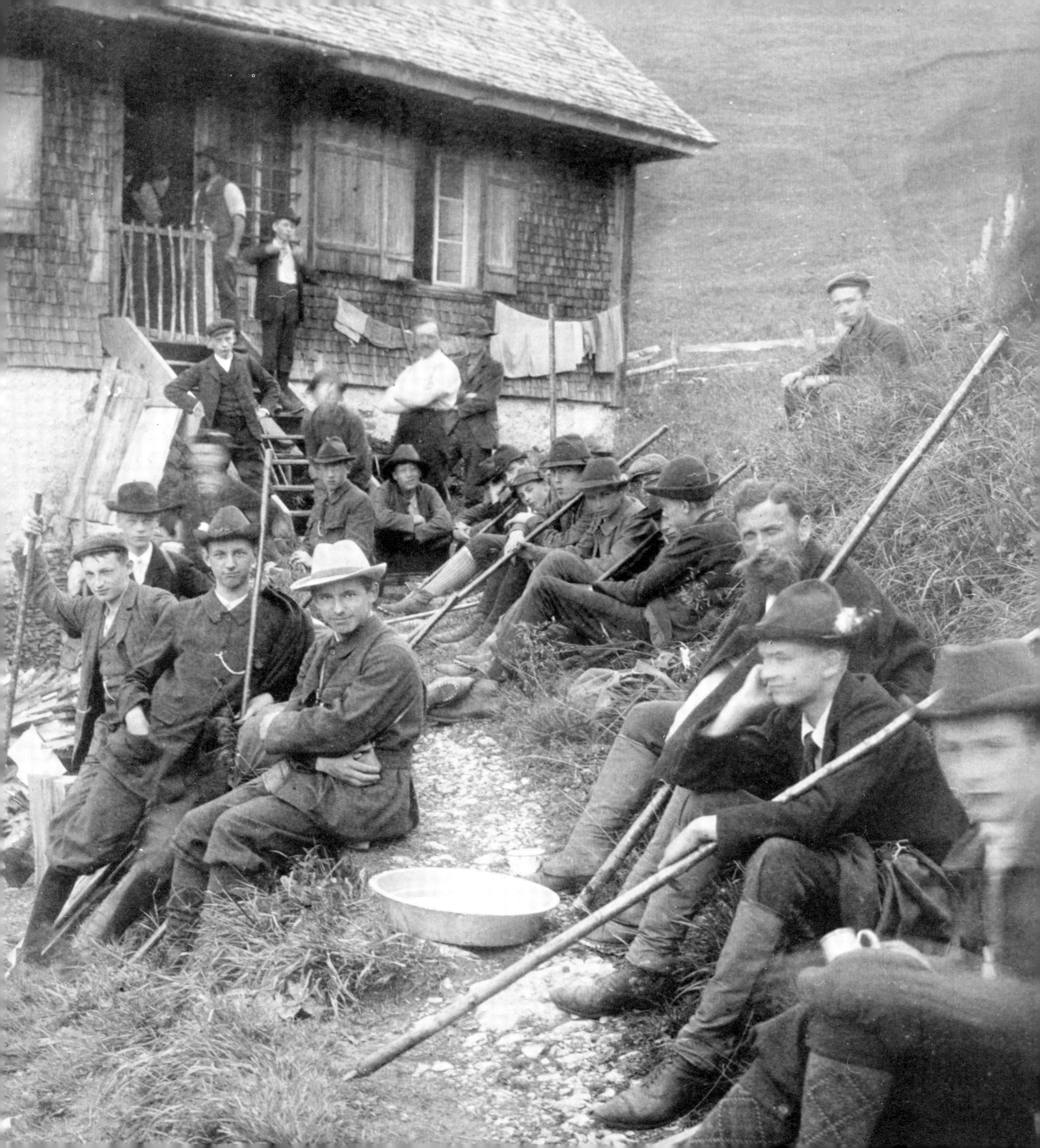

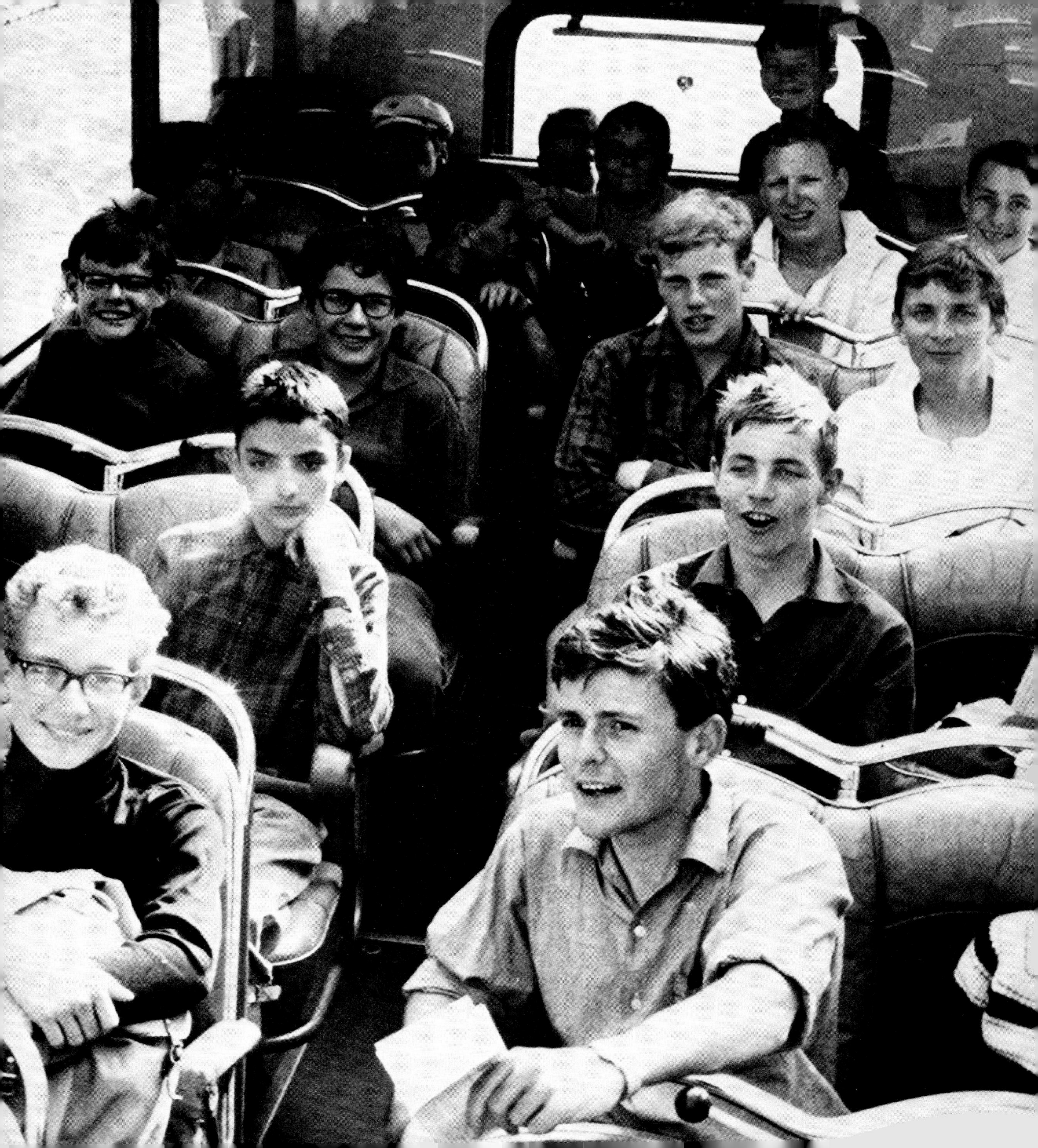

RTV heute

1 **RTV-‹Polit-Mannschaft›**
V.l.: die Grossräte Prof. Dr. Marc Sieber (LDP) und Dr. Eduard Frei (LDP), die um unsern Verein sehr verdienten Magistraten Regierungsrat Arnold Schneider (FDP) und Regierungspräsident Karl Schnyder (SP), die Grossräte Dr. Werner Rihm (FDP), Dr. Werner Blumer (FDP) und Eugen A. Meier (CVP).

2 **RTV-Vorstand**
Stehend v.l.: Markus Berger, Roland Widmer, Edi Mazenauer, Ulrich Dennler.
Sitzend v.l.: Olivio Felber, Hans Kaderli, Edi Kühner, Niggi Fricker, Max Benz

3 **RTV I. Nat. Liga B**
Stehend v.l.: Walter Jenny (Trainer), Christoph Goepfert, Rico Harrisberger, Reto Rietmann, Thomas Egger, Dieter Knöri, Rolf Güntert, Thedi Sommer (Betreuer).
Kniend v.l.: Peter Glaser, Jean-Claude Gsponer, Florian Blumer, Roman Aebi, Reto Moosmann, Bruno Kern, Thedi Imholz

4 **RTV II, 2. Liga**
Stehend v.l.: Leo Stadelmann, Thomas Blumer, Heinz Wüthrich, Martin Hinrich, Hubert Kühner
Kniend v.l.: Remo Kontic, Beat Grimm, Fayçal Ladhari, Claude Widmer

5 **RTV III, 2. Liga**
Stehend v.l.: Alex Stürchler, Edi Kühner, Hubert Kühner, Hans Kaderli, Roger Moor (OK-Präsident), Hans-Heinrich Güttinger, Heinz Wildhaber.
Kniend v.l.: Jörg Schild, Peter Hartel, Jörg Willimann, Jürg Oesch, Urs Baur, Bruno Schwarz.

6 **RTV IV, 4. Liga**
Stehend v.l.: Peter Minder, Hansruedi Kunz, Hermann von Gunten, Walter Lehner.
Kniend v.l.: Karl Betschart, Daniel Fässler, Christian von Heydebrand, Thomas Hosslin.

7 **RTV V, 3. Liga**
Stehend v.l.: Werner Marti, Patrik Probst, Stefan Theurillat, Martin Ruff, Felix Forster.
Kniend v.l.: Markus Berger, Paul Sprenger.
Sitzend v.l.: Jürg Huber, Peter Suhr, Paul Ruff, Stefan Rossel, Hansueli Raaflaub, Marcel Schwarz

146

8 **Senioren-Dienstag-Training**
Stehend v.l.: Werner Dietziker, Peter Lämmli, Niggi Fricker, Ernst Kaiser und Theo Klein.
Kniend v.l.: Romi Anselmetti, Enzo Concari, Fritz Karlin und Heinz Podak.

9 **Senioren-Fussball**
Stehend v.l.: Bobber Maerki, Hansi Schneider, Walti Schneider, Hansruedi Suter, Peter Eckinger, Jacqui Weder.
Kniend v.l.: René Baumann, Jean-Paul Chételat, Heini Geistert, Peter Stricker, Heinz Podak.

10 **RTV Old-Timer**
Stehend v.l.: Peter Goepfert, Hansruedi Imark, Robi Hoenes, Willy Krähenbühl, Fritz Schmuckli.
Kniend v.l.: Willy Steiger, Erwin Rutishauser, Werner Hablützel, Hans Schwob, Hans Schaub.

11 **Damen-Riege**
Stehend v.l.: Elsi Winkler, Eva Hinderling, Jeannette Hauser, Renée Stuker, Susi Winkler, Esther Lehmann, Annalies Wild, Hans Stuker (Trainer) und Dolli Löhrer.
Kniend v.l.: Agnes Schlienger, Susi Becker, Trudy Gutknecht, Käthi Knecht, Elisabeth Mülhaupt, Annemarie Grafe und Marguerite Kleiner.

12 **RTV Damen I**
Oben v.l.: Hans-Heinrich Güttinger (Abteilungschef), Fränzi Löhrer, Elfie Leu, Irène Nägelin, Ursula Soliva, Ursula Karschunke, Felix Forster (Trainer), Paul Sprenger (administrativer Mannschaftsleiter).
Mitte v.l.: Jürg Huber (Trainer), Anita Stoll, Karin Flad, Brigitte Gränacher, Christine Schlumpf, Angela Mendelin.
Unten v.l.: Anne Forster-Mollinet, Lisbeth Burger, Christine Günthardt, Stephanie Reber, Elisabeth Senn, Cordelia Onofri.

13 **RTV Damen II**
Stehend v.l.: Rosmarie Wyss, Yvette Endriss, Rosita Koster, Esther Lanz, Diane Schmassmann, Paul Ruff (Trainer).
Kniend v.l.: Corinne Hügin, Marlies Herzig, Barbara Müller, Daniela Hügin, Corinne Salathé.

RTV Damen III
Stehend v.l.: Fränzi Schürmann, Lilian Dörflinger, Ingelise Jensen, Regine Fleury, Beatrix Wieland, Fränzi Jäger, Elisabeth Etter.
Kniend v.l.: Beatrice Saner, Verena Sütterlin, Kathrin Löffel, Waltraud Eichenberger.

RTV Junioren A-Inter
Stehend v.l.: Ralph Marti, Benedict Fasnacht, Christoph Naef, Fredy Hug, Roland Zeiser, Christoph Goepfert und Beat Keller (Trainer).
Kniend v.l.: Arpad Manyoky, Marcel Hug, Beat Keller, Heinz Baumgartner, Dinu Manoliu und David Brodbeck.

RTV Junioren A 2
Stehend v.l.: Michel Stelz, Marc Bräuning, Bernhard Nyffenegger, Jürg Seitz und Fritz Helber (Juniorenleiter).
Kniend v.l.: Stephan Burla, Christian Kummerer, Urs Gaugler, Migmar Raith (Trainer).

RTV Junioren B 1
Stehend v.l.: Markus Müller, Heinz Burla, David Brodbeck, Reto Steib, Martin Ruff (Trainer).
Kniend v.l.: Serge Czerwenka, Alex Schnell, Stephan Steinemann, Michael Theurillat, Philip Soland.

RTV Junioren B 2
Stehend v.l.: Fritz Helber (Juniorenleiter), Peter Sägesser, Stephan Schwyter, Patrick Flachmann, Yves Kupferschmid, Migmar Raith (Trainer).
Kniend v.l.: Martin Wagner, Beat Meister, Stephan Buser, Hans-Jakob Frei, Christoph Dennler.

RTV Junioren C
Stehend v.l.: Ursi Karschunke (Trainerin), Alex Ebi, Patrick Burkhardt, Roger Peter, Andreas Lutz, Jürgen Meindl, Martin Müller, Hermann von Gunten (Trainer).
Kniend v.l.: Roland Braun, Marcel Berwick, Oliver Blattmann, Frank Neumayr, David Klausener, Stephan Buser, Thomas Herzog.

20 **Junioren D**
Oben v.l.: Markus Hurter, Wolfgang Franzen, Peter Denzler, Jens Jenelten, Christian Wildi, René Weber, Philipp Bösiger.
Mitte v.l.: Erich Peter, Claudio Scandella, Jörg Erdmann, Claude Thierrin, Nicola Botticella, Thomas Hoffmann, Christian Epp, Peter Herrmann (Trainer).
Kniend v.l.: Markus Stadler, Urs Zibulski, Claudio Zamuner, Bernhard Wehrle, Stephan Burri, Pietro Buonfrate.

21 **RTV Junioren E 1**
Stehend v.l.: Martin Fischer, Andreas Kalt, Felix Herzog, Dominique Kühner, Ronnie Joseph, Dieter Frei und Fritz Helber (Trainer).
Kniend v.l.: Christian Maier, Daniel Guggenbühler, Lucas Piali, Daniel Hug, Andreas Hartel und Markus Keilwerth.

22 **RTV Junioren E 2/Anfänger**
Oben v.l.: Peter Götz, Andreas Stegerer, Peter Eichenberger, Marcel Felder, Thomas Müller, Detlef Zäch, Martin Vogel, Roland Haas.
Mitte v.l.: Heinz Schöchlin, Felix Gerber, Marcel Kalt, Stephan Bauer, Thomas Braun, Markus Morf, Robert Marti und Vreni Sütterlin (Trainerin).
Kniend v.l.: Christophe Moll, Marco Meyer, Markus Herzog, Beat Hugenschmidt, Christian Hablützel, Beat Blum und Daniel Schlegel.

23 **RTV Juniorinnen 1**
Stehend v.l.: Beatrice Sommerhalder, Renée Gloor, Silvia Gunti, Elisabeth Ruff, Peter Suhr (Trainer).
Kniend v.l.: Sandra Stauffer, Marianne Zweifel, Claudia Zimmermann, Birgit Schenk, Astrid Gubelmann.

24 **RTV Juniorinnen 2**
Stehend v.l.: Claudia di Francesco, Yolanda Vogt, Edith Bösch, Yvonne Schraner, Isabelle Hermann, Evelyne Bürgin.
Kniend v.l.: Caroline Handschin, Christine Altenbach, Rita Holbein.

25 **RTV Juniorinnen 3**
Stehend v.l.: Isabelle Strasser, Claudia Petit, Pia Vonarburg, Michaela Boos, Susi Dirwanger, Monique Küng.
Kniend v.l.: Jacqueline Wolf, Martina Siegwolf, Karin Sieber, Susi Schaub, Käthi Münzer.

Ausblick

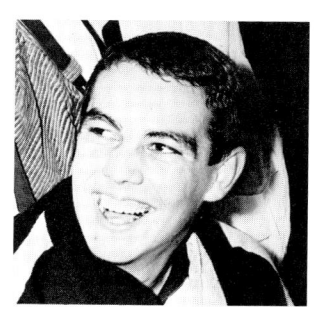

Edi Kühner, Präsident

Was darf ein junggebliebener Hundertjähriger mitten in einer hektischen Zeit des sportlichen Umbruchs, der eine für Amateure fast nicht mehr zu bewältigende Leistungsforderung und eine restlose Kommerzialisierung des Sports zur Folge hat, vom Wechsel der konventionellen Vereinsführung zum modernen Management erwarten?

Zum ersten gilt es, der vornehmen Tradition des RTV, die Jugend zu sportlichem Tun zu ermuntern, weiter nachzuleben. Die dem eigenen Boden erwachsenen und in den eigenen Reihen geformten jungen Sportler sind die Leistungsträger unserer Gesellschaft von morgen. Anziehungspunkt für die sportbegeisterte Jugend zu sein, ist grundsätzliche Vereinspflicht. Zum zweiten soll ein im gesunden Wettbewerb ausgetragener Leistungssport gepflegt werden. Wir wissen wohl, dass nicht mehr alles Gold ist, was rund um den Leistungssport glänzt. Allein, nur sichtbare sportliche Erfolge vermitteln einem Grossverein die Basis für ein fruchtbares Wirken im Sinne seiner Aufgaben und Ziele. Zum dritten soll sich der RTV seiner Pionierleistungen in der Entwicklung des Frauenhandballs erinnern und dieser vehement vorwärtsstrebenden Sportart die ihr zustehende Unterstützung gewähren. Neuland zu betreten, ist aufregend, bringt aber grosse Befriedigung. Zum letzten sollen die ‹Altherren› am ‹häuslichen Herd› gehalten werden. Handball ist vorwiegend ein Sport für die Jugend und kann nicht problemlos bis ins hohe Alter gespielt werden. Deshalb gilt es, nach Alternativsportarten für die Senioren zu suchen. Aus ihren Reihen sollen sich tatkräftige Funktionäre für die Administration und die Leitung des Vereins zur Verfügung stellen. Nur wer sich wirklich als RTVer fühlt, wird den RTV auch wirkungsvoll unterstützen.

Kommen wir allen diesen vielseitigen Pflichten nach und setzen sie in die Tat um, dann kann uns niemals um einen blühenden RTV bange sein: Unser Verein wird in stolzem Bewusstsein eines aus dem Basler Sportleben nicht mehr wegzudenkenden Grossvereins in altüberliefertem Geist fröhlich weiterleben. Und er wird wieder vermehrt Familie sein, in welcher jeder für den andern über den sportlichen Bereich hinaus einstehen wird. So wie es uns Papa Glatz während Jahrzehnten tagtäglich vorgelebt hat!

Das sind unsere Ziele, die es mit aller Kraft zu verwirklichen gilt. Bewährter Idealismus, unverbrüchliche Kameradschaft, reiche Erfahrungen und die notwendige Zuversicht werden dazu beitragen, die zahlreichen anspruchsvollen Aufgaben, die uns gestellt sind, zu erfüllen. In diesem Sinn und Geist möge der RTV 1879 eine verheissungsvolle Zukunft vor sich haben und weiterhin ganz bewusst der Verwirklichung menschlicher Idealvorstellungen dienen.

Tabellarisches

Vorstand
Präsident: Eduard Kühner.
Vizepräsident Technik: Niklaus Fricker.
Vizepräsident Administrativ: Hans Kaderli.
Kassier: Ulrich Dennler.
Sekretär: Roland Widmer.
Redaktion: Edi Mazenauer.
Presse: Fritz Karlin.
Inserate: Marc Kupferschmid.
Chef Handball: Roland Madöry.
Damen: Hans-Heinrich Güttinger.
Junioren: Fritz Helber.
Gönnervereinigung und Ferienheim: Max Benz.
Mitgliederkontrolle: Marcus Berger.
Spielerkontrolle: Andreas Sprecher.
Juristischer Berater: Jörg Schild.
Verbandsvertreter: Olivio Felber.
J + S: Beat Keller.
Gremium Leistungssport: Rolf Leimbacher.
Verbindungsmann Herren I + II: Hubert Kühner.
Verbindungsmann Jun. Inter: Georges Strohmeier.
Trainer Herren I: Walter Jenny.
Trainer Damen I: Felix Forster.
Präsidentin Damenriege: Antoinette Suter.

Präsidenten
1879 Adolf Glatz
1913 Otto Biedert
1914 Emil Stebler
1915 Werner Hansen
1916 Arthur Zwicky
1917 Adolf Binder
1918 Theodor Müller
1919 Otto Merkelbach
1920 Eduard Bandelier
1921 Werner Merz
1923 Jürg Branger
1924 Walter Matter
1925 Theodor Fessler
1927 Helmut von Bidder
1927 Josy Schneiter
1927 Raymond Matthey
1929 Erich Studer
1929 Ernst Goettisheim
1930 Willy Tschopp
1931 Arthur Fretz
1932 Werner Wieser
1932 Emil Strebel
1933 Dr. Albert Bieber
1941 Arthur Fretz
1945 Dr. Ernst Schneider
1949 Dr. Werner Wieser
1957 Dr. Peter Dettwiler
1962 Dr. Peter Goepfert
1964 Max Benz
1969 Hans Kubli
1971 Werner Dietziker
1973 Rolf Leimbacher
1977 Edi Kühner

OK-Präsidenten
1904 Adolf Glatz
1929 Hans Küng
1954 Dr. Eduard Frei
1979 Roger Moor

Präsidentinnen Damenriege
1943 Heidi Buss
1945 Erika Schwob
1952 Ruth Thalmann
1954 Ruth Eichenberger
1957 Elsi Winkler
1959 Antoinette Suter

Präsidenten Ferienheim Morgenholz
1894 Adolf Glatz
1914 Rektor Dr. Jules Werder
1921 Rektor Dr. Max Meier
1965 Dr. Eduard Frei
1977 Max Benz

Ehrenmitglieder
1942 Dr. Robert Flatt
1942 August Frei
1942 Arnold Tschopp
1942 Franz Metzger
1942 Jakob Wüthrich
1942 Dr. Albert Bieber
1943 Dr. Albert Huber
1943 Walter Christen
1950 Arthur Fretz
1955 Dr. Eduard Frei
1955 Prof. Dr. Rudolf Schenkel
1956 Dr. Max Meier
1957 Dr. Werner Wieser
1959 Hans Kubli
1962 Dr. Peter Dettwiler
1969 Hans Uhlmann
1971 Alex Aljechin
1974 Max Benz

Verdienstabzeichenträger
1956
1 August Frei
2 Arnold Tschopp
3 Franz Metzger
4 Jakob Wüthrich
5 Dr. Albert Huber
6 Walter Christen
7 Dr. Albert Bieber
8 Arthur Fretz
9 Dr. Ruedi Schenkel
10 Dr. Eduard Frei
11 Dr. Max Meier
12 Max Ott
13 Dr. Alfred Buss
14 Dr. Peter Fäh
15 Dr. Werner Kellerhals
16 Hans Stuker
17 Hans Kubli
18 Dr. Ernst Schneider
19 Werner Presser
20 Karl Steiger
21 Dr. Michael Theurillat
22 Johannes Baumgartner
1957
23 Dr. Werner Wieser
24 Jules de Roche
25 Hans Uhlmann
26 Hans Schwob
27 Dr. Heini Geistert
28 Dr. Kurt Schneider
29 Dr. Paul Legler
30 Dr. Walter Pfister
31 Hanspeter Hort
32 Alfred Maerki
33 Babette Schweizer
34 Felix Stückelberger
35 Rudolf Wirz
36 Willy Hufschmid
1958
37 Richard Hablützel
38 Ruedi Loetscher
39 Kurt Nuber
1959
40 Dr. Werner Rihm
41 Christian Kühner
42 Fritz Karlin
43 Niklaus Fricker
44 Henry Angst
45 Alois Frei
46 Erwin Rutishauser
1961
47 Alex Aljechin
48 Fritz Schmuckli
49 Karl Weiss
50 Hermann Baur
51 Fritz Bernhard
52 August Ebi
53 Ernst Waldmeier
1962
54 Dr. Werner Blumer
55 Dr. Peter Dettwiler
1963
56 Peter Eckinger
57 Hans Schneider
58 Thedy Fessler
59 Hansruedi Herrmann
60 Dr. Adolf Niethammer
1964
61 Andreas Stucki sen.
62 Enzo Concari
63 MaxBenz
1965
64 Werner Ebi
65 Dr. Peter Goepfert
66 Peter Lämmli

1966
67 Walter Strohmeier
68 Hansruedi Goepfert
69 Willi Furrer
1967
70 Werner Dietziker
71 Hans Schaub
1968
72 Hermann Weber
73 Rolf Leimbacher
74 Felix Forster
75 Hubert Kühner
76 Alex Gasser
1969
77 Olivio Felber
1970
78 Werner Müller

1971
79 Curt Ciapparelli
1972
80 Dieter Knöri
81 Jörg Schild
82 Yvonne Eckstein
83 Peter Müller
1976
84 Karin Flad
85 Brigitte Gränacher
1977
86 Hans Kaderli
1978
87 Christine Günthardt
88 Elfie Leu
89 Dr. Fritz Helber
90 Hans-Ruedi Stoll
91 Urs Baur

Bestenliste

Herren

80 m	Marx Christen	9,0	1939
100 m	Marx Christen	11,1	1938
	René Stalder	11,1	1962
200 m	Herbert Berger	22,9	1962
300 m	René Stalder	35,9	1963
400 m	Markus Rahmen	50,7	1963
500 m	Markus Rahmen	1:06,8	1962
600 m	Markus Rahmen	1:21,4	1963
800 m	Johannes Baumgartner	1:52,8	1952
1000 m	Markus Rahmen	2:30,5	1963
1500 m	Johannes Baumgartner	3:58,3	1953
2000 m	Johannes Baumgartner	5:37,6	1954
3000 m	Johannes Baumgartner	9:03,8	1954
80 m Hürden (8 × 76,2)	Raymond Hasler	11,7	1967
110 m Hürden (10 × 91,4)	Werner Besse	15,5	1944
110 m Hürden (10 × 106)	Werner Besse	16,5	1945
200 m Hürden	Hans Kubli	26,8	1950
400 m Hürden	Hans Kubli	56,8	1951
4 × 100 m	Ott-Blumer-Schwob-Christen	45,0	1941
3 × 1000 m Jun.	Stalder-Berger-Rahmen	8:18,2	1961
Schweden	Baumgartner-Stückelberger-Körber-Gutzwiller	2:06,1	1954
Olympische	Rahmen-Berger-Schürch-Herzog	3:26,6	1962
Hochsprung	Werner Bomberger	1,75	1956
	Raymond Hasler	1,75	1967
Weitsprung	Raymond Hasler	6,75	1967
Stabhochsprung	Ruedi Ott	3,70	1969
Dreisprung	Hans Grotsch	12,69	1948
Kugelstoss (3 kg)	Alex Salathé	13,49	1956
Kugelstoss (4 kg)	Roger Brennwald	14,80	1964
Kugelstoss (5 kg)	Werner Blumer	14,72	1939
Kugelstoss (6,25 kg)	Ueli Forrer	13,58	1955
Kugelstoss (7,25 kg)	Fritz Karlin	12,51	1958
Diskus (1,5 kg)	Fritz Karlin	40,76	1955
Diskus (2,0 kg)	Ruedi Ott	36,10	1967
Speerwurf (500 g)	Peter Joerin	42,60	1959
Speerwurf (600 g)	Peter Stüssi	55,64	1943
Speerwurf (800 g)	Hansjürg Glasstetter	50,62	1956
Hammerwerfen (5 kg)	Hanswerner Dürr	36,71	1949
Olymp. Fünfkampf	Ruedi Ott	2606 Punkte	1969
Olymp. Zehnkampf	Ruedi Ott	5527 Punkte	1969

Damen

80 m	Beatrice Abegg	11,8	1969
100 m	Babette Schweizer	13,2	1956
Hochsprung	Babette Schweizer	1,45	1956
Weitsprung	Myrtha Hofer	4,25	1969
Kugelstoss (4 kg)	Babette Schweizer	11,61	1956
Diskus (1 kg)	Babette Schweizer	34,72	1954

Quellen und Literaturauswahl

Für wertvolle Hinweise und liebenswürdige Unterstützung dankt der Autor herzlich: Max Benz, Charles Einsele, Olivio Felber, Dr. Eduard Frei, Arthur Fretz, Albert Gomm, Werner Hartmann, Fritz Karlin, Doris Läuffer, Marisa Meier, Roger Moor.

Die historischen Fakten sind vornehmlich aus den ‹RTV-Jahrbüchern› geschöpft, einer von Hans Kubli aufgebauten und von Max Benz, Fritz Schmuckli und Hans Uhlmann fortgeführten einzigartigen Dokumentation über das gesamte Vereinsgeschehen.

Nebst den einschlägigen Akten im Staatsarchiv wurde folgende Literatur benutzt:

Ulrich Beringer. Geschichte des Zofingervereins. 1895
J. Bollinger-Auer. Der Basler Turnlehrerverein 1859–1909. 1909
Eduard Frei u. a. 75 Jahre RTV 1879 Basel. 1954
Friedrich Iselin. Zur Geschichte des Turnens in Basel. 1876
Friedrich Jäggi. Versuch einer Geschichte des Turnens in der Schweiz. 1846
Julius Werder. Festschrift zum 100jährigen Jubiläum des Bürgerturnvereins Basel. 1919

Bebilderung

Diejenigen der 248 Abbildungen, die mit keinem Standortvermerk bezeichnet sind, befinden sich entweder im Archiv des RTV oder in Privatbesitz.

Alle Photographien im Kapitel ‹RTV heute› verdanken wir der freundschaftlichen Mitarbeit von Kurt Baumli.